"十三五"国家重点图书出版规划项目

BIM 技术及应用丛书

建筑工程 BIM 创新深度应用

——BIM 软件研发

杨远丰　主编

庄凯宏　罗远峰　张江瑰　副主编

中国建筑工业出版社

图书在版编目（CIP）数据

建筑工程BIM创新深度应用：BIM软件研发 / 杨远丰主编. — 北京：中国建筑工业出版社，2020.12（2024.3重印）
（BIM 技术及应用丛书）
ISBN 978-7-112-25645-7

Ⅰ.①建… Ⅱ.①杨… Ⅲ.①建筑造价管理—应用软件 Ⅳ.① TU723.31-39

中国版本图书馆CIP数据核字（2020）第235925号

本书是“BIM 技术及应用丛书”中的一本。全书共 6 章，包括：BIM 软件研发概述、Revit 二次开发、Dynamo 节点开发、Navisworks 二次开发、BIM 可视化开发和 BIM 模型云端浏览开发，书中结合作者及其团队的研发实践经验提供了大量的实例和代码，实例源于实际工程项目需求，讲解过程详细。本书内容丰富，具有较强的指导性，可供 BIM 应用企业中的软件研发工程师和对软件研发感兴趣的 BIM 工程师参考使用。

责任编辑：杨　杰　王砾瑶　范业庶
责任校对：焦　乐

“十三五”国家重点图书出版规划项目
BIM技术及应用丛书
建筑工程BIM创新深度应用
——BIM软件研发
杨远丰　主编
庄凯宏　罗远峰　张江瑰　副主编
*
中国建筑工业出版社出版、发行（北京海淀三里河路9号）
各地新华书店、建筑书店经销
北京点击世代文化传媒有限公司制版
北京凌奇印刷有限责任公司印刷
*
开本：787毫米×1092毫米　1/16　印张：21¾　字数：451千字
2021年1月第一版　2024年3月第三次印刷
定价：79.00元
ISBN 978-7-112-25645-7
（36540）

本书编委会

主 编 杨远丰

副主编 庄凯宏 罗远峰 张江瑰

编 委 杨 涛 尹莫波 胡海峰 林家烁

黄传祥 顾 晶 张晓全 钟子翔

丛书前言

“加快推进建筑信息模型（BIM）技术在规划、勘察、设计、施工和运营维护全过程的集成应用，实现工程建设项目全生命期数据共享和信息化管理，为项目方案优化和科学决策提供依据，促进建筑业提质增效。”

——摘自《关于促进建筑业持续健康发展的意见》（国办发 [2017] 19 号）

BIM 技术应用是推进建筑业信息化的重要手段，推广 BIM 技术，提高建筑产业的信息化水平，为产业链信息贯通、工业化建造提供技术保障，是促进绿色建筑发展，推进智慧城市建设，实现建筑产业转型升级的有效途径。

随着《2016-2020 年建筑业信息化发展纲要》（建质函 [2016]183 号）、《关于推进建筑信息模型应用的指导意见》（建质函 [2015]159 号）等相关政策的发布，全国已有近 20 个省、直辖市、自治区发布了推进 BIM 应用的指导意见。以市场需求为牵引、企业为主体，通过政策和技术标准引领和示范推动，在建筑领域普及和深化 BIM 技术应用，提高工程项目全生命期各参与方的工作质量和效率，实现建筑业向信息化、工业化、智慧化转型升级，已经成为业内共识。

近年来，随着互联网信息技术的高速发展，以 BIM 为主要代表的信息技术与传统建筑业融合，符合绿色、低碳和智慧建造理念，是未来建筑业发展的必然趋势。BIM 技术给建设项目精细化、集约化和信息化管理带来强大的信息和技术支撑，突破了以往传统管理技术手段的瓶颈，从而可能带来项目管理的重大变革。可以说，BIM 既是行业前沿性的技术，更是行业的大趋势，它已成为建筑业企业转型升级的重要战略途径，成为建筑业实现持续健康发展的有力抓手。

随着 BIM 技术的推广普及，对 BIM 技术的研究和应用必然将向纵深发展。在目前这个时点，及时对我国近几年 BIM 技术应用情况进行调查研究、梳理总结，对 BIM 技术相关关键问题进行解剖分析，结合绿色建筑、建筑工业化等建设行业相关课题对今后 BIM 深度应用进行系统阐述，显得尤为必要。

2015 年 8 月 1 日，中国建筑工业出版社组织业内知名教授、专家就 BIM 技术现状、发展及 BIM 相关出版物进行了专门研讨，并成立了 BIM 专家委员会，囊括了清华大学、同济大学等著名高校教授，以及中国建筑股份有限公司、中国建筑科学研究院、上海建工集团、中国建筑设计研究院、上海现代建筑设计（集团）有限公司、北京市建筑设计研究院等知名专家，既有 BIM 理论研究者，还有 BIM 技术实践推广者，更有国家及行业相关政策和技术标准的起草人。

秉持求真务实、砥砺前行的态度，站在 BIM 发展的制高点，我们精心组织策划了《BIM 技术及应用丛书》，本丛书将从 BIM 技术政策、BIM 软硬件产品、BIM 软件开发工具及方法、BIM 技术现状与发展、绿色建筑 BIM 应用、建筑工业化 BIM 应用、智慧工地、智慧建造等多个角度进行全面系统研究、阐述 BIM 技术应用的相关重大课题，将 BIM 技术的应用价值向更深、更高的方向发展。由于上述议题对建设行业发展的重要性，本丛书于 2016 年成功入选“十三五”国家重点图书出版规划项目。认真总结 BIM 相关应用成果，并为 BIM 技术今后的应用发展孜孜探索，是我们的追求，更是我们的使命!

随着 BIM 技术的进步及应用的深入，“十三五”期间一系列重大科研项目也将取得丰硕成果，我们怀着极大的热忱期盼业内专家带着对问题的思考、应用心得、专题研究等加入到本丛书的编写，壮大我们的队伍，丰富丛书的内容，为建筑业技术进步和转型升级贡献智慧和力量。

前 言

经过十多年的行业推动，BIM 技术已得到充分的应用实践，其优势与效益也得到了行业的认可，同时工程实践也对 BIM 技术提出了更高的要求，反过来推动着 BIM 技术的不断发展。

BIM 技术是以相关软件为基础实现的，平台型的 BIM 建模及基础应用软件已相对成熟稳定，当工程实践中遇到新的功能需求时，就需要通过软件的创新研发来实现。目前行业内对基于现有 BIM 软件的二次开发需求相当大，许多细分行业如室内装修、模架、工程算量等均在开发针对性的工具集软件，许多企业也在开发定制化的工具集软件，同时在 BIM 模型的可视化开发、BIM 云端协同平台开发等方面的需求也方兴未艾，可以预见未来 BIM 软件研发将迎来更大的发展。

BIM 软件研发大致可分为：原生 BIM 软件开发、BIM 软件二次开发、BIM 模型可视化开发、BIM 云端协同平台开发等几个方向，研发难度也各不相同。一般而言，原生 BIM 软件开发及 BIM 云端协同平台开发需要专业软件企业通过持续性的投入开发才能实现，一般个人或小型开发团队难以实现。而 BIM 软件的二次开发、BIM 模型的可视化开发则相对容易，小型开发团队甚至个人就可以完成，因此更适应灵活的具体项目功能需求。

在此背景下，广州优比建筑咨询有限公司的软件开发团队编写了本书，旨在帮助 BIM 软件研发人员快速掌握 BIM 软件研发的基础知识与开发技能，更好地通过软件研发解决工程应用问题，从而助力行业的发展。

本书主要面向 BIM 应用企业中的软件研发工程师，包括对软件研发感兴趣的 BIM 工程师。实际上很多 BIM 软件研发人员也来自于 BIM 工程师，尤其是在二次开发方面，只需具备基础的编程技能，结合 BIM 软件提供的 API 接口，普通 BIM 工程师也能很快掌握二次开发技能。基于其专业理解与实际操作体验，甚至能写出更好用的插件工具。

本书详细讨论了 Revit 二次开发、Dynamo 节点开发、Navisworks 二次开发、BIM 可视化开发和 BIM 模型云端浏览开发五个方向的开发方法，同时结合优比咨询多年的研发实践经验提供了大量的实例和代码。全书实例源于实际工程项目需求，讲解过程详细，力争做到初学者能够看懂，BIM 软件研发专业人员能够得到启发，为广大从事 BIM 软件研发的读者提供有力的指导。

限于作者水平，本书论述难免有不妥之处，望读者批评指正。

目 录

第 1 章 BIM 软件研发概述 1

1.1 BIM 软件研发简介 1
1.2 BIM 软件研发方向 2
1.2.1 BIM 二次开发 2
1.2.2 原生 BIM 软件开发 3
1.2.3 BIM 可视化开发 3
1.2.4 BIM 轻量化引擎 3
1.2.5 BIM 协同平台 4
1.3 BIM 研发需求提炼与实现 5
1.3.1 研发需求提炼 5
1.3.2 实践案例：管线穿墙加预留孔洞及套管 5
1.3.3 实践案例：桩基础建模 16

第 2 章 Revit 二次开发 27

2.1 Revit API 简介 27
2.1.1 什么是 Revit API 27
2.1.2 可实现功能 27
2.2 Revit 开发准备 27
2.2.1 SDK 及官方帮助文档 27
2.2.2 开发环境 29
2.2.3 配置 AddInManager 29
2.2.4 配置 Revit Lookup 32
2.3 Revit 开发基础 35
2.3.1 基本概念 35
2.3.2 Revit 事务 38

2.3.3 Revit 族 …… 39
2.3.4 几何初步 …… 40
2.3.5 基本开发流程 …… 43
2.4 图元过滤 …… 47
2.4.1 元素收集器 …… 47
2.4.2 快速过滤器 …… 48
2.4.3 慢速过滤器 …… 50
2.4.4 逻辑过滤器 …… 52
2.4.5 图元过滤案例 …… 52
2.5 用户选择交互 …… 56
2.5.1 用户选择对象 …… 56
2.5.2 设定选择限制条件 …… 60
2.5.3 选择点 …… 64
2.5.4 选择框 …… 64
2.5.5 选集的获取与设置 …… 65
2.6 构件信息 …… 67
2.6.1 构件参数信息 …… 68
2.6.2 构件几何信息 …… 70
2.6.3 构件定位信息 …… 74
2.7 编辑构件 …… 75
2.7.1 编辑构件参数 …… 76
2.7.2 编辑构件定位 …… 79
2.7.3 综合案例：柱断墙 …… 81
2.8 构件建模 …… 89
2.8.1 系统族类型获取 …… 89
2.8.2 墙体建模 …… 92
2.8.3 楼板建模 …… 95
2.8.4 可载入族建模基础 …… 99
2.8.5 结构柱建模 …… 101
2.8.6 结构梁建模 …… 103
2.8.7 放置基于面的族 …… 106
2.8.8 内建体量建模 …… 109
2.9 共享参数 …… 113
2.9.1 共享参数简介 …… 113
2.9.2 共享参数开发示例 …… 115
2.10 视图相关开发 …… 117

2.10.1 Revit 视图简介 …… 117
2.10.2 创建与设置视图 …… 118
2.10.3 视图元素显隐设置 …… 124
2.10.4 自定义显示样式 …… 126
2.10.5 视图元素应用显示样式 …… 127
2.10.6 视图过滤器应用显示样式 …… 131
2.11 注释类图元相关开发 …… 137
2.11.1 尺寸标注 …… 137
2.11.2 详图线 …… 140
2.11.3 文字 …… 144
2.11.4 标记 …… 147
2.11.5 综合案例：尺寸避让 …… 150
2.12 机电相关开发 …… 156
2.12.1 MEP 系统 …… 156
2.12.2 连接件 …… 157
2.12.3 管线相关开发 …… 161
2.12.4 综合案例：管线打断 …… 167
2.12.5 综合案例：管道翻弯避让 …… 171
2.13 族文档相关开发 …… 178
2.13.1 族文件简介 …… 179
2.13.2 创建形状 …… 180
2.13.3 综合案例：万能窗 …… 181
2.14 钢筋相关开发 …… 189
2.14.1 Revit 钢筋简介 …… 189
2.14.2 创建钢筋 …… 191
2.14.3 综合案例：结构柱钢筋 …… 195
2.15 数据交互 …… 205
2.15.1 窗体交互 …… 205
2.15.2 文本数据交互 …… 210
2.16 模型动态更新 …… 214
2.16.1 动态更新实现机制 …… 214
2.16.2 综合案例：梁板剪切关系监控 …… 214
2.17 Ribbon 界面 …… 220
2.17.1 Ribbon 简介 …… 220
2.17.2 Ribbon 示例 …… 220
2.18 安装程序制作 …… 227

2.19 程序容错 ······ 233
2.19.1 try catch ······ 233
2.19.2 事务错误处理 ······ 234
2.20 程序效率 ······ 237

第 3 章 Dynamo 节点开发 ······ 238

3.1 Dynamo 简介 ······ 238
3.2 Dynamo 节点 Python 开发 ······ 239
3.2.1 Python Script 简介 ······ 239
3.2.2 Python Script 组成 ······ 240
3.2.3 与 Revit 数据交互 ······ 243
3.2.4 实践案例：放置房间体量 ······ 244
3.3 Dynamo 节点 C# 开发 ······ 247
3.3.1 Zero Touch 简介 ······ 247
3.3.2 Zero Touch 使用 ······ 247
3.3.3 实践案例：放置房间体量 ······ 253

第 4 章 Navisworks 二次开发 ······ 257

4.1 Navisworks 开发基础 ······ 257
4.1.1 开发形式 ······ 257
4.1.2 开发环境和文档 ······ 257
4.1.3 插件开发流程 ······ 258
4.1.4 自定义 Ribbon 面板 ······ 262
4.2 Navisworks 开发示例 ······ 265
4.2.1 搜索模型元素并设置颜色 ······ 265
4.2.2 按材质统计面积 ······ 266
4.2.3 设置视点方向为水平 ······ 270

第 5 章 BIM 可视化开发 ······ 273

5.1 VR/AR 简介 ······ 273
5.1.1 VR 技术的定义 ······ 273
5.1.2 AR 技术的定义 ······ 273
5.1.3 AR/VR 的区别 ······ 274

5.2 BIM VR 软件开发 …… 275
5.2.1 BIM VR 简介 …… 275
5.2.2 UE4 开发基础 …… 275
5.2.3 BIM VR 操作流程 …… 278
5.2.4 实践案例：射线拾取点进行瞬移 …… 282
5.2.5 实践案例：显示及隐藏构件 …… 283
5.2.6 实践案例：空间距离测量 …… 284
5.3 BIM AR 软件研发 …… 287
5.3.1 AR 的技术基础 …… 287
5.3.2 常见主流的 AR SDK …… 290
5.3.3 基于 Unity 的 AR 开发环境配置 …… 291
5.3.4 BIM AR 操作流程 …… 294
5.3.5 实践案例：调节物体颜色 …… 297
5.3.6 实践案例：切换材质贴图 …… 299

第 6 章 BIM 模型云端浏览开发 …… 302

6.1 技术基础 …… 302
6.1.1 模型几何数据结构 …… 302
6.1.2 WebGL 图形库 …… 303
6.1.3 three.js 图形引擎 …… 304
6.2 BIM 模型轻量化 …… 305
6.2.1 BIM 模型几何数据复用 …… 305
6.2.2 BIM 模型数据传输格式 …… 306
6.2.3 LOD 算法 …… 307
6.2.4 大场景管理算法 …… 307
6.3 BIM 模型云端渲染示例 …… 308
6.4 BIM 模型浏览功能开发 …… 319
6.4.1 模型剖切 …… 319
6.4.2 模型保存和切换视点 …… 322
6.4.3 模型点选物体 …… 326

附录 本书代码列表 …… 332

参考文献 …… 336

第1章　BIM软件研发概述

本章为BIM软件研发的总体概述，先对BIM软件研发的几个方向作出介绍，再通过两个实际案例，介绍典型的BIM软件研发整体流程，包括如何提炼需求、技术路径分析、具体代码实现、拓展方向等。通过案例介绍，读者可对BIM软件研发的全过程及大致技术难度有一个整体的感知。

1.1　BIM软件研发简介

BIM软件研发是根据BIM应用需求建造出软件系统或者系统中的部分软件的过程，旨在利用编程技术解决BIM的工程应用问题，提升建筑各方应用BIM技术的效率、质量和效益。

目前，BIM正处于快速发展阶段，已在全球范围内得到业界的广泛认可，BIM应用的深度、广度都不断扩展，各种基于BIM模型的应用需求也不断出现，而现有的BIM软件一直无法完全满足实际项目中的功能或效率等方面的需求，需要通过软件的开发（包括二次开发）才能满足。

BIM软件研发需要结合建筑业和软件开发行业的知识和经验积累，由于行业间的差距，无论是建筑行业还是软件开发行业，都需要多年的学习才能达到足够熟练的程度，因此BIM软件研发人员，尤其是研发团队负责人最好是懂建筑、懂BIM、也懂软件开发的复合型人才。

提示：本书主要面向的是有一定BIM基础知识及BIM软件操作技能，同时也具备编程语言（如C#）入门基础的工程技术人员。

如果读者没有编程语言基础，建议先学习C#的基础知识再学习本书的案例。如果读者是软件开发人员，希望进行Revit或Navisworks的二次开发，也建议先学习软件的基本操作，否则很难理解其API代表的含义。如果目标是进行可视化或云端的开发（本书第5、6章内容），虽然不需要熟悉BIM建模软件操作，但必须了解其模型的数据组成、层级等基础信息。

1.2 BIM软件研发方向

1.2.1 BIM二次开发

BIM二次开发是基于现有的BIM软件，通过其提供的API接口进行定制开发，结合工程应用需求开发新功能，以改善软件的问题解决能力和操作体验等。

目前国内常见的BIM二次开发有：Reivt二次开发、Navisworks二次开发、Dynamo节点开发、ArchiCAD二次开发、Tekla二次开发、Bently二次开发等，主要内容如表1-1所示。

国内常见的BIM二次开发分类　　表1-1

分类	基础平台	主要开发语言	主要应用	涉及知识
Revit 二次开发	Revit	C#	参数建模 批量处理 统计分析等	建筑知识 Revit操作 几何算法等
Navisworks 二次开发	Navisworks	C#	模型展示	建筑知识 Navisworks操作
Dynamo 节点开发	Revit	Python、C#	参数化设计 批量操作 数据处理	建筑知识 Revit操作等
ArchiCAD 二次开发	ArchiCAD	C++	参数建模 批量处理 统计分析等	建筑知识 ArchiCAD操作 几何算法等
Tekla 二次开发	Tekla	C#	参数建模、批量处理、统计分析等	建筑知识 Tekla操作 几何算法等
Bently 二次开发	Bently	C#	参数建模、批量处理、统计分析等	建筑知识、几何算法、Bently操作等

BIM软件的二次开发难度较小，使用频率较高，是BIM研发的主要方向。其中，Autodesk Revit是目前最主流的BIM应用软件之一，同时Revit具有很好的扩展性，提供了完善的二次开发API接口，用户可以根据实际使用需求开发具有针对性的插件集，因此**本书第2章介绍Revit二次开发**，是本书的重点内容。

此外，Revit自带的参数化设计插件Dynamo应用范围也越来越广，**本书第3章对Dynamo的节点开发做出介绍。**

Navisworks则是BIM模型整合、浏览、漫游的重要软件，基于Navisworks的二次开发是相对被忽视的一个方向，**本书第4章介绍Navisworks的二次开发基础知识，**希望有更多的开发人员在Navisworks平台开发出更多的应用功能。

1.2.2　原生 BIM 软件开发

原生 BIM 软件开发指不依赖现有 BIM 软件平台，自主开发的 BIM 软件。由于 BIM 软件对于软件架构、几何算法、建筑全流程知识的集成等方面要求极高，因此原生的 BIM 软件（特指具有 BIM 建模功能的软件）开发难度极大，这部分内容不属于本书的覆盖范围。

目前，国内本土的 BIM 软件公司，已意识到 BIM 未来的发展前景，纷纷加大研发力度，开发各具特色的 BIM 本土软件，相信在不久的将来，本土 BIM 软件将迎来百花齐放、百家争鸣的格局。

1.2.3　BIM 可视化开发

基于 BIM 模型进行可视化的开发，包括渲染效果的快速甚至即时呈现、VR/AR 等虚拟化 / 半虚拟化的场景与交互设置等，可以使 BIM 模型以更美观、更贴近非工程人员的形式展现出来，使其发挥更大的价值，也是越来越普遍的开发需求。**本书第 5 章介绍基于 BIM 模型的 VR/AR 可视化开发。**

1.2.4　BIM 轻量化引擎

BIM 轻量化引擎是指通过三维图形引擎对 BIM 模型进行轻量化处理，使用户可以无需安装原始 BIM 建模软件，即可进行模型浏览及信息读取，是 BIM 应用普及的技术基础之一。早期主要通过桌面端实现，近年来因应用场景的需求、网速的提升及技术发展，主流的开发已全面转向采用 WebGL 技术的 Web 三维图形引擎，不仅能用于 Web 端（即无需安装插件，直接浏览器打开应用），也能应用于移动 App，是目前 BIM 应用市场的主流选择。

BIM 轻量化引擎将 BIM 场景的功能进行封装，以 API 的形式开放给第三方开发者，让第三方开发者能够专注于引擎的应用开发。目前国外主要轻量化引擎有 xBIM、BIMServer、Autodesk A360 等；国内主要有 BIMFace、大象云、BimViz 等。

BIM 轻量化引擎开发主要包含以下几方面内容：

（1）基础能力开发：主要解决的是数据存储、分布式处理、集群并发能力、模型优化、渲染效果、BIM+GIS 融合、算法优化等问题，是整个轻量化引擎的核心。

涉及知识：图形图像学、几何算法、WebGL 技术、数据库、大数据、云计算等。

（2）基本功能开发：主要解决轻量化引擎的视图旋转、拖动视图、获取构件属性等基础性功能，以 API 形式为应用开发提供服务。

涉及知识：图形图像学、几何算法、WebGL 技术、JavaScript 等。

（3）工程应用开发：主要解决的是在轻量化引擎上结合工程实际应用开发相应功

能。例如模型构件与图纸关联、模型构件与进度计划关联（进而形成 4D 模型）等。

涉及知识：建筑知识、JavaScript、HTML 等。

本书第 6 章介绍 BIM 模型的云端浏览开发，其中前 2 节介绍 BIM 模型的几何数据结构与模型的轻量化。

1.2.5 BIM 协同平台

BIM 协同平台是对于建筑的 BIM 数据进行统一存储和管理，以 BIM 模型为媒介将建设各阶段、各专业的数据信息收集在一个平台中，形成 BIM 数据中心，再通过互联网技术，实时共享数据给各参与方，实现基于同一个模型进行沟通协调的软件系统。**BIM 协同平台的模型展示、浏览等模块的技术底层即上述 BIM 轻量化引擎。**

由于建筑建设全过程具有耗费时间长、涉及专业多、参与方多等特点，BIM 协同平台应具有较好的容错性及扩展性，因此通常采用前后端分离架构。BIM 协同平台主要分为前端开发、后端开发和移动端开发三个方向：

（1）前端开发

前端主要负责平台页面的展示，和用户直接打交道，通过访问后端 API 接口来对数据进行增、删、改、查。最常见的用于前端开发的技术组合是 HTML+CSS+JavaScript，HTML 负责定义页面的内容，CSS 负责定义页面的样式，JavaScript 负责控制页面的行为。

涉及知识：工程业务理解、HTML、CSS、JavaScript、前端框架。

（2）后端开发

后端主要负责平台业务逻辑的实现，由一些实现业务逻辑的代码和数据库组成。后端仅返回前端所需的数据，通过 API 接口提供给前端调用。

后端开发语言中，以 Java、PHP 和 Python 使用最广泛。Java 语言性能效率高，PHP 适合快速开发，Python 简单、易上手，适合新手学习使用。随着建筑信息化、人工智能的快速发展，Python 也会得到更多的应用。

涉及知识：工程业务理解、Java/PHP/Python 等、MySQL/NoSQL/SQL Server/MongoDB 等。

（3）移动端开发

移动端主要负责平台数据的采集、业务审批、信息查看等功能。移动端属于前端开发的范畴，主要包含小程序、公众号、APP 开发三种形式。

涉及知识：业务流程、Java/Object-C/HTML5/PHP/C# 等。

BIM 协同平台的开发需要完整的架构搭建与综合技术，本书不作全面展开，仅在**第 6 章的后面 2 节，介绍 BIM 模型云端浏览开发的简单案例供参考。**

1.3　BIM 研发需求提炼与实现

1.3.1　研发需求提炼

BIM 软件研发对需求提炼与软件行业的需求分析有所差别。软件行业对用户需求侧重于开发前期的去粗取精、去伪存真和正确理解，而 BIM 研发需求更侧重于通过软件开发技术解决或改善工程中实际遇到的问题，过程中将不断地细化、提炼需求。

需求提炼是 BIM 研发中的关键环节，合适的 BIM 研发需求一般有以下四个特征：

（1）重复性

合适的 BIM 研发需求是为解决 BIM 应用中重复的工作，减少工作时间，从而体现 BIM 研发的价值。

（2）通用性

合适的 BIM 研发需求应满足大部分项目，或特定专业领域的项目，对于仅满足个别项目的研发需求须慎重决定。

（3）规律性

合适的 BIM 研发需求存在一定规律，且能够编程实现该功能。有些规律容易理解和发现，有些规律需要通过转变或替换才能发现，理解相对耗时。

（4）创新性

BIM 研发需求应突破传统工作方式，利用创新思维寻找解决方法，不受限于软件原有的功能。

BIM 研发需求着重解决工程的实际问题。为更好地理解 BIM 研发的整体过程，本章以两个实际项目中遇到的开发案例——**管线穿墙加预留孔洞及套管**和**桩基础建模**，详细阐述其需求提炼及代码实现的过程①。读者如果还没有 Revit API 的基础，可以先看看总体思路，等学习完第 2 章“Revit 二次开发”的内容后再回过头来仔细看代码实现的部分。

1.3.2　实践案例：管线穿墙加预留孔洞及套管

通过 BIM 模型出预留孔洞图是 BIM 服务中的常规任务，准确地预留孔洞、预埋套管能够有效减少现场变更成本、保障工期，是非常成熟的 BIM 应用。效果如图 1-1 所示。

1. 需求提出

应用 Revit 进行管线综合排布，遇到管线穿墙，需在墙上预留洞口或预埋套管。如果手动操作，一般要平行墙面做剖面，然后在管线穿墙的位置放置洞口族或套管族。

---

① 本书的 Revit API 版本均为 2020 版，后面不再说明。

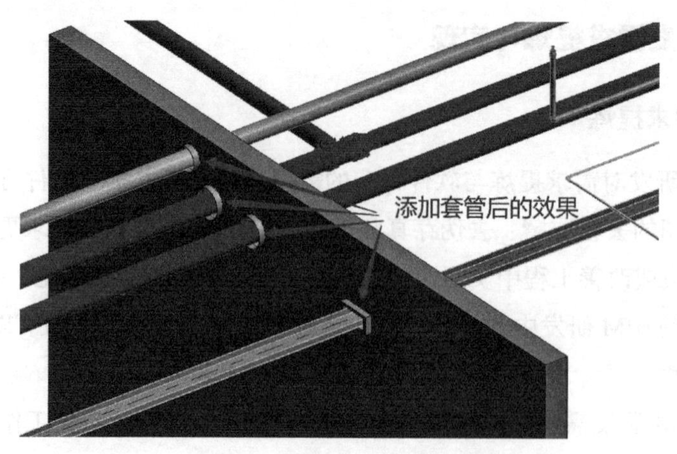

图 1-1　管线穿墙加套管效果

如果管线有调整，洞口族或套管族也需要随之调整[①]。由于管线数量非常多，不同种类的管线，对预留洞口或套管的选型、尺寸又有不同的要求，因此手动操作非常烦琐。这个需求具有可以作为通用工具开发的显著特征。

2. 软件实现分析

实际项目可能有预留洞口与预埋套管两种需求，为简化叙述，本节直接按套管族考虑（预留洞口只需选择同类型的洞口族即可）。结合 Revit API 提供的功能，分析整个需求的实现步骤如下：

（1）首先，要找出所有管线跟墙体相交的部位。每个墙体可能跟多根管线相交，因此我们按墙体来遍历较为合理，针对每个墙体，将与其相交的管线通过一个集合记录下来。关键方法：**通过 ElementIntersectsElementFilter 方法过滤出相交对象**。

（2）通过求墙面与管线定位线的交点，确定放置族的定位点。关键方法：**通过 Face.Intersect 方法计算面与线交点**。

（3）在该部位放置套管族。理想状态是基于墙或者基于面的族，自带开洞功能（因此，需事先准备配套的套管族）。关键方法：**通过 NewFamilyInstance 放置族实例，并选择基于面的方法**。

（4）根据管线的类型及尺寸，设定套管的类型及尺寸。因此需提供一个窗体，给用户设定套管类型与尺寸。关键方法：**用 LookupParameter 方法查找参数（因此，参数名称和本插件必须是配套的，否则无法准确设定参数值），再用 Set 方法设置参数值**。

3. 软件实现关键步骤及代码

（1）建立基于面的参数化族

根据墙和管线的类型不同，洞口主要有矩形和圆形两种。其中，矩形套管主要

① 当然，如果将套管族设为管件可以规避此问题，但也可能带来其他的一些问题，比如管段划分会受影响。本书阐述的例子均可能有多种解决方案，本书着重阐述思路，读者可以尝试各种方案。

由“外径长”“外径宽”和“主体厚度”作为驱动参数（图 1-2），圆形套管主要由“外直径”和“主体厚度”作为驱动参数（图 1-3）。主体厚度是根据墙体厚度进行设置，以保证套管能穿透墙体。

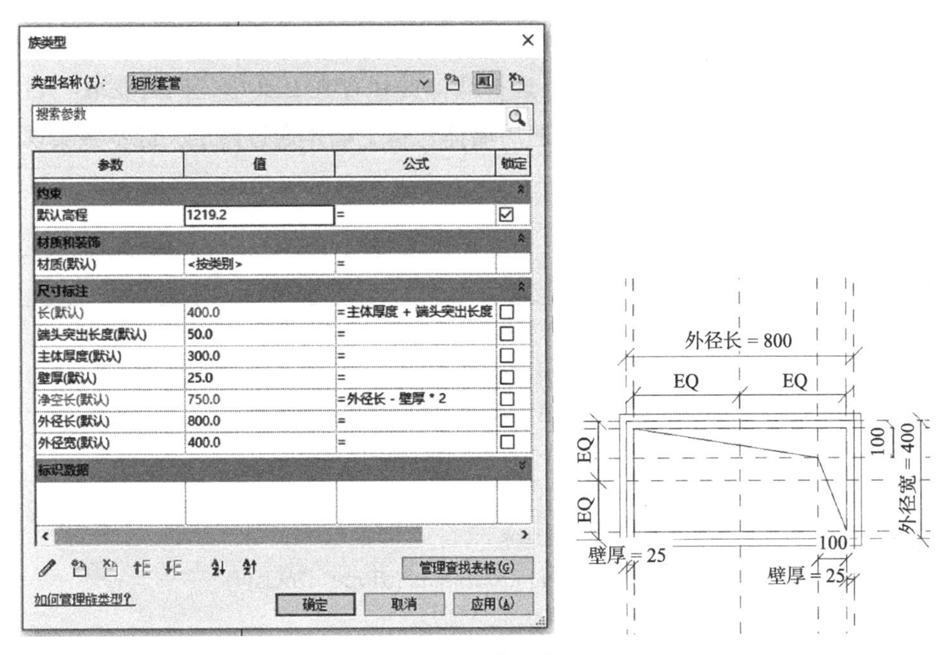

图 1–2　矩形套管族参数设置

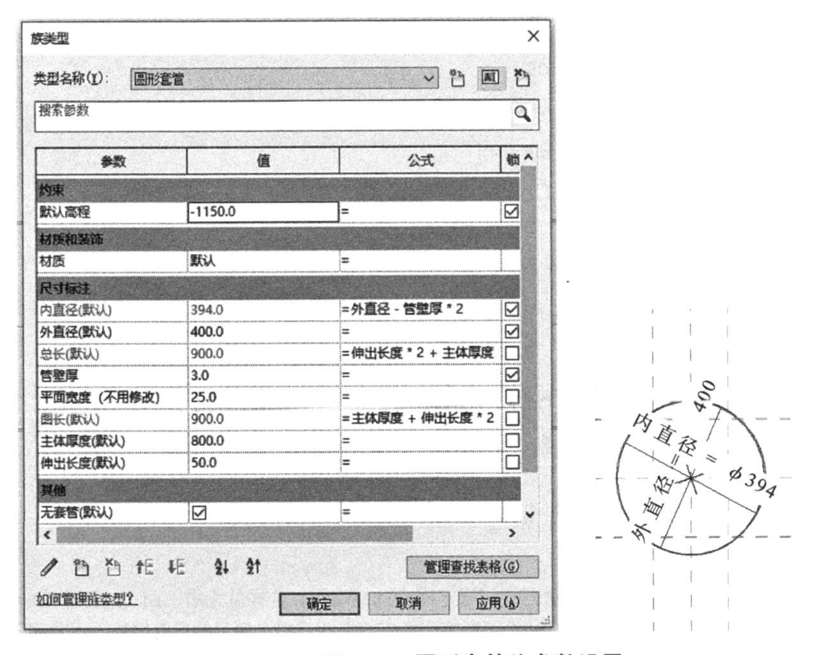

图 1–3　圆形套管族参数设置

（2）洞口 / 套管大小设置

实际应用中，软件需要设计一个窗口，为用户根据不同项目需求提供洞口 / 套管的形状选择，并根据不同管线详细设置洞口扩展距离，案例为简化代码，将其设为按管线外轮廓外扩固定值 100mm。

（3）软件主程序代码

利用 Revit API 中的 PickObjects 选择墙体并保存在 List 中，同时获取项目中的套管族及其族类型（以作准备），再遍历墙体，每个墙体通过四个关键步骤实现套管的放置。

代码 1-1：管线穿墙套管主程序

```
public Result Execute (ExternalCommandData cD, ref string ms, ElementSet set)
{
    UIDocument uidoc = cD.Application.ActiveUIDocument;
    Document doc = cD.Application.ActiveUIDocument.Document;
    // 获得需要开洞的墙 ①
    ObjectType oType = ObjectType.Element;
    List<Reference> rfs = uidoc.Selection.PickObjects (oType) .ToList () ;
    // 创建收集器 , 用于收集族类型
    FilteredElementCollector recCol = new FilteredElementCollector (doc) ;
    // 根据族名称过滤出矩形洞口族的类型 ②
    recCol.OfClass (typeof (FamilySymbol) ) ;
    IEnumerable<FamilySymbol> recSyms;
    recSyms = from elem in recCol
                let type = elem as FamilySymbol
                where type.Family.Name.Contains (" 矩形洞口 ")
                select type;
    // 获得矩形洞口族类型
    FamilySymbol fsRec = recSyms.First () ;
    // 创建收集器 , 用于收集族类型
    FilteredElementCollector circleCol = new FilteredElementCollector (doc) ;
    // 根据族名称过滤出圆形洞口族的类型
```

① 此处作了简化。正式代码应该通过选择过滤器直接限定用户选择墙体，这样就无需下面“过滤非墙的构件”这一步，并且用户体验更好。也可以考虑通过代码直接选择当前视图或整个项目的所有墙体。可参照第 2 章的 2.4 节内容进行完善。

② 此处作了简化。需考虑当前文档中没有指定族的情形，并给出提示。更完善的做法则是在制作安装文件时提供指定族到特定位置，如果代码检测到没有指定族，就自动从该位置加载。

```
    circleCol.OfClass (typeof (FamilySymbol) ) ;
    IEnumerable<FamilySymbol> cirSyms;
    cirSyms = from elem in circleCol
              let type = elem as FamilySymbol
              where type.Family.Name.Contains (" 圆形洞口 ")
              select type;
    // 获得圆形洞口族
    FamilySymbol fsCircle = cirSyms.First () ;
    // 遍历墙体
    foreach (Reference refer in rfs)
    {
      Element ele = doc.GetElement (refer) ;
      // 过滤非墙的构件
      if ( (ele is Wall) == false)
        continue;
      Wall wall = ele as Wall;
      // 关键步骤 1: 获得墙的侧面
      Face wFace = GetWallFaces (wall) [0];
      // 关键步骤 2: 获得与墙相交的管线
      List<informationMEP> listMEP = GetIntersectMEPs (doc, wall) ;
      // 创建事务
      Transaction trans = new Transaction (doc, " 放置套管族 ") ;
      // 启动事务
      trans.Start () ;
      foreach (informationMEP mep in listMEP)
      {
        Curve curve = mep.eleCurve;
        // 关键步骤 3: 获得管线与墙的交点信息
        XYZfsPoint = IntersectPointOfFaceAndCurve (wFace, curve) ;
        // 关键步骤 4: 放置族及设置参数
        CreateFmyIns (doc, fsCircle, fsRec, mep.ele, wall, wFace, fsPoint) ;
        }
        // 提交事务
        trans.Commit () ;
     }
     return Result.Succeeded;
}
```

```
// 结构体：用于记录与墙相交的管线信息
public struct informationMEP
{
    public Element ele;          // 管线类型（管道、风管、桥架）
    public Curve eleCurve;        // 管线中心线
}
```

关键步骤 1——获得墙的侧面：首先，要获得墙的侧面（图 1-4），用于管线的交点获得套管族的放置点。由于放置族将使用 NewFamilyInstance 带有 face 的重载，所以必须用 Element.Geometry 获取墙侧面，并打开 ComputeReferences 选项。

提示：使用 Revit API 自带的 HostObjectUtils.GetSideFaces 方法获得的墙面无法放置基于面的族。

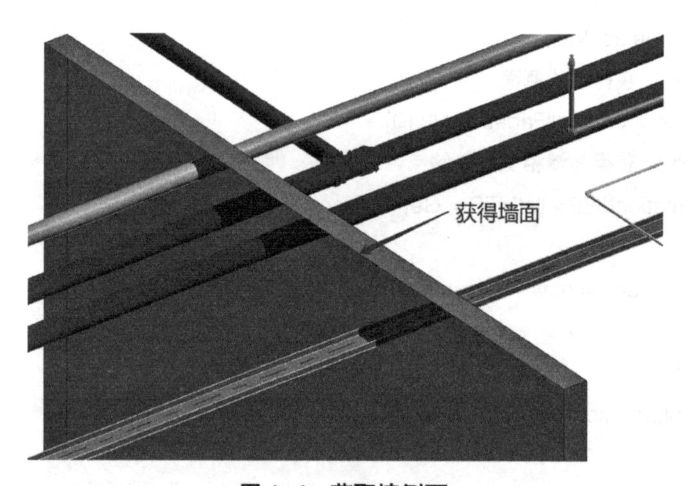

图 1–4　获取墙侧面

代码实现如下：

代码 1–2：获取墙侧面

```
public List<Face>GetWallFaces(Wall wall)
{
    List<Face> normalFace = new List<Face>();
    Options options = new Options();
     // 打开 ComputeReferences 选项
     options.ComputeReferences = true;
    GeometryElement geoElement = wall.get_Geometry(options);
```

```
    foreach (GeometryObject geoObj in geoElement)
    {
        if (geoObj == null || (geoObj as Solid).Faces.Size <= 1)
            continue;
        foreach (Face face in (geoObj as Solid).Faces)
        {
            XYZ normal = (face as PlanarFace).FaceNormal;
            // 比较向量夹角获取墙侧面①，wall.Orientation 为墙的正方向
            if (normal.AngleTo(wall.Orientation)<0.01 ||
                normal.AngleTo(-wall.Orientation)<0.01)
            {
                normalFace.Add(face);
            }
        }
    }
    return normalFace;
}
```

关键步骤 2——获得与墙相交的管线：先获得墙体相交的元素，再通过遍历获得与墙相交的管线（图 1-5）。其中，注意要获得管道、风管、桥架的 LocationCurve，需要先转换为相应的类型。

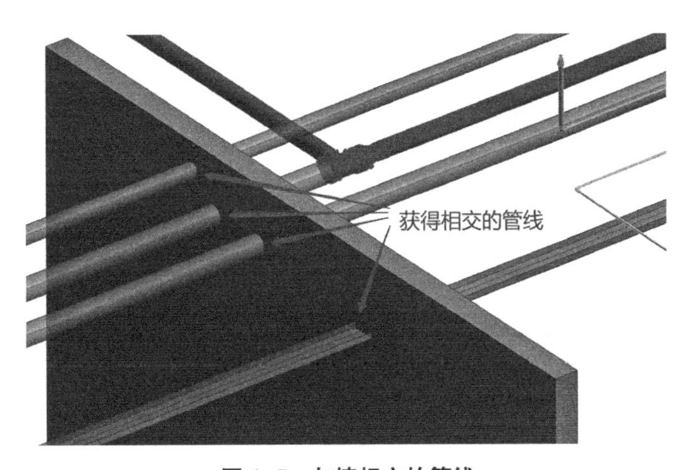

图 1-5　与墙相交的管线

① 此处作了简化。未考虑弧墙等特殊类型。弧墙的侧面可通过“面的法线向量 Z 坐标为 0”进行过滤选择。

代码实现如下：

代码 1-3：获取与墙相交管线

```
public List<informationMEP> GetIntersectMEPs(Document doc, Wall wall)
{
  // 获得与墙相交的元素
  FilteredElementCollector intersectMEP = new FilteredElementCollector(doc);
  intersectMEP.WherePasses(new ElementIntersectsElementFilter(wall, false));

  // 定义集合，用专门定义的结构体存储相交元素及其定位线
  List<informationMEP> listMEP = new List<informationMEP>();

  // 遍历获得与墙相交的 MEP
  foreach (Element ele in intersectMEP)
  {
    informationMEP mep = new informationMEP();
    mep.ele = ele;
    if (ele is Pipe)// 管道
    {
      mep.eleCurve = ((ele as Pipe).Location as LocationCurve).Curve;
      listMEP.Add(mep);
    }
    if (ele is Duct)// 风管
    {
      mep.eleCurve = ((ele as Duct).Location as LocationCurve).Curve;
      listMEP.Add(mep);
    }
    if (ele is CableTray)// 桥架
    {
      mep.eleCurve = ((ele as CableTray).Location as LocationCurve).Curve;
      listMEP.Add(mep);
    }
  }

return listMEP;
}
```

关键步骤 3——获得管线与墙的交点信息： 利用 Face 的 Intersect 方法来获得管线的 Curve 和墙的 Face 获取交点（图 1-6），该交点用于放置套管族。

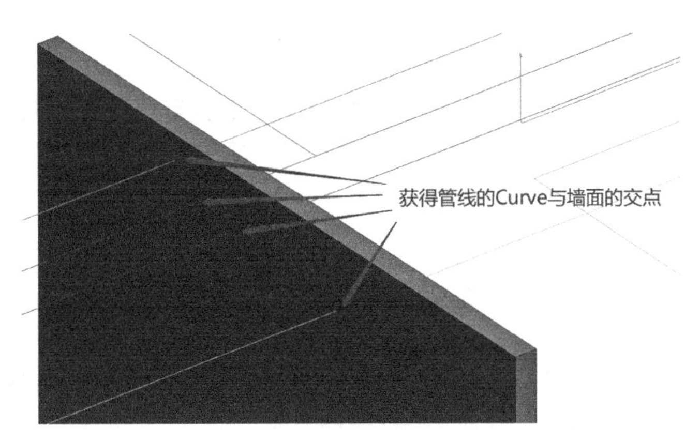

图 1-6　管线与墙的交点

代码实现如下：

代码 1-4：获取线面交点

```
public XYZ IntersectPointOfFaceAndCurve (Face face, Curve curve)
{
    // 交点数组
    IntersectionResultArray result = new IntersectionResultArray();
    // 枚举，用于判断相交类型
    SetComparisonResult setResult = face.Intersect(curve, out result);
    // IsEmpty 判断是否为空
    if (result.IsEmpty)
        return null;
    XYZ interResult = null;
    //Disjoint 为不相交
    if (SetComparisonResult.Disjoint != setResult)
    {
        interResult = result.get_Item(0).XYZPoint;
    }
    return interResult;
}
```

关键步骤 4——根据设置值，放置族及设置参数： 通过管线的宽度、高度、直径、保护层厚度等，获得套管的长度、宽度、半径参数；然后，根据窗口输入的参数值（本例忽略窗口输入，直接按100mm），获得套管族的类型；再根据墙的Curve获得套管族放置的方向；最后，利用NewFamilyInstance方法放置套管族，实现如图1-1所示的效果。

提示：放置族实例之前要使用Activate方法激活族，否则可能会弹出错误提示。

关键代码如下：

代码1-5：放置套管族实例

```
public void CreateFmyIns(Document doc, FamilySymbol fsCircle, FamilySymbol fsRec,
    Element ele, Wall wall, Face wallFace, XYZ fsPoint)
{
    // 洞口扩展距离，正式代码需通过窗体设置
    double delta = 100 / 304.8;
    double fsWidth = 0;                // 洞口宽
    double fsHeight = 0;               // 洞口高
    FamilySymbol fs = fsCircle;        // 洞口族
    // 获得墙面方向，用于放置族
    XYZ dir = wall.Orientation;
    if (ele is Pipe)
    {
        Pipe pipe = ele as Pipe;
        // 获得管道保护层厚度
        double thicknessMEP = pipe.get_Parameter(BuiltInParameter.
            RBS_REFERENCE_INSULATION_THICKNESS).AsDouble();
        // 获得洞口族宽度、高度
        fsWidth = pipe.Diameter + thicknessMEP * 2 + delta;
        fsHeight = pipe.Diameter + thicknessMEP * 2 + delta;
        // 激活族
        fsCircle.Activate();
        // 放置族
        FamilyInstance fi = doc.Create.NewFamilyInstance(wallFace, fsPoint, dir, fs);
        // 设置族参数
        fi.LookupParameter(" 主体厚度 ").Set(wall.Width);
        fi.LookupParameter(" 外直径 ").Set(fsWidth);
    }
```

```
        if (ele is Duct || ele is CableTray)
        {
            if (ele is Duct)
            {
            // 获得保护层厚度
            double thicknessMEP = ele.get_Parameter(BuiltInParameter.
                RBS_REFERENCE_INSULATION_THICKNESS).AsDouble();
            // 获得洞口族宽度、高度
            fsWidth = (ele as Duct).Width + thicknessMEP * 2 + delta;
            fsHeight = (ele as Duct).Height + thicknessMEP * 2 + delta;
        }
        if (ele is CableTray)
        {
            CableTray cableTray = ele as CableTray;
            // 桥架的洞口的宽度和高度
            fsWidth = (ele as CableTray).Width + delta;
            fsHeight = (ele as CableTray).Height + delta;
        }
        // 激活族
        fsRec.Activate();
        // 激活族
        FamilyInstance fi = doc.Create.NewFamilyInstance(wallFace, fsPoint, dir, fs);
        // 设置族参数
        fi.LookupParameter(" 主体厚度 ").Set(wall.Width);
        fi.LookupParameter(" 外径宽 ").Set(fsHeight);
        fi.LookupParameter(" 外径长 ").Set(fsWidth);
    }
}
```

注意：这里的族参数是写入代码中的，这就要求程序要与族配套，否则会因找不到这个参数而弹出错误提示。参见 2.8.4 小节的提示。

（4）思路拓展

上述为管线穿墙加套管需求的提炼、细化及实现步骤，在实际项目中可能有更多新的需求，例如管线斜穿墙的情况；对每个套管标记对应的管线参数；为加套管的墙新建剖面；还有管线穿梁、穿板的情况；又或者管线间距离较近时同穿一个套管情况（图 1-7）。读者可在此基础上，根据具体项目需求做进一步的研发。

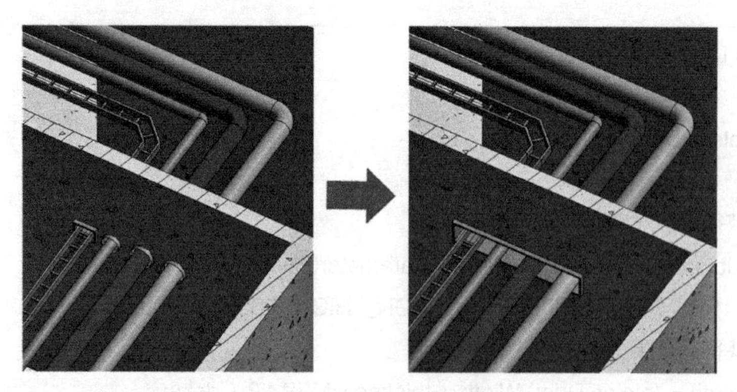

图 1–7　套管合并示意图

1.3.3　实践案例：桩基础建模

从 DWG 文件翻模可以说是 BIM 应用的一个“刚需”[①]，大体是读取 DWG 的图元信息，再在 Revit 中建立相应的构件模型。针对不同构件类别，有不同的实现思路。本案例是项目中遇到的实际需求，针对的是桩基础的批量翻模。由于桩基础的 DWG 表达样式不完全统一，因此难以找到通用的工具进行翻模，需要针对性地进行开发。

1. 需求提出

项目要求短时间内提供桩基础 BIM 模型，统计桩类型、桩长等信息，用以辅助施工。如图 1-8 所示是项目的桩基础平面图，每根桩包含桩位置、直径、桩类型、入岩深度、桩长等信息。由于桩的数量有数千根，且需要逐根设置桩型号、桩长、入岩深度等属性，纯人工手动绘制将耗费大量人力，短时间很难完成，需通过开发工具批量完成。

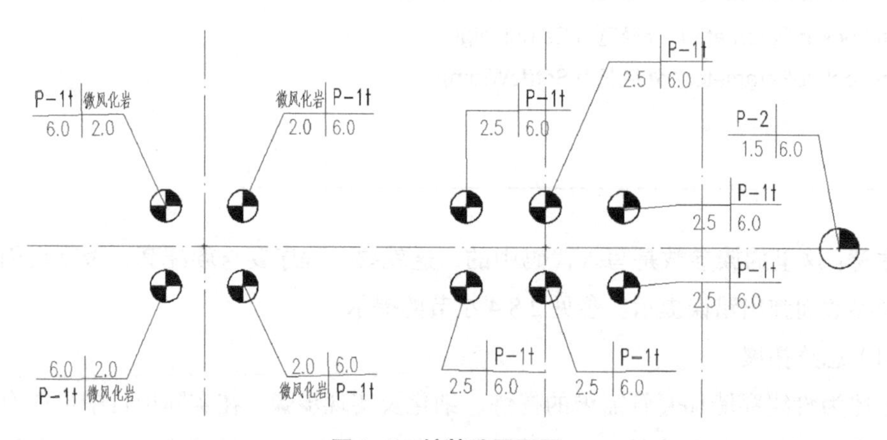

图 1–8　桩基础平面图

① 本书不讨论“翻模”与“正向设计”流程之间的优劣对比。翻模在未来相当长的时期内仍有大量的需求，围绕翻模的二次开发也一直是 BIM 开发的热点。

2. 软件实现分析

结合原始资料的标注样式，结合 Revit API 提供的功能，分析整个需求的实现步骤如下：

（1）首先要读取 DWG 图元信息。这里选择相对简单的实现方式：事先将 DWG 文件导入 Revit，并分解为详图线与文字。

（2）查找详图线里的圆形，通过图层确定桩基础的圆形轮廓线及引线。

（3）读取圆心坐标及半径，确定每根桩的位置。

（4）读取对应的引线，进而读取其标注。

（5）查找合适的族类型，根据标注放置桩的实例并设置参数。

其中，较难实现的是第 4 步：确定引线及标注，因为每根桩的标注位置都不一致。而且，从图 1-8 中可看出，其左右方向的标注是镜像的，这给程序带来较多的麻烦。但看上去整体图面比较清晰，几乎没有容易混淆的地方，因此我们判断程序可以实现自动读取。

3. 软件实现关键步骤及代码

（1）建立参数化桩族

首先需要根据图纸要求建桩族，桩族的参数应添加直径、入岩深度、桩型号、桩长度和预埋件厚度等实例参数，如图 1-9 所示。

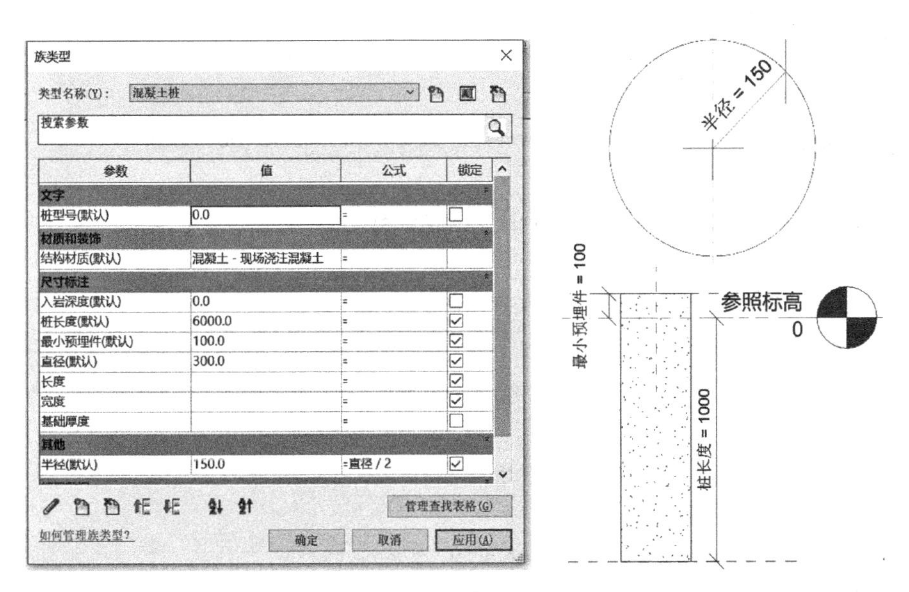

图 1–9　桩族参数设置图

（2）软件主程序代码

软件执行前，首先，要将桩基础平面图的 DWG 文件导入 Revit，并勾选“仅当前视图”，导入后进行“完全分解”；然后，利用 Revit API 中的过滤器获得所有文字和线并保存在 List 中。其中，注意 CAD 中的圆在 Revit 中分解后为两个半圆，再通过四个关键步骤实现新建桩基础。

代码 1-6：桩基础建模主程序

```
public Result Execute(ExternalCommandData cD, ref string ms, ElementSet set)
{
    UIDocumentui doc = cD.Application.ActiveUIDocument;
    Document doc = cD.Application.ActiveUIDocument.Document;
    // 获得当前视图
    Autodesk.Revit.DB.View view = doc.ActiveView;
    // 获得视图 ID
    ElementId vId = view.Id;
    // 选择引线
    ObjectType oType = ObjectType.Element;
    Reference rfLine = uidoc.Selection.PickObject(oType, " 选择引线 ");
    // 记录引线图层
    string lineStyle = (doc.GetElement(rfLine) as DetailLine).LineStyle.Name;
    // 选择桩边线
    Reference referArc = uidoc.Selection.PickObject(oType, " 选择桩边线 ");
    // 记录桩边线所在图层
    string arcStyle = (doc.GetElement(referArc) asDetailArc).LineStyle.Name;
    // 新建收集器
    FilteredElementCollector textCol = new FilteredElementCollector(doc, vId);
    // 类别过滤
    textCol.OfCategory(BuiltInCategory.OST_TextNotes);
    // 获得视图中所有的文字 TextNotes
    ICollection<ElementId> textList = textCol.ToElementIds();
    // 新建收集器
    FilteredElementCollector curveCol = new FilteredElementCollector(doc, vId);
    // 类别过滤
    curveCol.OfClass(typeof(CurveElement));
    // 获得视图中所有的线 Curve
    ICollection<ElementId> curveList = curveCol.ToElementIds();
    // 记录所有引线、桩边线
    List<Line> lines = new List<Line>();
    List<Arc> arcs = new List<Arc>();
    // 关键步骤 1：获得桩基础所有的圆弧和引线
    GetLineArc(doc, curveList, lineStyle, arcStyle, ref lines, ref arcs);
```

```
    // 关键步骤 2：获得第一根线引线（端点在圆内）、第二根线、桩圆心、桩型号
    List<tagStruct> tagList = GetTagStruct(lines, arcs);
    // 关键步骤 3：获得最近 3 个 textnote
    // 带 P 的为桩型号，值大为桩长，值小为入岩深度
    List<tagStruct> tagListNew = GetTagTest(doc, textList, tagList);
    // 关键步骤 4：放置桩族，设置桩参数
    CreateFamilyInstance(doc, tagListNew);
    return Result.Succeeded;
}
// 结构体 1：用于记录文本
struct textStruct
{
    public TextNote textNote;     // 标注文字
    public double disToLine;      // 文字离横线距离
}
// 结构体 2：用于记录引线、标注内容
public struct tagStruct
{
    public XYZ arcCenter;         // 标注桩圆心
    public double arcRadius;      // 标注桩半径
    public XYZ tagPoint;          // 标注点
    public XYZ turnPoint;         // 转折点
    public Line tagArrorLine;     // 标注引出线
    public Line tagHorLine;       // 标注横线
    public XYZ textPoint;         // 标注文字坐标
    public string tagTextXH;      // 标注文字——桩型号
    public double tagTextRY;      // 标注文字——入岩深度
    public double tagTextZC;      // 标注文字——桩长
}
```

关键步骤 1——获得桩基础所有的圆弧和引线： 遍历所有 Curve 元素，获得桩基础的标注引线和圆弧（图 1-10）。其中，注意 CAD 中的圆在 Revit 中分解后为两个半圆，需要过滤掉同心圆弧，否则会两根桩出现重叠。

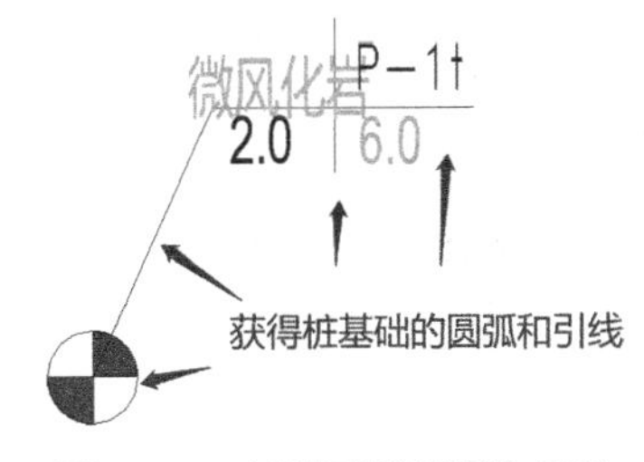

图 1-10　桩基础的圆弧和引线

代码实现如下：

代码 1-7：获得底图分解后的特定图层圆弧和直线

```
// 获得底图分解后的特定图层圆弧和直线
public void GetLineArc(Document doc, ICollection<ElementId> curveList, string lineStyle,
    string arcStyle, ref List<Line> lines, ref List<Arc> arcs)
{
    // 遍历线集合
    foreach (ElementId eid in curveList)
    {
      Element e = doc.GetElement(eid);
      if (e is DetailLine)
      {
      DetailLine dltmp = e as DetailLine;
      // 找到线所在图层
      if (dltmp.LineStyle.Name == lineStyle)
      lines.Add(dltmp.GeometryCurve as Line);
      }
      if (e is DetailArc)
      {
      Arc arctmp = (e as DetailArc).GeometryCurve as Arc;
      // 桩所在圆弧图层
      if ((e as DetailArc).LineStyle.Name == arcStyle)
      {
      // 判断是否已在 List 中
      boo lisInlist = false;
      foreach (Arc arc in arcs)
      {
      // 由于每根桩有两个半圆弧，需过滤同圆心的圆弧
      if (arc.Center.DistanceTo(arctmp.Center) <= 0.1)
      {
      isInlist = true;
      continue;
      }
      }
      if (isInlist) continue;
      else arcs.Add(arctmp);
      }
      }
    }
}
```

关键步骤 2——找桩对应的折线、横线等参数：遍历所有圆弧和线，获得桩的圆心、半径、标注点、转折点、标注引出线、标注横线等参数。

提示：修改 List 中元素值时，注意要使用 for 循环，而不能用 foreach 循环，原因是 foreach 循环时，循环对象（数组、集合）会被锁定，从而不能对循环对象中的内容进行增删改操作。

代码实现如下：

代码 1-8：查找并记录桩及其对应的标注线

```
public List<tagStruct> GetTagStruct(List<Line> lines, List<Arc> arcs)
{
    List<tagStruct> tsList = new List<tagStruct>();
    // 保存已记录的线
    List<Line> donelines = new List<Line>();
    foreach (Arc arc in arcs)
    {
        tagStruct ts = new tagStruct();
        foreach (Line line in lines)
        {
            // 获得桩参数
            ts.arcCenter = arc.Center;
            ts.arcRadius = arc.Radius;
            ts.tagArrorLine = line;
            // 过滤已记录的标注线
            if (donelines.Contains(line))
                continue;
            // 找到标注引出线
            if (arc.Center.DistanceTo(line.GetEndPoint(0)) < arc.Radius)
            {
                ts.tagPoint = line.GetEndPoint(0);
                ts.turnPoint = line.GetEndPoint(1);
                donelines.Add(line);
                tsList.Add(ts);
                break;
            }
```

```
            // 找到标注引出线
            if (arc.Center.DistanceTo(line.GetEndPoint(1)) < arc.Radius)
            {
                ts.tagPoint = line.GetEndPoint(1);
                ts.turnPoint = line.GetEndPoint(0);
                donelines.Add(line);
                tsList.Add(ts);
                break;
            }
        }
    }

    // 找标注横线
    for (int i = 0; i <tsList.Count; i++)
    {
        tagStruct ts = tsList[i];
        // 找转折点连接的横线
        foreach (Line line in lines)
        {
            // 过滤已记录的标注线
            if (donelines.Contains(line))
                continue;
            XYZ p0 = line.GetEndPoint(0);
            XYZ p1 = line.GetEndPoint(1);
            if (p0.DistanceTo(ts.turnPoint) < 0.01 || p1.DistanceTo(ts.turnPoint) < 0.01)
            {
                donelines.Add(line);
                ts.tagHorLine = line;
                tsList[i] = ts;
                break;
            }
        }
    }
    return tsList;
}
```

关键步骤 3——获得桩型号、桩长和入岩深度：遍历所有文本，按离标注横线的距离进行排序。其中，带“P”的文字为桩型号，能转为 double 类型的文字中数

值大为桩长，数值小为入岩深度（图 1-11）。注意通过桩型号离标注横线的距离进行排序。

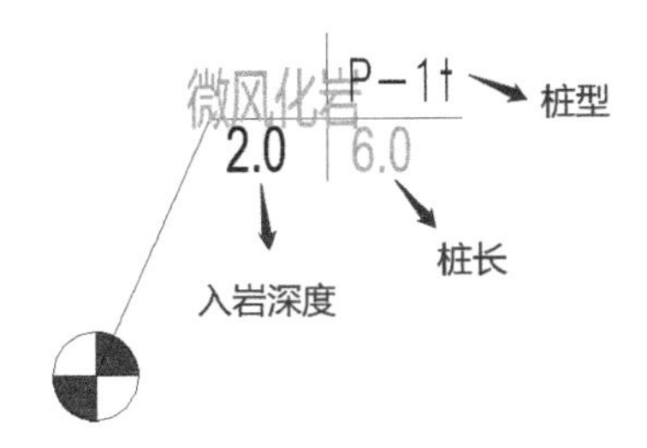

图 1-11　桩型号、桩长和入岩深度

代码实现如下：

代码 1-9：查找并记录桩及其对应的标注文本

```
public List<tagStruct> GetTagTest(Document doc, ICollection<ElementId> textList,
    List<tagStruct> tagList)
{
    List<tagStruct> tsListNew = new List<tagStruct>();
    for (int i = 0; i <tagList.Count; i++)
    {
        tagStruct ts = tagList[i];
        // 过滤无标注横线的值
        if (ts.tagHorLine == null) continue;
        List<textStruct> textListXH = new List<textStruct>();
        List<textStruct> textListZC = new List<textStruct>();
        foreach (ElementId eid in textList)
        {
            TextNote textNote = doc.GetElement(eid) as TextNote;
            // 有 P 的为桩型号
            if (textNote.Text.Contains("P"))
            {
                textStruct text = new textStruct();
                text.textNote = textNote;
                text.disToLine = ts.tagHorLine.Project(textNote.Coord).Distance;
                textListXH.Add(text);
            }
            // 能转为数值的为入岩深度和桩长
            double tmpdouble = 0;
```

```
            if (double.TryParse(textNote.Text, out tmpdouble))
            {
                textStruct tmpText = new textStruct();
                tmpText.textNote = textNote;
                tmpText.disToLine = ts.tagHorLine.Project(textNote.Coord).Distance;
                textListZC.Add(tmpText);
            }
        }
        // 桩型号离标注横线排序
        textListXH.Sort(delegate (textStruct a, textStruct b)
        { return a.disToLine.CompareTo(b.disToLine); });
        // 入岩深度和桩长离标注横线排序
        textListZC.Sort(delegate (textStruct a, textStruct b)
        { return a.disToLine.CompareTo(b.disToLine); });
        // 获得桩型号文字
        ts.tagTextXH = textListXH[0].textNote.Text;
        // 获得文字坐标点
        ts.textPoint = textListZC[0].textNote.Coord;
        // 通过判断数值大小判断桩长及入岩深度
        double d0 = double.Parse(textListZC[0].textNote.Text);
        double d1 = double.Parse(textListZC[1].textNote.Text);
        if (d0 > d1)
        {
            ts.tagTextZC = d0;
            ts.tagTextRY = d1;
        }
        else
        {
            ts.tagTextZC = d1;
            ts.tagTextRY = d0;
        }
        tsListNew.Add(ts);
    }
    return tsListNew;
}
```

关键步骤 4——放置桩族及设置参数：首先获取族类型，再根据桩结构体中的参数，使用 NewFamilyInstance 方法放置桩族，同时设置相应的参数（图 1-12）。其中，注意

Transaction 使用 Start() 后，要使用 Commit() 进行关闭。如果桩平面图中有些桩缺少参数，则可以利用 try catch 跳过异常，使程序执行完毕。

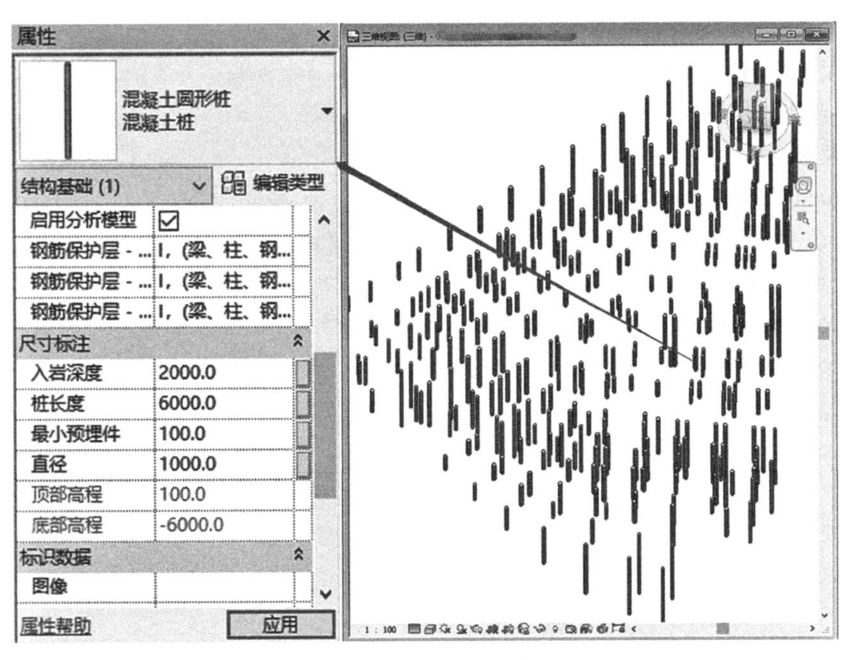

图 1-12　桩基础生成效果

代码实现如下：

代码 1-10：放置桩族及设置参数

```
public void CreateFamilyInstance(Document doc, List<tagStruct> tagListNew)
{
    // 获得带有字段“混凝土圆形桩”的 FamilySymbol
    FilteredElementCollector fSymCol = new FilteredElementCollector(doc);
    fSymCol.OfClass(typeof(FamilySymbol));
    IEnumerable<FamilySymbol> fSyms = from elem in fSymCol
                                      let type = elem as FamilySymbol
                                      where type.FamilyName == " 混凝土圆形桩 "
                                      select type;
    FamilySymbol fs = fSyms.First();
    // 新建事务
    Transaction trans = new Transaction(doc, " 放置族 ");
    // 启动事务
    trans.Start();
```

```
    //激活族
    fs.Activate();
    foreach (tagStruct tag in tagListNew)
    {
      //过滤无标注横线的值
      if (tag.tagHorLine == null) continue;
      //放置桩族
      StructuralType st = StructuralType.NonStructural;
      FamilyInstance fi = doc.Create.NewFamilyInstance(tag.arcCenter, fs, st);
      //设置桩参数
      fi.LookupParameter(" 直径 ").Set(tag.arcRadius * 2);
      fi.LookupParameter(" 桩型号 ").Set(tag.tagTextXH);
      fi.LookupParameter(" 桩长度 ").Set(tag.tagTextZC / 0.3048);
      fi.LookupParameter(" 入岩深度 ").Set(tag.tagTextRY / 0.3048);
    }
    //提交事务
    trans.Commit();
}
```

4. 思路拓展

上述为桩基础建模需求的提炼、细化及实现步骤，在实际项目中可能有更多新的需求，例如对每根桩进行编号、添加桩成本参数等需求。另外，对于不同的桩基础平面图格式（图 1-13），可设置弹窗由用户来选择桩对应的参数格式，从而使软件可以适用更多不同的项目。

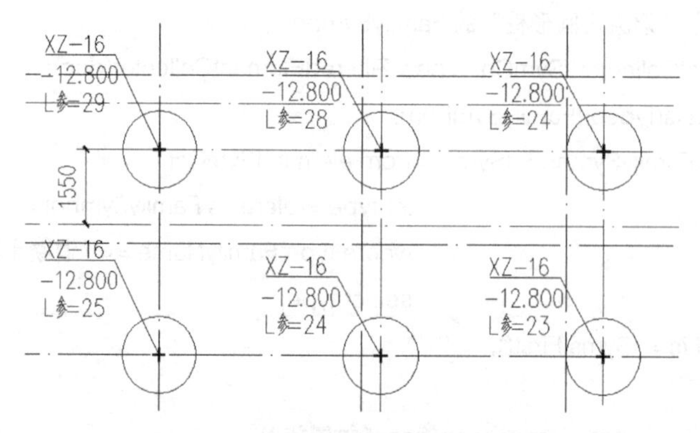

图 1-13　不同样式的桩基础平面图

第 2 章　Revit 二次开发

2.1　Revit API 简介

2.1.1　什么是 Revit API

Revit API (Application Programming Interface) 是 Autodesk Revit 产品为用户与第三方开发者提供的一个在现有的软件上进行功能扩展、定制修改软件的二次开发接口。Revit API 允许用户使用任何支持 .Net 通用语言基础架构的编程语言来进行开发。

在开始 Revit 二次开发之前，建议拥有以下几点基础：

（1）至少掌握一门 .Net 语言的基础（如 C#，后续章节将使用 C# 作为示例语言）；

（2）对 Revit 的功能和使用要有一定的熟悉，这样可以快速、有效地理解 API 中的类和方法的含义；

（3）对开发需求尽可能的明确。无论多复杂的功能，都是由若干个基础功能组合而成。当需求足够明确、功能分拆得足够细，开发的难度也会随之降低。

2.1.2　可实现功能

根据项目需求，可通过 Revit API 研发各种功能，以解决工程上的问题或者提升生产中的效率。利用 Revit 二次开发可实现的功能主要包含以下几点：

（1）自动执行重复性任务（如批量放置构件等）；

（2）导入外部数据以创建、修改元素或参数值；

（3）通过自动检查错误来执行项目设计标准；

（4）提取项目数据进行分析并生成可视化表现或报告文档（如净高分析图等）；

（5）将其他应用程序（包括分析应用程序）集成到 Revit 中（如算量、结构计算等）；

（6）自动创建 Autodesk Revit 项目文档、族文档等。

2.2　Revit 开发准备

2.2.1　SDK 及官方帮助文档

1. SDK

Revit SDK（Software Development Kit）是 Revit 官方为开发者提供的软件框架、

源码示例和开发文档集合而成的软件开发工具包，可通过以下途径获取：

（1）Revit 产品安装包中附带，位置 <解压文件夹>\support\SDK\RevitSDK.exe，其中默认解压路径为 C:\Autodesk\Revit 20**\。

（2）官方下载地址：https://www.autodesk.com/developer-network/platform-technologies/revit。

2. 帮助文档 Revit API.chm

帮助文档是 Revit 二次开发最重要的参考资料，经常需要查阅。在 SDK 安装根目录中可以找到官方提供的帮助文档，包含了所有公开的 API 接口与其成员，通过文档可以 API 接口查询（图 2-1）和查看示例代码（图 2-2）。

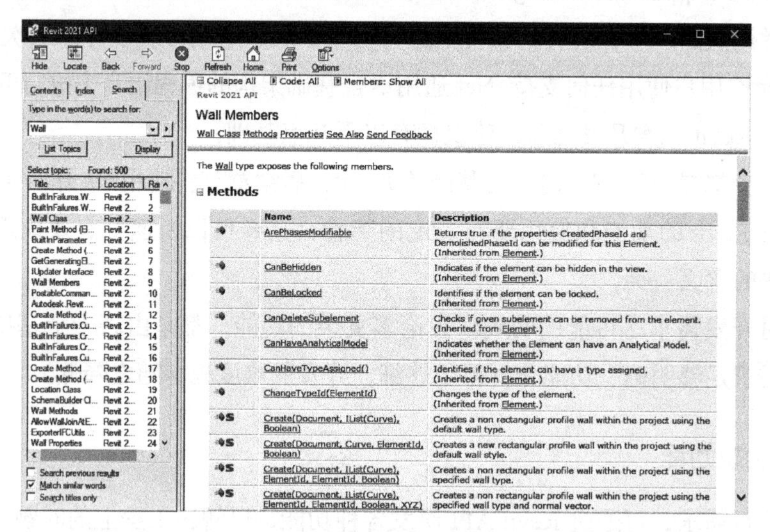

图 2-1　API 接口查询

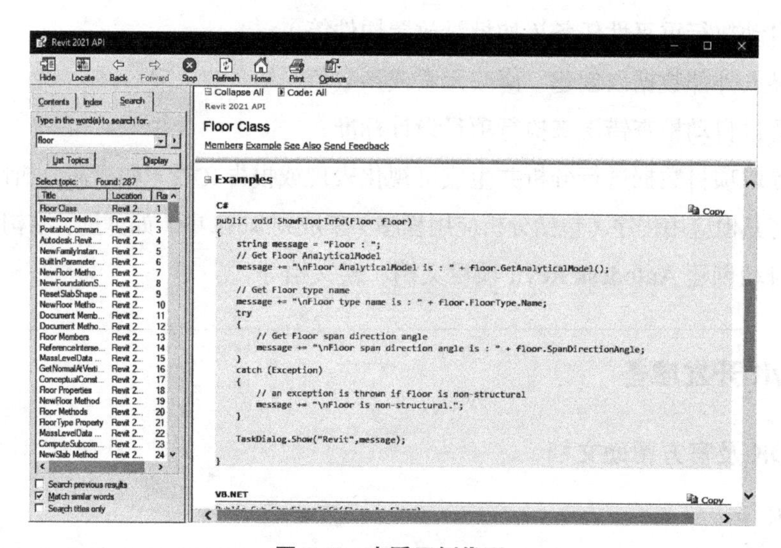

图 2-2　查看示例代码

2.2.2　开发环境

在正式开始 Revit 开发之前，需要安装开发工具和 .Net 框架，通常开发工具带有部分 .Net 框架，当缺少 .Net 框架时可下载安装：

（1）开发工具。推荐使用 Microsoft Visual Studio Community 2015 以上版本进行开发，下载地址 https://visualstudio.microsoft.com/zh-hans，选择自己喜欢的 .Net 语言进行开发（C#、VB .NET、F# 等，详情可参考 Microsoft 官方文档 https://docs.microsoft.com/zh-cn/dotnet/standard/language-independence-and-language-independent-components。

（2）.Net 框架。进行 Revit 开发需要安装与 Revit 版本相对应的 Microsoft .NET Framework 开发包，可通过 https://dotnet.microsoft.com/download/dotnet-framework/ 按下方所示对应关系查找下载安装，其对应关系如表 2-1。

Revit 版本与 .Net 框架版本对应表　　表 2–1

Revit 版本	.NET Framework 版本
Revit2016	.NET Framework 4.5
Revit2017	.NET Framework 4.5.2
Revit2018	.NET Framework 4.5.2
Revit2019	.NET Framework 4.7
Revit2020	.NET Framework 4.7

不同 Revit 版本的 API 可能略有不同，只需看每个版本的 Revit API.chm 的最后一章 What’s new 就可以看到当前版本 API 的修改。本书的代码样例以 Revit 2020 版的 API 为例，2018 ~ 2021 版本基本上都适用。

2.2.3　配置 AddInManager

1. AddInManager 简介

AddInManager 是一个为 Revit 开发人员调试提供便利的插件，它位于 SDK 安装位置的 Add-In Manager 文件夹中，它拥有的优点有：①快速加载和执行插件程序；②修改代码重新编译后无需重启 Revit 即可再次执行，插件界面如图 2-3 所示。

在 Revit 二次开发中，配置 AddInManager 非常必要，可有效提高程序调试效率。以 Revit2020 版本为例，AddInManager 配置成功后的界面如图 2-4 所示，配置方法如下：

（1）将“Autodesk.AddInManager.addin”和“AddInManager.dll”文件复制到“C:\ProgramData\Autodesk\Revit\Addins\2020”目录[①]。

① 该目录为针对初学者的建议。如果熟练掌握 Addin 文件的制作，可以自行设置 dll 的放置目录。

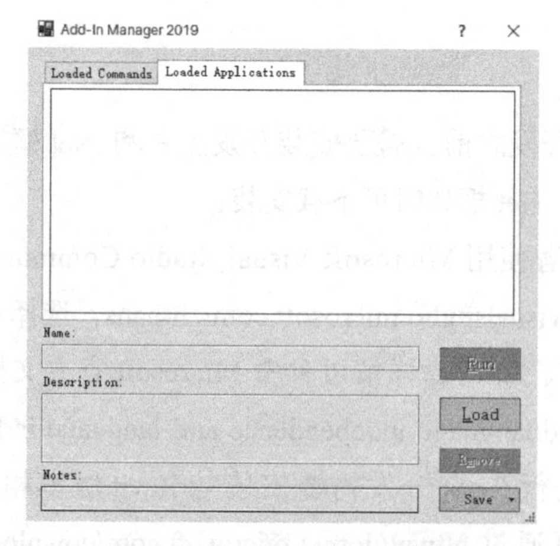

图 2–3 AddInManager 界面

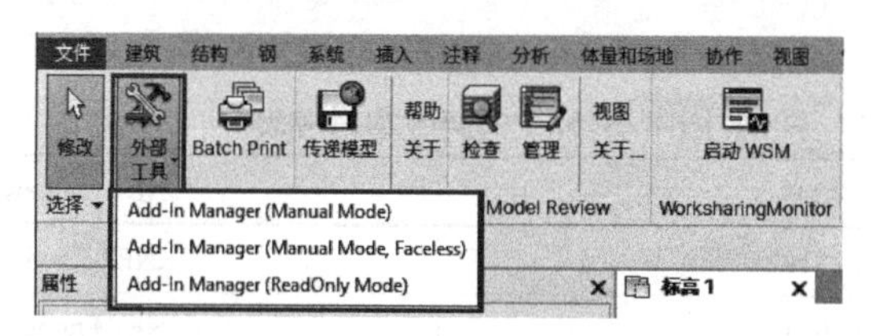

图 2–4 AddinManager 配置成功界面

（2）用记事本打开“Autodesk.AddInManager.addin”，确认 <Assembly></Assembly> 符号内的内容为 <Assembly>AddInManager.dll</Assembly> 即可。

2. AddInManager 使用

AddInManager 安装成功后有三个命令，分别表示三种执行模式，其区别如下：

（1）**Manual Mode**：对应 Autodesk.Revit.Attributes.Transaction 特性的 TransactionMode.Manual。

（2）**Manual Mode，Faceless**：执行 Manual Mode 上一次成功运行的命令。

（3）**ReadOnly Mode**：对应 Autodesk.Revit.Attributes.Transaction 特性的 TransactionMode.ReadOnly。

在调试过程中，Manual Mode 和 Manual Mode，Faceless 使用频率最高。其中，Manual Mode 用于加载程序生成的 dll 文件，使用方法如下：

（1）点击 Load，选择需要加载的程序集，案例以 Demo.dll 为例，如图 2-5 所示。

（2）AddInManager 会将程序集中所有继承了 IExternalCommand 接口并且标识了 Autodesk.Revit.Attributes.Transaction 特性的类以列表的形式展示出来，通过选中需要运行的命令，再点击 Run 即可执行命令，如图 2-6 所示。

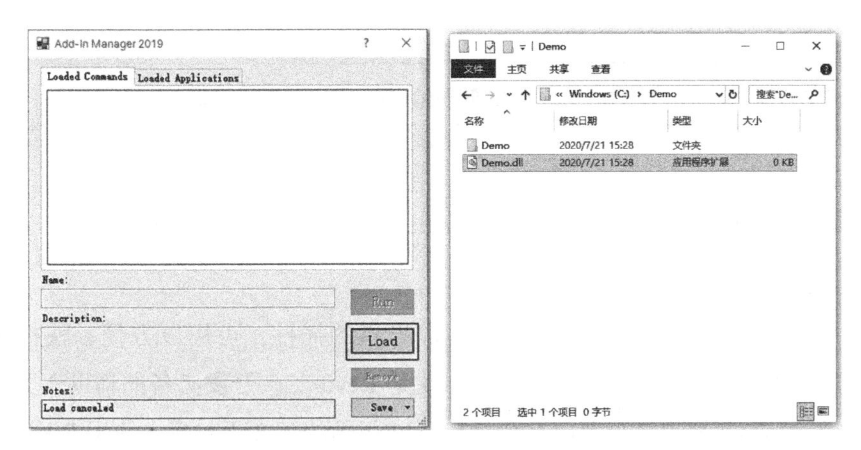

图 2–5　加载程序集

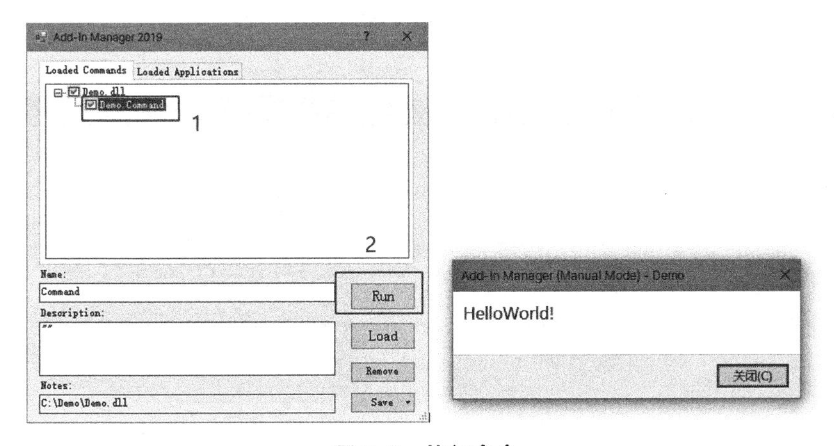

图 2–6　执行命令

需要注意的是，当 TransactionMode 运行不对应时，将无法加载程序集，出现错误提示框，如图 2-7 所示。

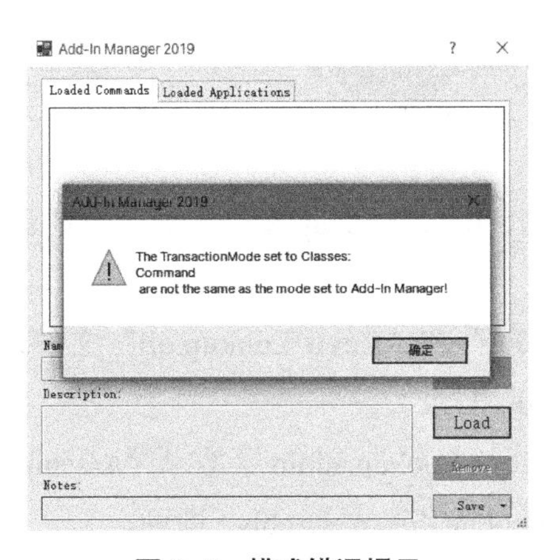

图 2–7　模式错误提示

提示：由于开发过程中频繁使用 AddInManager，建议设置快捷键。

2.2.4 配置 Revit Lookup

1. Revit Lookup 简介

Revit Lookup 是 Autodesk 官方开发人员提供的插件，可用以方便、快捷地查看 Revit 元素内部参数及数据（图 2-8），可以说是 Revit 二次开发必备的辅助工具。尤其是对于中文版 Revit 来说，很多内部名称与 API 里面的英文不对应，使用 Revit Lookup 可以帮助我们快速查看。Revit Lookup 可在 github.com 网站中下载，下载安装地址为 https://github.com/jeremytammik/Revit Lookup-Connect to preview。

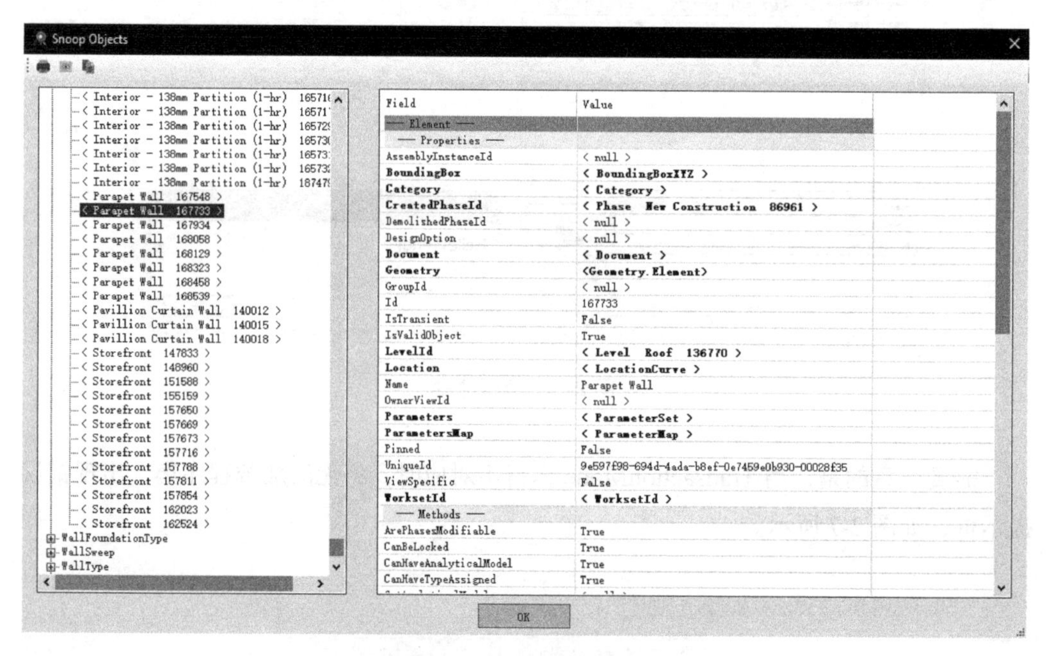

图 2-8 Revit Lookup 界面

以 Revit2020 版本为例，Revit Lookup 配置成功后的界面如图 2-9 所示，操作方法如下：

（1）“RevitLookup.addin” 和 “Revit Lookup.dll” 文件复制到 “C:\ProgramData\Autodesk\Revit\Addins\2020” 目录。

（2）用记事本打开 “Revit Lookup.addin”，确认 <Assembly></Assembly> 符号内的内容为 <Assembly>Revit Lookup.dll</Assembly> 即可。

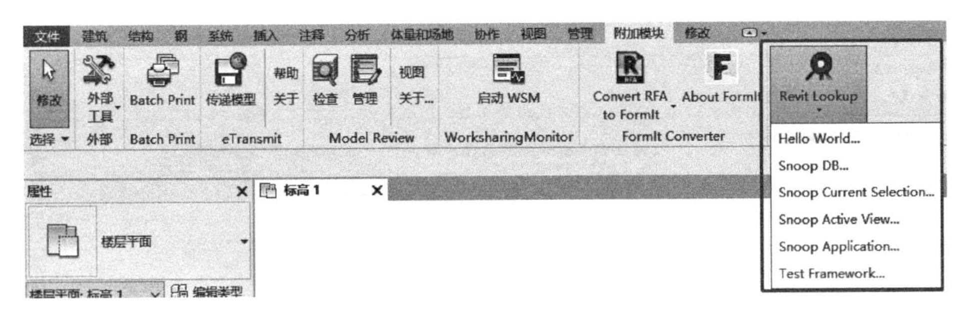

图 2-9　Revit Lookup 配置成功界面

2. Revit Lookup 使用

Revit Lookup 有 6 种运行方式，其中主要使用的是以 Snoop 开头的 4 种（另外两种为测试 Revit Lookup 是否正常加载的命令）：

（1）Snoop DB：Revit Lookup 将把活动文档中所有对象按类型，以树状列表的形式展示出来，选中具体的对象即可查看详细信息，如图 2-10 所示。

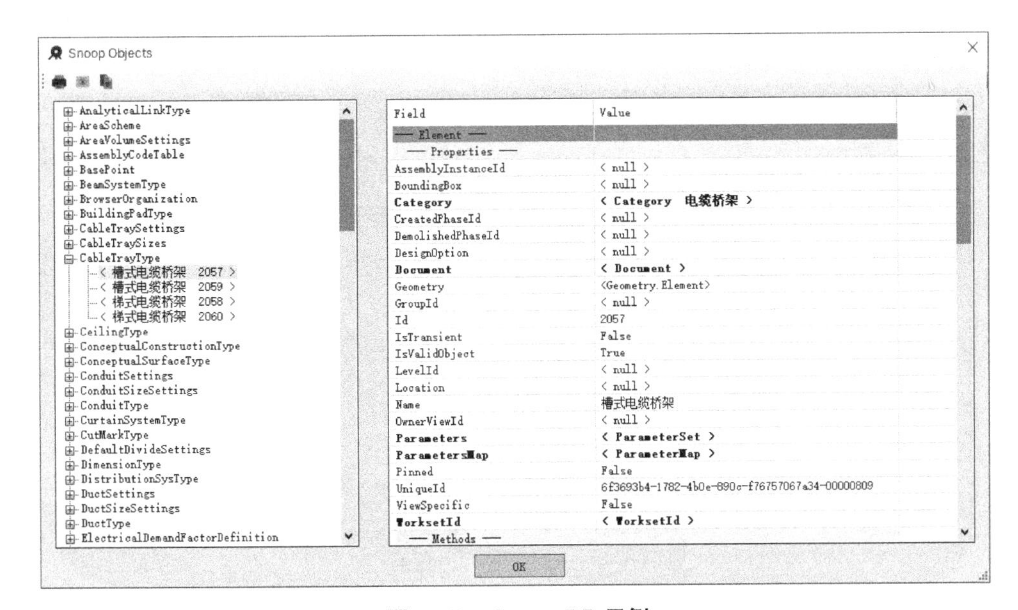

图 2-10　Snoop DB 示例

（2）Snoop Current Selection：选中需要查看信息的构件，通过选择构件后，然后执行命令，Revit Lookup 将展示该构件的详细信息（图 2-11）。

（3）Snoop Active View：Revit Lookup 将展示活动文档的当前活动视图的详细信息（图 2-12）。

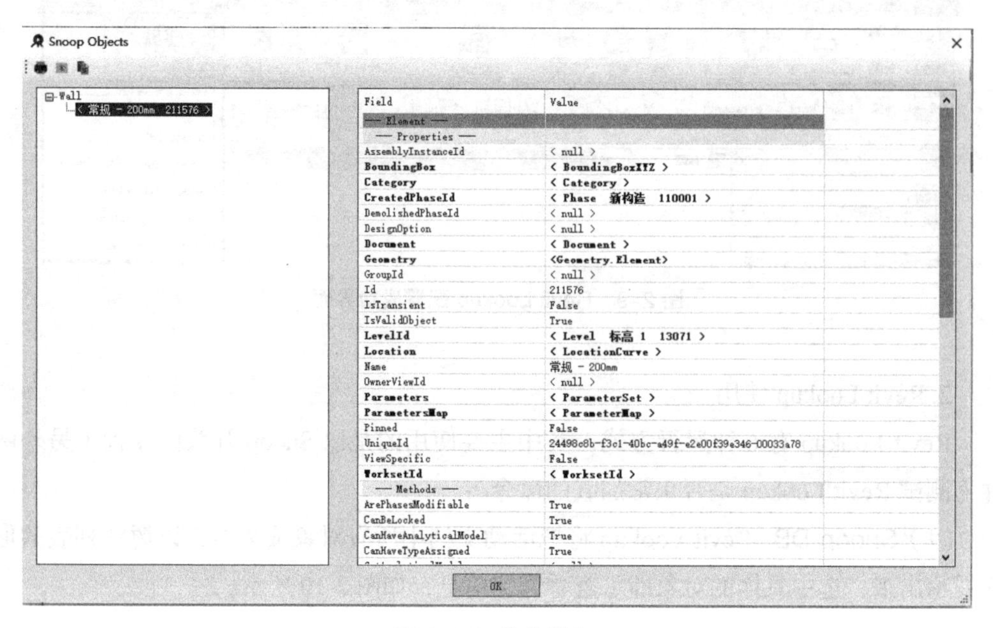

图 2-11　构件信息

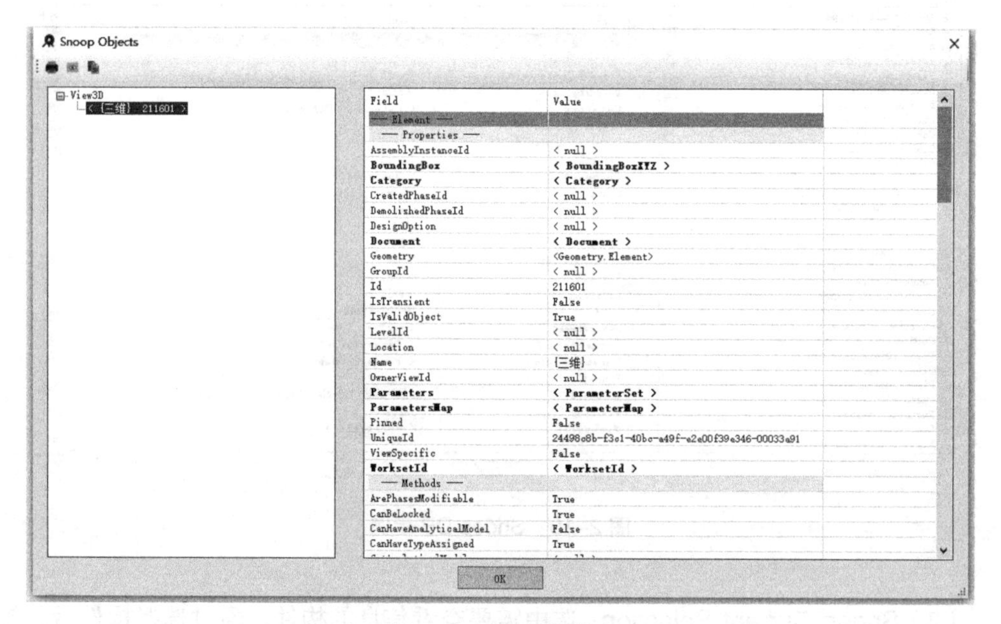

图 2-12　当前视图信息

（4）Snoop Application：Revit Lookup 将展示当前 Revit 程序运行的相关信息，如图 2-13 所示。

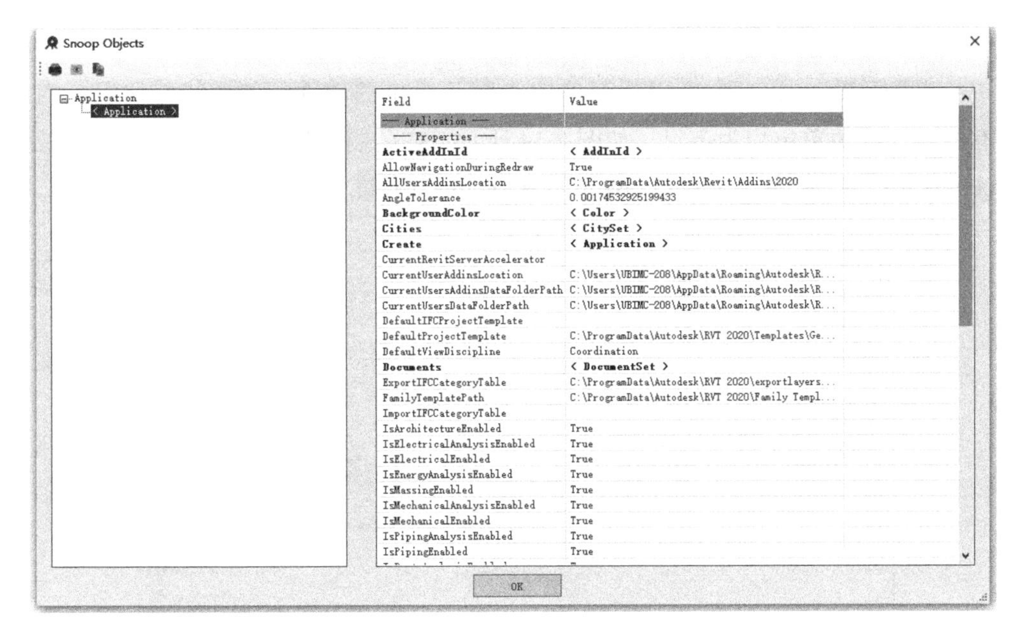

图 2-13 Revit 程序运行信息

注意：其中有“<>”符号的值为集合，可双击继续打开查看里面的内容。

2.3 Revit 开发基础

2.3.1 基本概念

Revit 二次开发的基本概念包含：文档、单位、对象类型、模型分类、视图、事务等，具体内容如下：

1. 文档 Document

用于代表 Revit 项目的对象，类似一个大文件夹，包含着项目中的墙、梁、板、柱等各种族。除了存储 Revit 元素的作用，还担任着管理元素间的关系以及各类信息数据的功能，具有的属性见表 2-2。

Document 属性 表 2-2

属性名	说明
IsModifiable	当前是否可以修改文档（意味着文档中存在活动事务，并且更改不会被其他任何内容暂时阻止）
IsModified	文档自打开或保存后是否已更改
IsReadOnly	如果为 true，则文档当前是只读的，无法修改
IsReadOnlyFile	文档是否以只读模式打开
IsFamilyDocument	文档是否为族文档
IsWorkshared	是否已在文档中启用工作集

2. 单位 Unit

Autodesk Revit 是一个使用英制单位为默认单位的软件，如无特殊情况，内部所有的几何数值单位均为英尺。如图 2-14 所示，在公制样板项目中创建的一条长为 1000mm 的模型线，使用 Revit Lookup 读取到的内部长度为 3.2808 英尺。

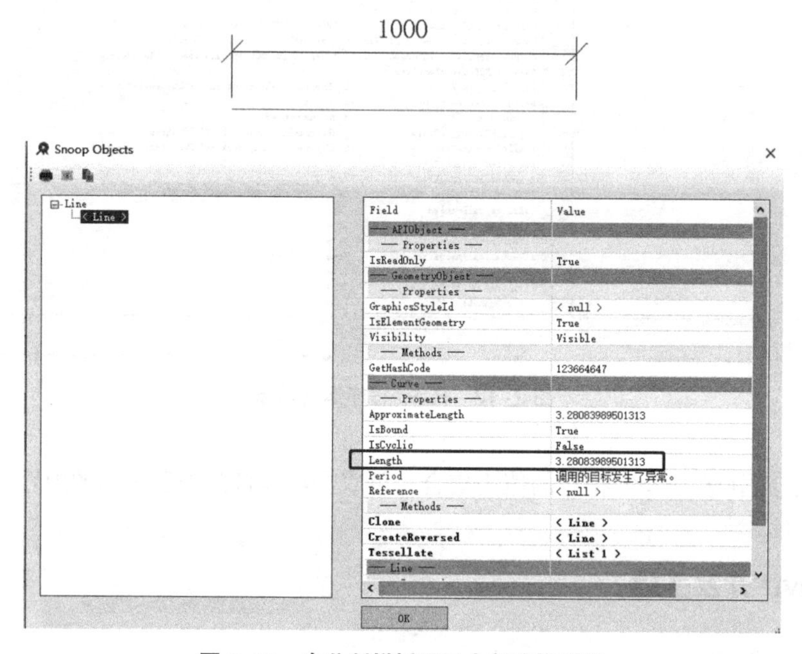

图 2–14　在公制样板项目中创建模型线

对此，可以通过手动转换或内置的帮助类进行转换：手动转化为 1 英尺（Feet）= 304.7999995367 毫米（mm）≈ 0.3048 米（m）；API 中，提供了 UnitUtils 类进行各种单位的相互转换。Revit 中的单位与基础单位的对照关系如表 2-3 所示。

单位对照表　　**表 2–3**

基础单位 Base Unit	Revit 单位 Unit in Revit	单位系统 Unit System
长度 Length	英尺 Feet (ft)	英制 Imperial
角度 Angle	弧度 Radian	公制 Metric
质量 Mass	千克 Kilogram (kg)	公制 Metric
时间 Time	秒 Seconds (s)	公制 Metric
电流 Eletric Current	安培 Ampere (A)	公制 Metric
温度 Temperature	开 Kelvin (K)	公制 Metric
照度 Luminous Intensity	坎德拉 (cd)	公制 Metric

提示：注意在一般情况下，用 304.8 系数来换算，精度已足够高，可以满足常规需求，写起来比较方便。但对于大范围的项目、大体量模型，为了尽量减少极小误差，建议使用 Revit 自带的单位换算方法来换算。

本书的代码示例中两种方式都有使用，对于不严格要求精度的用前者，对于构件的精确定位用后者。

3. 对象类型

Revit 中对象类型相当复杂，结合实际项目应用，可分为以下几类：模型元素、视图元素、元素组、注释与基准元素（标注、标高、轴网等）、草图元素（工作屏幕、编辑状态下的临时元素）信息、阶段、项目信息等。

其中，模型元素和注释类元素是最主要的两类元素。

4. 模型分类 Classifications

模型的分类可以按类别 Category 进行，也可以按族 Family 进行，分类方式如图 2-15 所示。

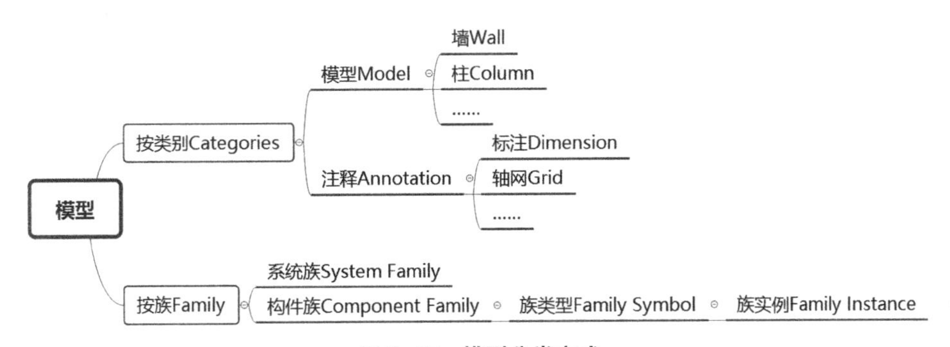

图 2–15　模型分类方式

5. 视图 View

在 Revit 项目浏览器中看到的大多数条目都对应着 API 中的视图类型，视图类型可细分如表 2-4 所示。

视图分类表　　　　**表 2–4**

名称	说明
View3D	三维视图
ViewPlan	平面视图，基于标高
ViewDrafting	绘图视图，可用于创建不与模型关联的元素
ViewSection	剖面视图，剖面、里面等
ViewSheet	图纸视图，视图的集合
TableView	列表视图，用于展示数据，明细表

2.3.2 Revit 事务

在 Revit 对模型进行修改的时候，整个系统如同流水线作业一般，只能一道工序完成再进入下一道工序，以防止对模型重复循环的修改造成软件卡死。Revit 提出了事务（Transaction）的概念来表达流水线工作的状态，事务有如下两个明显特征：

（1）封装了对 Revit 文档修改的对象：即可以在 Undo List 中撤销操作的事务为一个对象，注意任何修改都要在事务中进行，事务提交完成才会最终修改到模型中。

（2）隔离性：同时间只能开启一个事务基础操作。

Revit 包括 Transaction、TransactionGroup 和 SubTransaction 三种事务类型，事务之间相互关联，具体内容如下：

1. 事务 Transaction

事务的基准对象，每个事务需要一个名字，当事务成功提交后，事务的名字会显示在撤销列表中（前提是事务没有放在事务组里面）。同一时间只允许一个事务进行，不允许嵌套。

2. 事务组 TransactionGroup

事务组用于将若干个事务分组，一个组中可嵌套多个事务。当事务组提交完成后，事务组的名字会显示在撤销列表中，而里面单个事务的名称则不会显示。通过事务组我们可以把一系列的操作合并起来，并使得用户可一次撤销成组的操作。

3. 子事务 SubTransaction

子事务必须在一个事务开启后创建，并在这个事务完成（提交或撤销）前完成（提交或撤销）。每个事务可以包含若干个子事务，子事务可嵌套子事务。子事务没有名称，在撤销列表中包含子事务的事务将代表一组操作，仅显示一项撤销条目。

Revit 事务的操作包含新建事务、开启事务、提交事务、撤销事务等操作组成，详细操作说明如表 2-5 所示。

事务操作表 **表 2–5**

名称	说明
Start	启动事务
Commit	提交事务
Assimilate	仅限事务组 TransactionGroup 使用，使用 Assimilate 方法提交将使组中包含的事务合并，仅以事务组的名称显示在撤销列表中
RollBack	撤销事务
GetName	仅限事务 Transaction 与事务组 TransactionGroup 使用，获取名称
GetStatus	获取事务当前的状态
HasEnded	检测事务是否已经关闭（提交或撤销），True 表示事务已经关闭，否则为 False
HasStarted	检测事务是否已经开启，True 表示事务已经开启，否则为 False
SetName	仅限事务 Transaction 与事务组 TransactionGroup 使用，设置名称，事务的名称将显示在撤销列表中

事务在本书的代码样例中大量出现，在此暂不作示例。

事务的运行模式在外部命令中需要使用 Autodesk.Revit.Attributes.Transaction 特性显示指定，Revit 通过检查运行模式特性来保证程序内事务的使用符合要求，事务包含的运行模式如表 2-6 所示。

事务运行模式　　表 2–6

名称	说明
TransactionMode.Manual	此模式表示 Revit 不会自动创建一个事务，如果用户需要修改 Revit 模型，则需要自行管理事务的创建、提交（或回滚），当外部命令执行完毕后，Revit 会检查所有事务是否已经正确关闭，如果不是，Revit 将放弃所有对模型的修改
TransactionMode.ReadOnly	此模式表示 Revit 在命令的整个生命周期内将不会（也不可以）创建任何事务，如果命令尝试启动事务或尝试修改模型，将引发异常
TransactionMode. Automatic（Revit2018 版本后删除）	此模式表示 Revit 在调用外部命令之前会自动创建一个事务，并且该事务将在外部命令运行完成后提交（或回滚）。此模式下用户无法创建自己的事务，只允许创建子事务 SubTransaction

2.3.3　Revit 族

Autodesk Revit 中的所有图元都是基于“**族（Family）**”。族是 Revit 中某一类别中图元的类，根据参数（属性）集的共用、使用上的相同和图形表示的相似来对图元进行分组。一个族中不同图元的部分或全部属性可能有不同的值，但属性的设置是相同的。

族有助于更轻松地管理模型中图元的数据，每个族图元能够定义多种“**类型（Symbol）**”，每种类型可以具有不同的尺寸、形状、材质设置或其他参数变量。在 Revit 中，族可划分为**系统族**和**可载入族**。

系统族是在 Autodesk Revit 中预定义的族，通常在 Revit 的项目样板中被预设了进去，而不是从外部文件中载入到样板和项目中的。常见的系统族包含部分建筑构件（如普通墙、顶棚、屋顶等）、结构构件（条形基础、结构墙、楼板等）、机电系统构件（如风管、水管、桥架 / 线管等）、视图及注释构件（尺寸标注、文字、视图、图例、图纸、明细表等）、其他特殊构件（如栏杆扶手、机电系统等）。系统族可以复制和修改现有系统族，也可以从其他文档中传递过来，但不能创建新系统族。

可载入族与系统族不同，可载入族是单独在外部 rfa 文件中创建的，并可载入到项目中，常见的可载入族有建筑门、窗，结构柱、梁，机电设备、管件、末端，以及各种常规模型等，该类族在创建族实例之前需要使用 Activate 方法激活。

在 Revit API 里，对于模型中实际放置的图元，可载入族与系统族有不同的指代名词。系统族一般直接用其英文名称的类名指代，如墙体为 Wall、楼板为 Floor；可载入族则称为“**族实例（FamilyInstance）**”，如一个结构柱、一根结构梁，均为一个 FamilyInstance。

关于族的开发详见 2.8 节内容。

2.3.4 几何初步

Revit 二次开发往往涉及大量的几何计算，Revit API 已经封装了很多几何计算的函数，给我们带来很大便利，本小节仅作基础介绍，具体在本书后面的内容中多有应用。

1. 点

点在 Revit API 里称为 **XYZ**，通过三个方向的坐标值定义，如『XYZ(1, 2, 3)』。可通过『XYZ.DistanceTo(XYZ)』计算两点间的距离。点同时也可以表达向量（从原点指向该点），通过『XYZ.Normalize()』转换为单位向量。特殊点的表达：XYZ.Origin 表示原点，XYZ.BasisX、XYZ.BasisY、XYZ.BasisiZ 分别表示 X、Y、Z 轴的单位向量。

2. 线

线在 Revit API 里称为 **Curve**。Curve 包括 6 种线的形式，分别为：Line、Arc、Ellipse、NurbSpline、HermiteSpline、CylindricalHelix，其中最常用的是 Line 和 Arc。如果确定 Curve 的形式，可以用 as 强制转换为具体的形式。

注意 **Curve**（包含 Line 和 Arc 等）是**抽象的几何图元**，只用来计算，不显示在视图中。**DetailCurve**（包含 DetailLine 和 DetailArc 等）、**ModelCurve**（包含 ModelLine 和 ModelArc 等）才是**真实的 Revit 元素**，其中 DetailCurve 是注释类图元、ModelCurve 则是模型类图元。如何将 Curve 变为 Revit 的元素，请参考 2.11.1。

Line 有两种，一种是有限范围的，类似数学中的“线段”概念，一种是无限长度的，类似数学中的“直线”概念（图 2-16）。其创建的方法也不一样，分别为：

```
Line line1 = Line. CreateBound(XYZ endpoint0, XYZ endpoint1);
Line line2 = Line. CreateUnbound(XYZ origin, XYZ direction);
line1.MakeUnbound();// 转换为无限长的直线
```

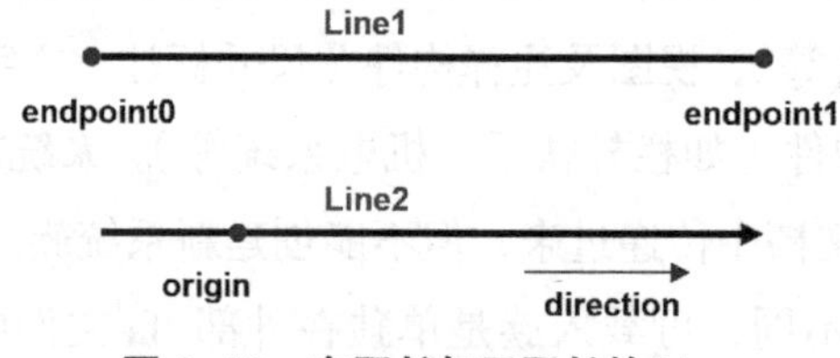

图 2-16　有限长与无限长的 Line

实战中常常需要求 Curve 上的某点，可通过以下方法求得：

```
XYZ start = curve.GetEndPoint(0);
XYZ end = curve.GetEndPoint(1);
XYZ p1 = curve.Evaluate(4000 / 304.8, false);
XYZ p2 = curve.Evaluate(0.8, true);
```

注意 Evaluate 的用法，后一个参数为 true 时，第一个参数表示按总长的系数确定目标点（系数范围为 [0, 1]）；后一个参数为 false 时，则表示按从起点沿 curve 走过的距离值确定目标点。一般来说，用图中 p2 的表达，出错的概率更小。p1 的表达也可以转换成 p2 的表达（图 2-17）：

```
XYZ p1 = curve.Evaluate((4000 / 304.8) / curve.Length, true);
```

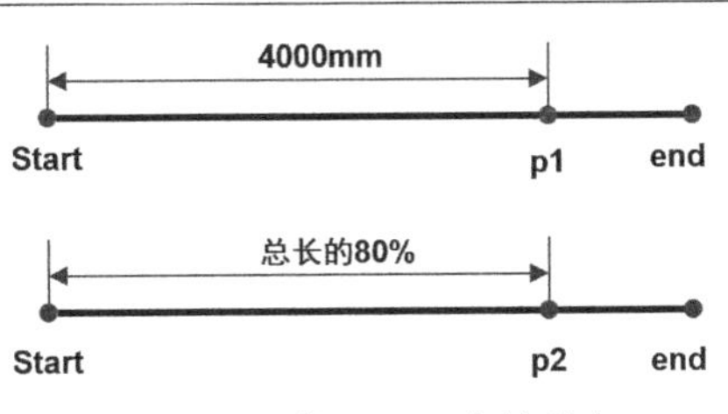

图 2-17　求 Curve 上的某点

Revit API 提供了 Curve 与 Curve 之间求交点的函数，通过 Intersect 方法判断两根 curve 之间的关系，并返回结果集合。如果有交点，则通过结果集合取出。

```
XYZ p = new XYZ();
IntersectionResultArray resultArray = new IntersectionResultArray();
SetComparisonResult result = curve1.Intersect(curve2, out resultArray);
if (result == SetComparisonResult.Overlap)
p = resultArray.get_Item(0).XYZPoint;
```

其中，SetComparisonResult 有 8 种枚举值。除了有 3 种枚举表示空输入以外，其余 5 种分别为：

（1）SetComparisonResult. Overlap，相交；

（2）SetComparisonResult. Subset，共线且只有一个交点；

（3）SetComparisonResult. Superset，共线；

（4）SetComparisonResult. Disjoint，无交点；

（5）SetComparisonResult. Equal，重合。

提示：然而实际测试，Subset、Superset、Equal 三者判断并不保险，如需判断共线，建议自己写函数判断。可以考虑通过将其中一根线变成 Unbound，然后另一根线的两个端点求其垂直距离，两者接近 0 即可判断为共线。

求垂足及垂直距离的函数如下：

```
XYZ projectPoint = line.Project(p).XYZPoint;
double distance = line.Project(p).Distance;
```

提示：注意上面的代码当 line 为有限长的线段时，Project(p).XYZPoint 的概念与数学中的垂足概念不一样，如图 2–18 的（a）、（b）所示。Project(p).XYZPoint 实际上表达的是"点 p 距离线段 line 的最近点"。只有当 line 为 Unbound 时，才相当于数学中的垂足。

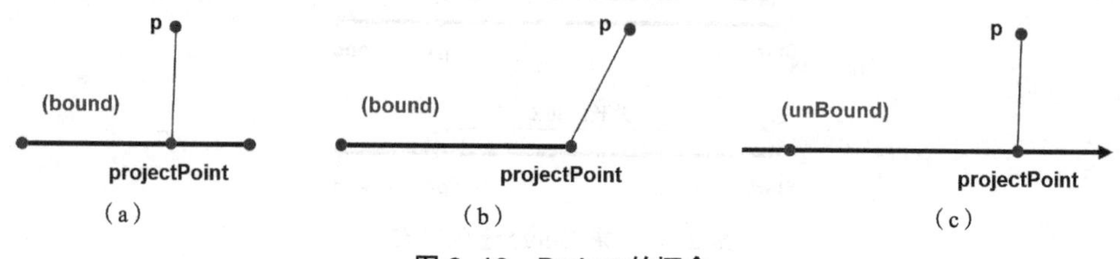

图 2–18　Project 的概念

3. 面

面在 Revit API 里称为 Face。Face 可以通过点击拾取（参考代码 2-6）获得，也可以通过构件的几何体而获得（参考代码 2-19）。Revit API 也提供了 Face 与 Curve 的关系判断函数 Intersect，利用此函数求线面交点的代码详见代码 2-18，在此暂不展开。

4. 体

体在 Revit API 里称为 Solid。Solid 也是一个抽象的几何概念，代表从构件中提取的实体或使用代码创建出来的实体。在代码 2-12 中展示了如何提取构件的所有 Solid；代码 2-34 则展示了如何用代码创建实体，并将抽象的 Solid 实体转化成 Revit 可见的构件实体。

5. 坐标转换

坐标转换在 Revit API 里称为 Transform，是较难理解的一个概念，但非常有用，它表达从一个坐标系转换到另一个坐标系时的转换关系，如图 2-19 所示。

图 2-19 以世界坐标系（我们称为绝对坐标系）为基础新建了一个坐标系（相对坐标系），其原点为 origin，XYZ 三轴的定位通过绝对坐标系中的三个单位向量来确定。

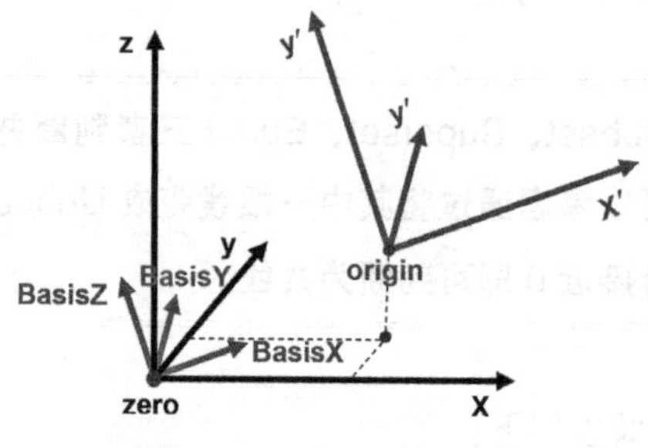

图 2–19　Tranform 示意

代码如下，注意其中的注释说明：

```
Transform transform = Transform.Identity;
transform.Origin = origin;
transform.BasisX = basisX;
transform.BasisY = basisY;
// 如果有两个方向已经确定，第三个方向一般用向量叉积计算，避免出错
transform.BasisZ = (transform.BasisX).CrossProduct(transform.BasisY);
```

建立起这个坐标系后，就可以进行坐标的转换。举例来说，我们想求出绝对坐标系中的点 p(1, 2, 3) 在相对坐标系中的坐标值，可以用以下代码：

```
XYZ p = new XYZ(1, 2, 3);
XYZ pTransform = transform.Inverse.OfPoint(p);
```

如果反过来，已知相对坐标系中的点 pTransform(1, 2, 3)，要求它在绝对坐标系中的坐标值，可以用以下代码：

```
XYZ pTransform = new XYZ(1, 2, 3);
XYZ p = transform.OfPoint(pTransform);
```

提示：注意上面两段代码中的 Inverse 用法，初学者很容易混淆。可以用一句口诀辅助记忆：绝对转相对，绝对要 Inverse；相对转绝对，相对更简单。

Transform 的实战用法在本书的案例中多处用到，其中比较典型的一种用法是求点面距离，详见代码 2-42。

2.3.5 基本开发流程

本节以简单的“HelloWorld”为例，介绍 Revit 二次开发的整体流程，包括新建类库项目、引用 Revit API、编写程序、编译生成 dll 文件等流程，最终实现在 Revit 中弹出“HelloWorld”窗口。具体流程如下：

（1）打开 Visual Studio 新建一个类库项目，如图 2-20 所示。

（2）在解决方案资源管理器中为项目添加 Revit API.dll 和 Revit APIUI.dll 引用（图 2-21），该文件位于 Revit 安装目录下，如 C:\Program Files\Autodesk\Revit 2020\。同时，在属性面板中设置“复制本地”属性为 False，这样编译后该文件及依赖的文件

就不会复制到输出目录中，如图 2-22 所示。

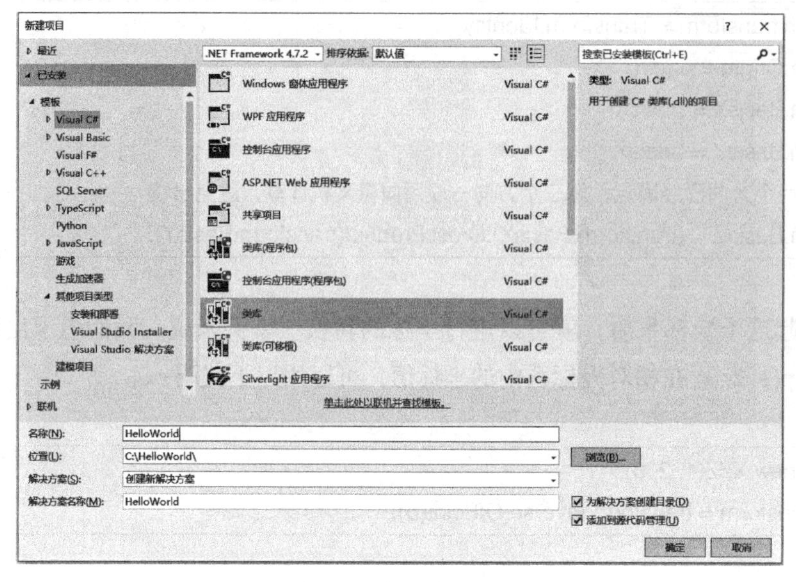

图 2-20　新建类库项目

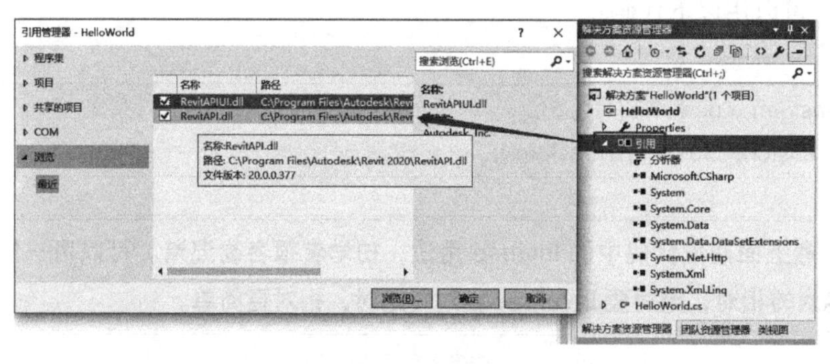

图 2-21　添加引用

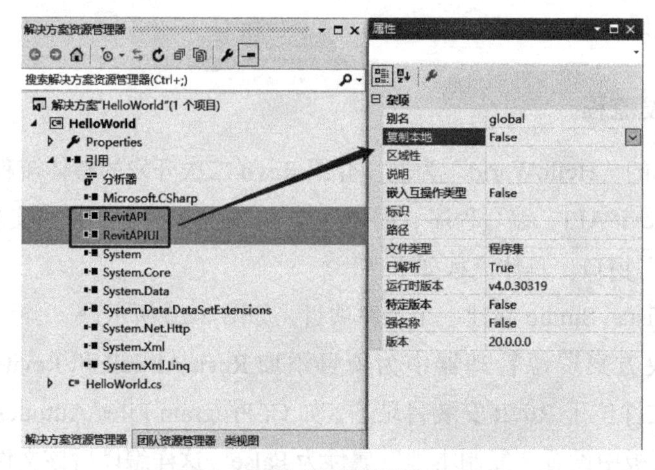

图 2-22　设置“复制本地”为 False

（3）添加命名空间，编写代码，在编写功能代码区域添加代码，实现代码如下：

代码 2-1：HelloWorld 代码

```
using System.Windows.Forms;
using Autodesk.Revit;
//Revit 常用命名空间
using Autodesk.Revit.UI; //UI 基础 如 UIDocument、ExternalCommandData
using Autodesk.Revit.DB; // 数据基础 如 Element、Reference
using Autodesk.Revit.Attributes;  // 模式 如 TransactionMode、JournalingMode
using Autodesk.Revit.UI.Selection;// 选择 如 ObjectType
using Autodesk.Revit.DB.Architecture;  // 建筑 如 ROOM、Stairs
using Autodesk.Revit.DB.Structure;// 结构 如 StructuralType
using Autodesk.Revit.DB.Mechanical;  // 机械专业 如 Duct、DuctType
using Autodesk.Revit.DB.Plumbing;// 管道专业 如 Pipe、PipeType
using Autodesk.Revit.DB.Electrical;// 电气专业 如 CableTray

namespace HelloWorld
{
    [Transaction(TransactionMode.Manual)]
    public class HelloWorldCommand : IExternalCommand
    {
       public Result Execute(ExternalCommandData cD, refstring ms, ElementSet set)
       {
           // 此处编写功能代码
           MessageBox.Show("Hello World! ");
           return Result.Succeeded;
       }
    }
}
```

（4）编译生成 dll 文件，使用 AddInManager 调试程序。在 AddInManager 窗口中点击 Load 加载 dll，如图 2-23 所示。使用 Run 运行程序，如图 2-24 所示。

（5）外部工具加载命令。可用于给设计人员试用命令，测试功能是否满足需求。首先，制作 Addin 文件，例如命名为 HelloWorld.addin；将该文件和 HelloWorld.dll 文件复制到“C:\ProgramData\Autodesk\Revit\Addins\2020”目录，加载成功后 Revit 界面如图 2-25 所示。

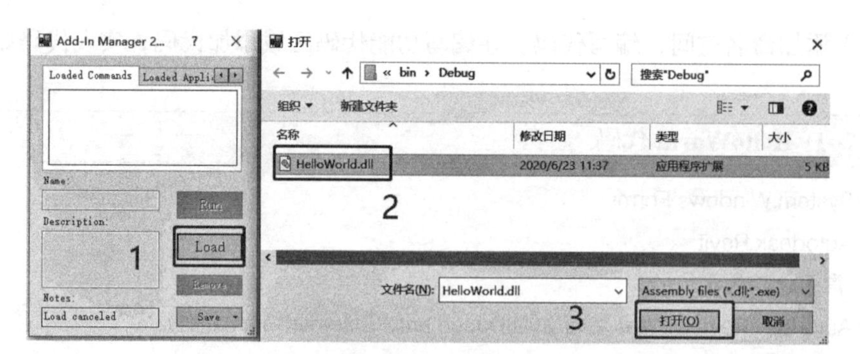

图 2–23　加载 dll

图 2–24　运行程序效果

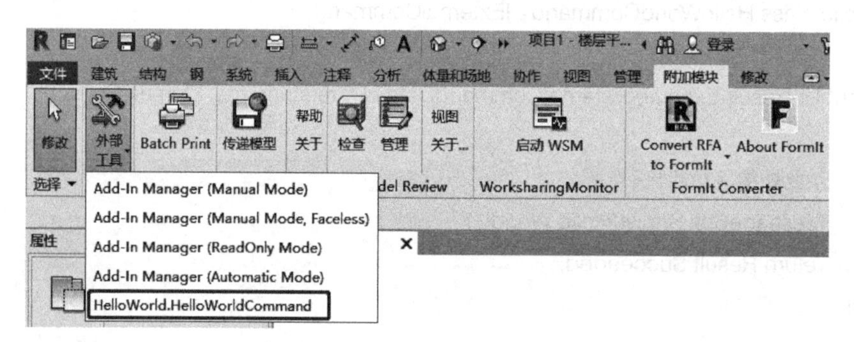

图 2–25　加载命令成功示例

HelloWorld.addin 内容中 Type 包含 Command 和 Application，本案例应选择 Command；<Name> 为命令名称；<Assembly> 为 dll 路径；<ClientId> 为命令的 GUID，不能重复[①]；<FullClassName> 为 dll 中的命名空间及方法类；<VendorId> 为开发厂商名称；<VendorDescription> 可填入开发厂商描述。实现代码如下：

① 这里的 GUID 不要自己复制现成的再修改，容易重复或出错。建议用 Visual Studio 的『工具→创建 GUID』来创建，可以确保唯一且合规。

代码 2-2：Addin 文件制作

```
<?xml version= "1.0"encoding="utf-8"?>
<RevitAddIns>
  <AddIn Type="Command">
    <Name>HelloWorld</Name>
    <Assembly>HelloWorld.dll</Assembly>
<ClientId>65a4bf7f-bbce-4d11-3f1f-47e7bfd2a633</ClientId>
    <FullClassName>HelloWorld.HelloWorldCommand</FullClassName>
    <VendorId>ADSK</VendorId>
    <VendorDescription>Autodesk, www.autodesk.com</VendorDescription>
  </AddIn>
</RevitAddIns>
```

至此，实现了通过编程使 Revit 执行相关操作，接下来的章节将详细介绍各种功能开发、制作 Ribbon 界面、制作安装程序等。

2.4　图元过滤

图元过滤是指利用 Revit API 提供的多种方法，根据特定条件或多个条件的组合，过滤选择出文档中的特定对象，再进行后续的操作。灵活运用图元过滤的方法，可以使代码更高效、用户交互更友好，是 Revit 二次开发的基本操作，使用频率非常高。

2.4.1　元素收集器

Revit API 提供了多种元素过滤的方法，但在元素过滤之前，需要有一个容器来存放过滤出来的元素，称为**元素收集器**，包含三种构造方法（表 2-7），可针对不同的应用需求选择合适的构造方法，通常结合**元素过滤器**一同使用。

元素收集器构造方法　　　　表 2-7

名称	说明
FilteredElementCollector (Document doc)	在文档中搜索和收集文档中的特定元素
FilteredElementCollector (Document doc, ElementId viewId)	在文档的指定视图中搜索和收集特定元素，viewId 为视图的 ID
FilteredElementCollector (Document doc, ICollection< ElementId > elementIds)	在文档的一组元素集合中搜索和收集特定元素，elementIds 指定了搜索的范围

前两项较常用，注意两者的区别：第一个是整个文档搜索，第二个是当前视图搜索，

因此**对于大模型来说速度会有区别**，尤其是使用了后面介绍的慢速过滤器，需要根据程序功能需要，选择第一个还是第二个。

2.4.2 快速过滤器

元素过滤器是一个检验元素是否符合指定规则的类，提供的过滤方法非常多，总体上可分为**快速过滤器**（ElementQuickFilter），**慢速过滤器**（ElementSlowFilter），并且可通过**逻辑过滤器**（ElementLogicalFilter）组合多个过滤器同时应用，本小节先介绍快速过滤器。

快速过滤器（ElementQuickFilter）只检查记录的元素并防止元素在内存中展开，该过滤器可以提高迭代的效率并减少内存的消耗，具有性能好、内存占用低等优点，快速过滤器的内容如表 2-8 所示。

快速过滤器 表 2-8

过滤器名称	说明
BoundingBoxContainsPointFilter	边界框包含给定点的元素
BoundingBoxIntersectsFilter	边界框与给定轮廓相交的元素
BoundingBoxIsInsideFilter	边界框在给定轮廓内的元素
ElementCategoryFilter 快捷方法：OfCategory()	按类别（Category）过滤元素
ElementClassFilter 快捷方法：OfClass()	按类别（Class）过滤元素
ElementDesignOptionFilter 快捷方法：ContainedInDesignOption()	特定设计选项中的元素
ElementIsCurveDrivenFilter 快捷方法：WhereElementIsCurveDriven()	线性元素 （Location 的属性为 LocationCurve）
ElementIsElementTypeFilter 快捷方法： WhereElementIsElementType() WhereElementIsNotElementType()	属于“元素类型”的元素
ElementMulticategoryFilter	与给定类别集中的任何元素匹配的元素
ElementMulticlassFilter	匹配给定类集（或派生类）的元素
ElementOwnerViewFilter 快捷方法： OwnedByView() WhereElementIsViewIndependent()	只属于给定视图的元素
ElementStructuralTypeFilter	匹配给定结构类型的元素
ExclusionFilter	排除给定的元素集合，一般结合其他过滤器使用
FamilySymbolFilter 快捷方法：Excluding()	给定族的所有类型

这里需注意这两个过滤器：**ElementCategoryFilter**、**ElementClassFilter**，两者都非常常用，都是根据元素类别来过滤；但 Category 与 Class 在 Revit 里是不同逻辑体系的分类，两者不能等价。可以大致这么理解：**Category 是按工程属性的分类**，如墙、楼板、梁、柱、门、窗等；**Class 是按 Revit 数据结构的分类**，如墙、墙类型、楼板、楼板类型、族、族类型、族实例等。

以窗为例，窗的 Category 是“BuiltInCategory.OST_Windows”，窗的 Class 则是“FamilyInstance”，并没有细分到 Windows 的 Class，后续还需要进一步的过滤才能实现过滤目标。

提示：ElementCategoryFilter 的结果包含了元素的类型和实例，没有作区分，这一点初学者经常忽略，需要强调。实践中，往往要结合 WhereElementIsNotElementType() 或 ofClass(typeof(FamilyInstance)) 等过滤方法把类型排除掉。

ElementCategoryFilter 只能使用内置的 BuiltInCategory 进行过滤。Revit 设置了大约 1000 个左右的 BuiltInCategory（常用的大概有十多个），可以通过 Revit API.chm 搜索“BuiltInCategory Enumeration”查看所有枚举项。其用法为：

```
ElementCategoryFilter caFilter = new ElementCategoryFilter(BuiltInCategory.OST_Walls);
```

结合收集器，再把墙的类型去掉，只保留墙的实例，代码如下：

```
FilteredElementCollector wallCollector = new FilteredElementCollector(doc);
ElementCategoryFilter caFilter = new ElementCategoryFilter(BuiltInCategory.OST_Walls);
wallCollector.WhereElementIsNotElementType().WherePasses(caFilter);
```

ElementClassFilter 没有提供枚举供选择，需通过查看与尝试来确定。其用法为：

```
ElementClassFilter classFilter = new ElementClassFilter(typeof(Wall));
```

注意其中的“typeof”是必需的。这句代码过滤出来的就是墙的实例，并没有包含墙类型。如果要选择的是墙类型，则可以通过下面的代码来进行过滤：

```
ElementClassFilter wallTypeFilter = new ElementClassFilter(typeof(WallType));
```

Revit 的构件类别很多，如何得知每类构件的 Class 与 BuiltInCategory，我们可以借助本章第 2 节提到的 Revit Lookup 工具，选择模型中的一个构件，用 Snoop Current Selection 命令列出其详情，Class 与 BuiltInCategory 的位置如图 2-26 所示。

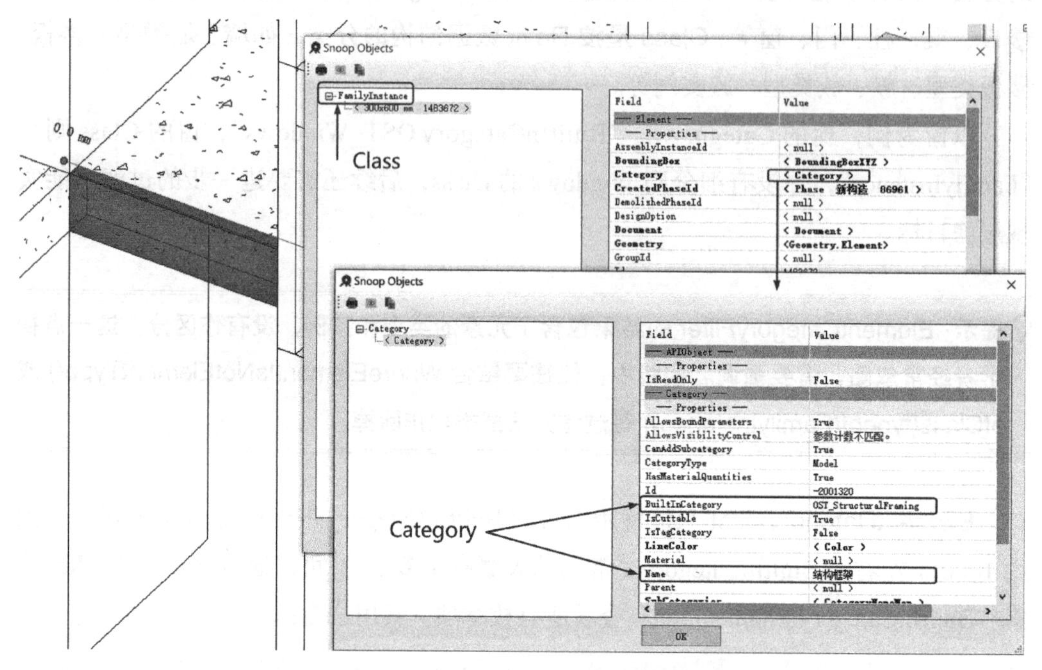

图 2-26　用 Revit Lookup 工具查找构件所属类别

2.4.3　慢速过滤器

慢速过滤器（ElementSlowFilter）是在内存中获取和展开元素再进行查询，因此在效率上会比较低，同时内存占用多，是性能较低的过滤器，但其提供的功能则更为丰富。

提示：慢速过滤器和快速过滤器结合起来用，相当于先通过快速过滤器缩小范围，再进行慢速过滤，这样可显著提高过滤的效率。对于大模型来说，效率可能有数十倍甚至更多的提升。但并非所有慢速过滤器都需要配合快速过滤器，详见表 2-9。

慢速过滤器的内容如表 2-9 所示。表中的第三列，是根据 Revit API 文档说明所整理，其中标记为“否”的过滤器，虽然属于慢速过滤器，但 Revit 内部已事先过滤了一遍，无需再配合快速过滤器来提高效率。但最常用的 ElementIntersectsElementFilter、ElementIntersectsSolidFilter、ElementParameterFilter 等几个过滤器，仍需要配合快速过滤器使用。

慢速过滤器　　**表 2–9**

过滤器名称	说明	是否需配合快速过滤器
AreaFilter	所有面积元素	否
AreaTagFilter	所有面积标记	否
CurveElementFilter	按线的类别选择元素	是
ElementLevelFilter	与给定楼层关联的元素	是
ElementParameterFilter	符合给定参数条件的元素	是
ElementPhaseStatusFilter	根据阶段及阶段状态过滤元素	是
FamilyInstanceFilter	特定族类型的实例	否
FamilyStructuralMaterialTypeFilter	给定结构材料类型的族元素	否
PrimaryDesignOptionMemberFilter	主要设计选项所拥有的元素	是
RoomFilter	所有房间元素	否
RoomTagFilter	所有房间标记元素	否
SpaceFilter	所有空间元素	否
SpaceTagFilter	所有空间标记元素	否
StructuralInstanceUsageFilter	给定结构用途的族实例	否
StructuralMaterialTypeFilter	给定结构材质类型的族实例	否
StructuralWallUsageFilter	给定结构墙用途的墙	否
ElementIntersectsElementFilter	与给定元素的实体相交的元素	是
ElementIntersectsSolidFilter	与给定实体相交的元素	是

这里需注意的是 ElementIntersectsElementFilter、ElementIntersectsSolidFilter 这两个过滤器，一个是求与构件相交的元素，一个是求与 Solid 相交的元素，两者比较相近，有两个注意点：

（1）两者都涉及复杂的几何运算，**在大模型中运行效率很低**，因此一定要结合快速过滤器来应用。**最简单的是结合 BoundingBoxIntersectsFilter 来过滤**，先快速查找出构件边界框相交的构件，再具体查找实体相交的构件，效率可大幅提高。

（2）两者都需要考虑**构件已经互相连接**的情况。如图 2-27 所示，如果梁板已经连接，那么用这两个方法都是无法从其中一个构件找到另一个构件的，因为 Revit 的连接命令相当于布尔剪切的操作（剪切的主次没有关系）。剪切完之后，两个构件的几何实体已经没有相交了，因此这两个方法就不起作用了。解决办法是通过『JoinGeometryUtils.GetJoinedElements』另外获取与构件连接的构件，这个方法在代码 2-17、代码 2-72 里都有实际的应用。

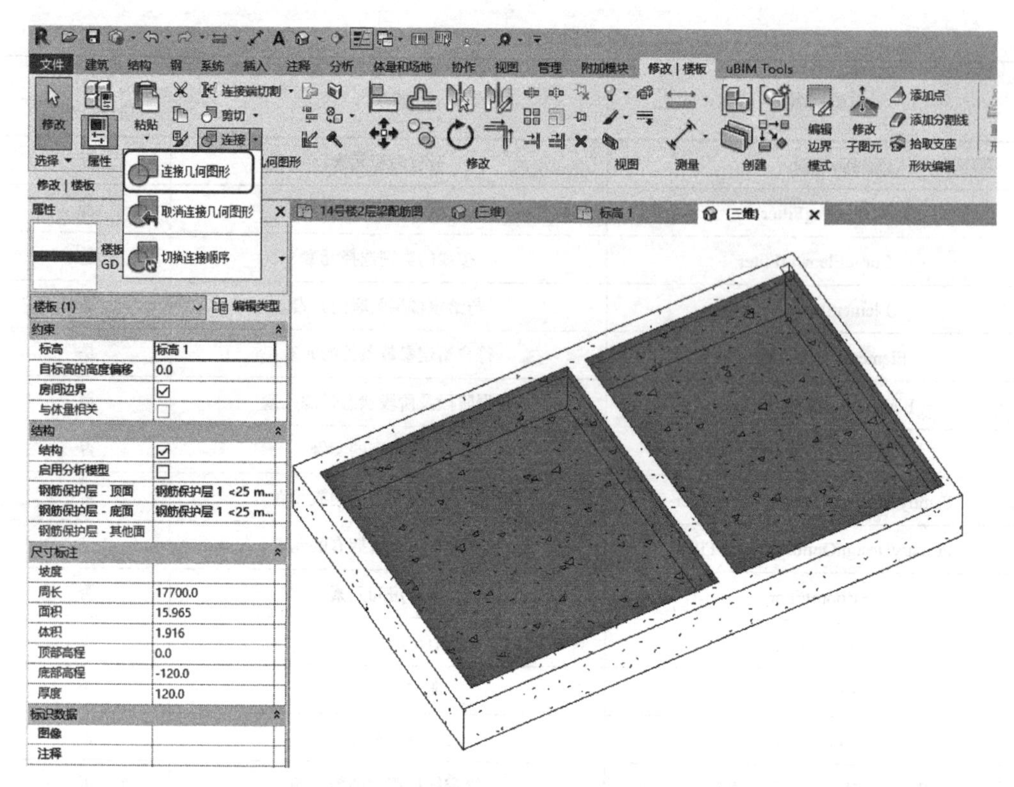

图 2-27 构件连接后无法通过几何相交的方式过滤

2.4.4 逻辑过滤器

逻辑过滤器（ElementLogicalFilter）是两个及以上的过滤器逻辑组成的过滤器，能够有效提高过滤效率，逻辑过滤器如表 2-10 所示。

逻辑过滤器名称 表 2-10

过滤器名称	说明
LogicalAndFilter 快捷方法： WherePasses() IntersectWith()	逻辑与，WherePasses() 用于添加一个额外的过滤器；IntersectWith() 用于连接两组独立的过滤器
LogicalOrFilter 快捷方法：UnionWith()	逻辑或，UnionWith() 用于连接两组独立的过滤器

2.4.5 图元过滤案例

下面通过一个“按楼层选择墙”的案例，对前面介绍的图元过滤方法进行综合应用。

在项目应用中，经常需要按楼层选择构件再进行后续操作，通过 Revit 自带功能操作比较烦琐，而通过 Revit API 则可简单实现该功能，效果如图 2-28 所示。为简化代码，我们指定选择第 1 个楼层的墙体。

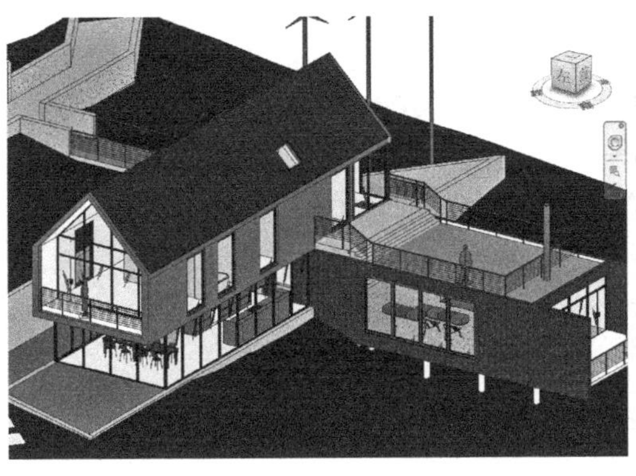
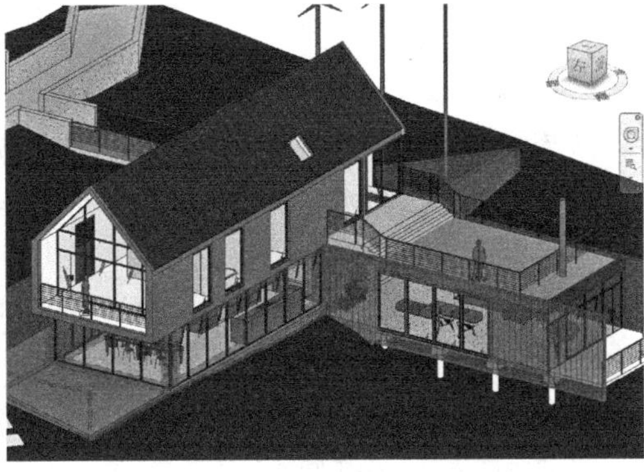

图 2-28　按楼层选择墙效果

在本案例中，根据类别来选择墙、选择楼层都是快速过滤器，而“根据楼层来选择首层的墙”则是慢速过滤器，可以从下面的代码中看一下两者如何配合使用[①]：

代码 2-3：按楼层选择墙之一

```
public Result Execute(ExternalCommandData cD, ref string ms, ElementSet set)
{
    UIDocument uiDoc = cD.Application.ActiveUIDocument;
    Document doc = uiDoc.Document;

    #region 选择第 1 个标高作为按楼层过滤的条件
    // 创建收集器
    FilteredElementCollector levelCollector = new FilteredElementCollector(doc);
    // 创建类型过滤器
    ElementClassFilter levelClassFilter = new ElementClassFilter(typeof(Level));
    // 收集过滤结果
    levelCollector.WherePasses(levelClassFilter);
    // 过滤结果转化为集合
    List<ElementId> levelIDs = levelCollector.OfClass(typeof(Level)). ToElementIds().ToList();
    // 以第一个标高为例，以其作为楼层过滤的条件
    ElementLevelFilter levelFilter = new ElementLevelFilter(levelIDs[0]);
    #endregion

    #region 通过类型及楼层过滤器得到目标墙体
    // 创建针对墙体的过滤元素收集器
    FilteredElementCollector wallCollector = new FilteredElementCollector(doc);
```

① 为节省篇幅，本节及后面的代码均为主要代码或关键代码节选，其余如 using 部分、命名空间定义、Transaction 模式定义等框架性的代码请参考 2.3.4 节，不再在每一段代码示例中重复。

```
    // 墙体类型过滤
    ElementClassFilter wallClassFilter = new ElementClassFilter(typeof(Wall));
    // 连续通过类型、楼层两个过滤器，过滤出结果
    wallCollector.WherePasses(wallClassFilter).WherePasses(levelFilter);
    // 过滤结果转化为集合
    List<ElementId> wallElemIds = wallCollector.ToElementIds().ToList();
    #endregion

    // 将结果设置为选中高亮状态
    uiDoc.Selection.SetElementIds(wallElemIds);
    return Result.Succeeded;
}
```

在上面的代码里，ElementClassFilter 有简化的表达方式 OfClass()，ElementCategory-Filter 也有简化的表达方式 OfCategory()，多重过滤时可使代码更简洁。按此替换方式，我们可以将上面的代码修改如下：

代码 2-4：按楼层选择墙之二

```
public Result Execute(ExternalCommandData cD, ref string ms, ElementSet set)
{
    UIDocument uiDoc = cD.Application.ActiveUIDocument;
    Document doc = uiDoc.Document;

    #region 选择第 1 个标高作为按楼层过滤的条件
    // 创建收集器
    FilteredElementCollector levelCollector = new FilteredElementCollector(doc);
    // 简化的过滤器表达，直接过滤出结果，并转化为集合
    List<ElementId> levelIDs = levelCollector.OfClass(typeof(Level)).
      ToElementIds().ToList();
    // 以第一个标高为例，以其作为楼层过滤的条件
    ElementLevelFilter levelFilter = new ElementLevelFilter(levelIDs[0]);
    #endregion

    #region 通过类型及楼层过滤器得到目标墙体
    // 创建针对墙体的过滤元素收集器
    FilteredElementCollector wallCollector = new FilteredElementCollector(doc);
    // 连续通过类型、楼层两个过滤器，过滤出结果
    wallCollector.OfClass(typeof(Wall)).WherePasses(levelFilter);
```

```
    // 过滤结果转化为集合
    List<ElementId> wallElemIds = wallCollector.ToElementIds().ToList();
    #endregion

    // 将结果设置为选中高亮状态
    uiDoc.Selection.SetElementIds(wallElemIds);
    return Result.Succeeded;
}
```

上面的代码中，最后一步是通过连续两个过滤器得出结果。实际上，WherePasses() 就是逻辑过滤器的快捷表达。如果有更多的条件需要组合，就需要用到前面提到的逻辑过滤器。下面我们仍以这个模型为例，这次目标是选择模型中的门和窗的所有实例，实现效果如图 2-29 所示。

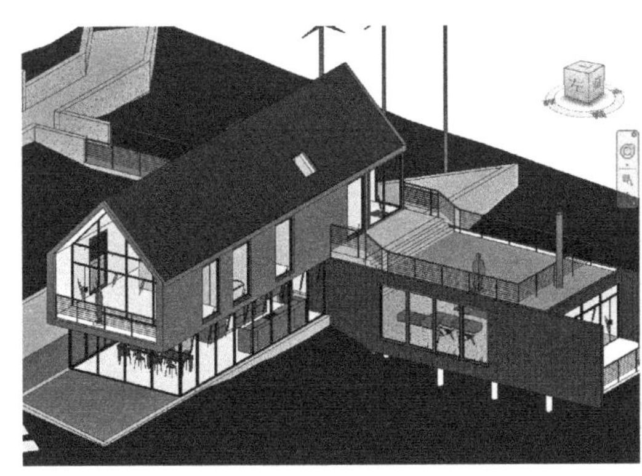 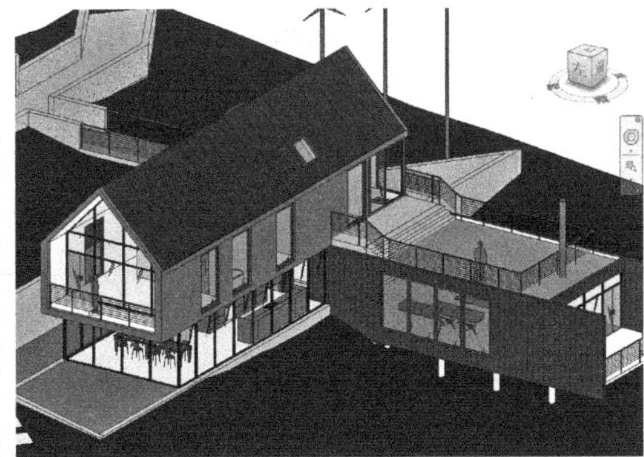

图 2–29 选择门窗效果

由于 ElementClassFilter 无法直接过滤出门和窗，而 ElementCategoryFilter 的过滤结果又同时包含了门、窗的类型与实例，因此需通过两者的结合才能实现过滤目标。详见代码：

代码 2–5：按楼层选择门窗

```
public Result Execute(ExternalCommandData cD, ref string ms, ElementSet set)
{
    UIDocument uiDoc = cD.Application.ActiveUIDocument;
    Document doc = uiDoc.Document;
    // 创建元素收集器
    FilteredElementCollector col = new FilteredElementCollector(doc);
```

```
    // 窗类别过滤器
    BuiltInCategory wCategory = BuiltInCategory.OST_Windows;
    ElementCategoryFilter wFilter = new ElementCategoryFilter(wCategory); ;
    // 门类别过滤器
    BuiltInCategory dCategory = BuiltInCategory.OST_Doors;
    ElementCategoryFilter dFilter = new ElementCategoryFilter(dCategory);
    // 创建逻辑或过滤器，过滤得到窗和门，包含族类型和族实例
    LogicalOrFilter orFilter = new LogicalOrFilter(wFilter, dFilter);
    // 创建类型过滤器，门和窗的类型为 FamilyInstance
    ElementClassFilter fFilter = new ElementClassFilter(typeof(FamilyInstance));
    // 通过逻辑与过滤器，排除了族类型，得到族实例
    LogicalAndFilter andFilter = new LogicalAndFilter(orFilter, fFilter);
    // 设置过滤器
    col.WherePasses(andFilter);
    // 得到过滤后图元的 ID 集合
    List<ElementId> elemIds = col.ToElementIds().ToList();
    // 设置选中高亮状态
    uiDoc.Selection.SetElementIds(elemIds);
    return Result.Succeeded;
}
```

2.5 用户选择交互

有很多插件需要用到过程中的用户交互，即在命令过程中暂停下来，由用户选择一个或多个元素；或者选择空间定位点，确定后再继续执行后续操作。Revit API 专门有一个名为 Selection 的类与此相关，本节介绍其使用的方法与细节。

2.5.1 用户选择对象

Revit API 中提供了 Selection.PickObject 和 Selection.PickObjects 方法给用户选择图元。其中，Selection.PickObject 为选择一个图元，Selection.PickObjects 为选择多个图元，两者分别有 4 种类似的重载，如图 2-30 所示。

可以看到有多个重载都有一个叫 ISelectionFilter 的参数，是程序预先设定的过滤条件，使用户只能选择特定条件的图元，我们在下一小节单独介绍，本小节的案例暂不作此限制。先介绍所有重载都需要的 ObjectType 参数，其设定了用户选择对象的方式，包含了 7 种枚举类型，含义如表 2-11 所示。

PickObject(ObjectType)
PickObject(ObjectType, ISelectionFilter)
PickObject(ObjectType, String)
PickObject(ObjectType, ISelectionFilter, String)
PickObjects(ObjectType)
PickObjects(ObjectType, ISelectionFilter)
PickObjects(ObjectType, String)
PickObjects(ObjectType, ISelectionFilter, String)
PickObjects(ObjectType, ISelectionFilter, String, IList(Reference))

图 2–30　PickObject 与 PickObjects 的重载

ObjectType 枚举类型表　　表 2–11

枚举项	含义
Nothing	什么都不能被选择
Element	按一个元素的整体选择（预览亮显整个元素）
PointOnElement	点选元素（预览亮显元素的单个面）
Edge	只能拾取元素的边
Face	只能拾取元素的面
LinkedElement	只能选择链接文件中的元素
Subelement	选择元素本身或者其子图元

图 2-31 示意了几种最常用的 ObjectType 在用户选择时的预览显示，从中可看出其区别。

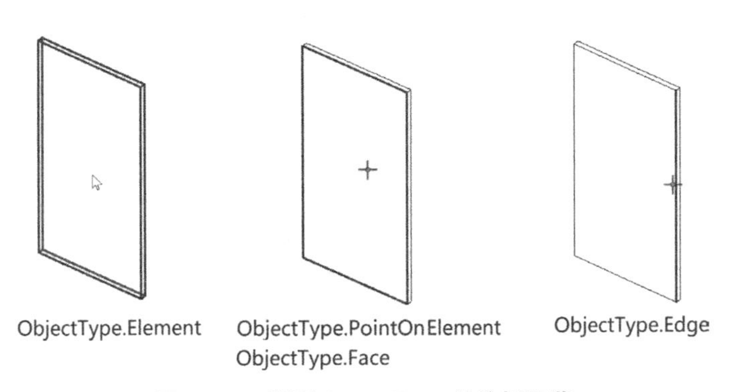

图 2–31　常用 ObjectType 的选择预览

需注意的是，Selection.PickObject 与 Selection.PickObjects 两个方法，其直接返回的都不是元素本身，而是一个叫 **Reference** 的对象。Reference 是 Revit API 里一个重要概念，在很多地方用到，但很难解释其具体含义。中文直译为“参考”或“引用”，可以大致理解为：Reference 不是具体的图元，而是具体图元的一个**指代**，既可能指代一个构件，也可能指代的是构件的面或者线、点，根据场合而定。其作用是可以将其指代的对象记录下来重复引用。比如在 Selection.PickObject 这里返回的 Reference，就不但包含了选择的构件，同时也记录了用户选择时点选的点坐标，这些信息往往是非常有用的。

Selection.PickObject 最简单的用法如下：

```
Reference reference = uiDoc.Selection.PickObject(ObjectType.Element);
```

注意 Selection 相关的类都属于 UIDocument（而不是 Document）的。上面代码的 ObjectType 可根据需要选择。其返回的 Reference 所代表的元素以及用户选择时点选的点坐标，通过以下代码获取：

```
Element element = document.GetElement(reference);
XYZ pickPoint = reference.GlobalPoint;
```

当使用 ObjectType.Face 进行选择时，除了上面两个信息，还可以通过 Reference 取得用户点选的面的信息，通过以下代码获取：

```
Face pickFace = element.GetGeometryObjectFromReference(refer) as Face;
```

Selection.PickObject 还要注意规避用户的中断行为。用户在选择过程中，经常通过按 ESC 键中断选择，或者通过鼠标右键取消选择操作，这样程序就会弹出如图 2-32 所示的错误提示。

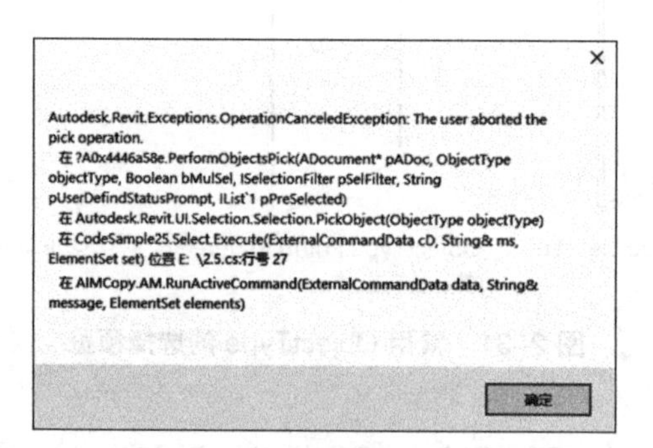

图 2-32　用户中断选择时的弹错提示

提示：一般通过 Try-Catch 处理来避免弹错，同时还需结合针对选集为空的后续代码处理。2.19.1 小节也专门讲到这个处理机制。

我们通过一个简单的案例来展示完整的用户选择过程，这个案例的功能是让用户

拾取一个面，然后弹窗显示这个面的面积，如图 2-33 所示。

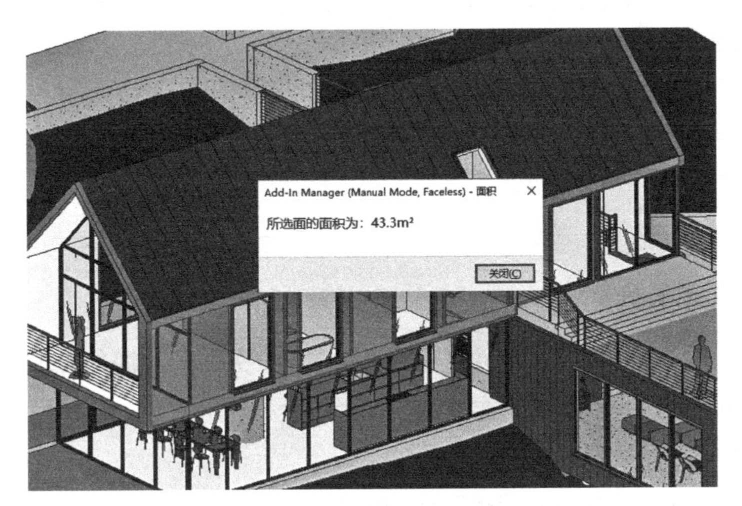

图 2-33　点选面并显示面积

代码 2-6：选择面计算面积

```
public Result Execute(ExternalCommandData cD, ref string ms, ElementSet set)
{
    UIDocument uiDoc = cD.Application.ActiveUIDocument;
    Document document = uiDoc.Document;
    Reference refer;
    // 使用 try catch 避免弹出，防止选择时 Esc 退出导致 refer 为空
    try
    {
        // 选择面
        refer = uiDoc.Selection.PickObject(ObjectType.Face);
    }
    catch
    {
        // 如果中断选择，结束命令
        return Result.Succeeded;
    }
    // 得到元素
    Element ele = document.GetElement(refer);
    // 通过元素得到元素的面
    PlanarFace pFace = ele.GetGeometryObjectFromReference(refer) as PlanarFace;
    // 获取面的面积
    double area = pFace.Area;
```

```
    //从 Revit 的内部单位转换为平方米
    double cvtArea = UnitUtils.ConvertFromInternalUnits(area, DisplayUnitType.
      DUT_SQUARE_METERS);
    //保留两位小数、输出面积
    TaskDialog.Show(" 面积 ", " 所选面的面积为：" + Math.Round(cvtArea, 2) + "m²");
    return Result.Succeeded;
}
```

2.5.2 设定选择限制条件

前面介绍的内容是按设定条件过滤出目标图元，另一种过滤的需求是在命令执行过程中，让用户在选择对象的时候，只能选择符合条件的对象，这样可以大大提高用户执行效率及用户交互的体验。

Revit API 提供了**选择过滤器接口 ISelectionFilter**，通过该接口可以预先设定规则，实现只能选择符合规则的构件，其他构件不能被选中。这个接口不是在主程序里直接调用，而是单独定义一个类来引用这个接口，然后在主程序里调用这个类。详见下面的例子，这是一个简化的“梁变高”命令，需求来源是 Revit 的梁两端的标高需分别设定，该命令将这个操作简化一次设定①（图 2-34）。

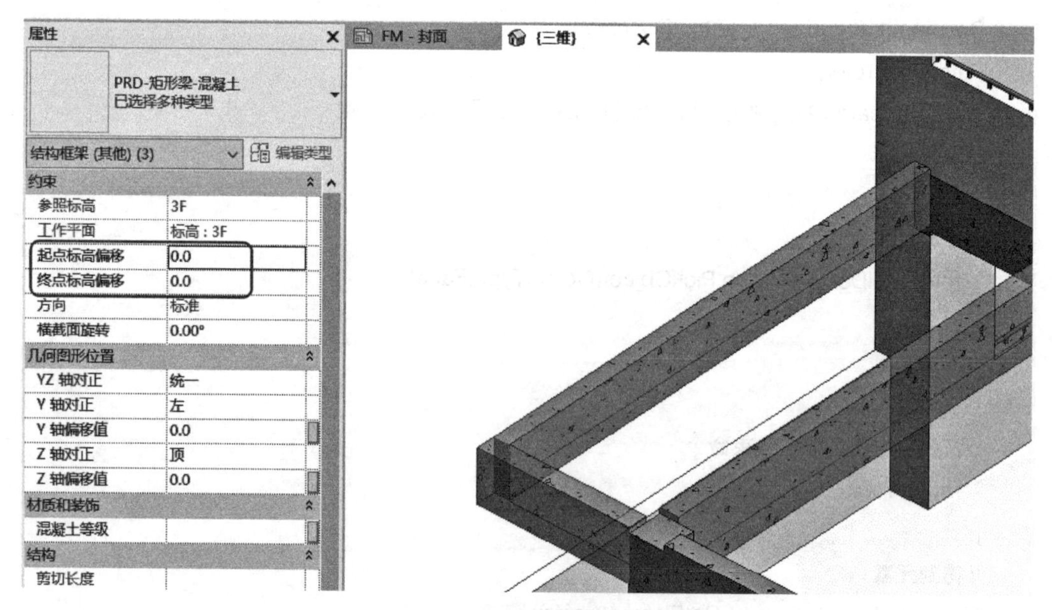

图 2-34　梁两端标高需分别设定

① 梁的高度定位也可以不通过两端的标高偏移值设定，直接设定“Z 轴偏移值”也可以实现，效率更高（只需设一次）；但此方法没有改变梁的定位线，不一定符合公司或项目的建模标准。

实现代码如下：

代码 2-7：梁变高

```
public Result Execute(ExternalCommandData cD, ref string ms, ElementSet set)
{
    UIDocument uiDoc = cD.Application.ActiveUIDocument;
    Autodesk.Revit.DB.Document doc = uiDoc.Document;
    // 单位转换系数，1 毫米转换为 Revit 内部单位
    double s = UnitUtils.ConvertToInternalUnits(1, DisplayUnitType.DUT_MILLIMETERS);
    // 实例化一个梁选择过滤器
    BeamSelectionFilter sf = new BeamSelectionFilter();
    // 通过鼠标选择一个或多个梁
    List<Reference> refers = new List<Reference>();
    try
    {
        refers = uiDoc.Selection.PickObjects(ObjectType.Element, sf, " 选择梁 ").ToList();
    }
    catch
    {
        // 如果中断选择，结束命令
        return Result.Succeeded;
    }

    // 创建并启动事务
    Transaction trans = new Transaction(doc, " 梁变高 "); trans.Start();
    foreach (Reference refer in refers)
    {
        // 获得每根梁
        FamilyInstance beam = doc.GetElement(refer) as FamilyInstance;
        // 案例以变高 -50mm 为例
        double delta = -50 * s;
        // 起点标高偏移参数
        BuiltInParameter sPara = BuiltInParameter.
            STRUCTURAL_BEAM_END0_ELEVATION;
        // 终点标高偏移参数
        BuiltInParameter ePara = BuiltInParameter.
            STRUCTURAL_BEAM_END1_ELEVATION;
        // 记录原值
```

```
        double sH = beam.get_Parameter(sPara).AsDouble();
        double eH = beam.get_Parameter(ePara).AsDouble();
        //设置新值
        beam.get_Parameter(sPara).Set(sH + delta);
        beam.get_Parameter(ePara).Set(eH + delta);
    }
    //提交事务
    trans.Commit();
    return Result.Succeeded;
}
```

其中，设定了一个限制用户只能选择结构梁的选择过滤器，代码如下：

代码 2-8：选择过滤器（以梁为例）

```
public class BeamSelectionFilter : ISelectionFilter
{
  public bool AllowElement(Element elem)
  {
    //设定条件，返回 True 时表示鼠标可以选中
    //通过梁 Category 的 ID 判断，避免 Revit 语言版本的不兼容
    Categories categories = elem.Document.Settings.Categories;
    if (elem is FamilyInstance && elem.Category.Id ==
      categories.get_Item(BuiltInCategory.OST_StructuralFraming).Id)
    {
      return true;
    }
    else
      return false;
  }

  //下面的方法用于确定是否可以通过线、面等 Reference 的方式选择对象
  //通常设为允许
  public bool AllowReference(Reference reference, XYZ position)
  {
    return true;
  }
}
```

案例代码中关于获取参数、设定参数值的内容，详见 2.6 节、2.7 节，这里暂不展开。

案例以变高 -50mm 为例，实际应用中变高值应弹窗由用户设定，在 2.15.1 小节我们将对本案例进行窗体交互的扩展，这里也暂不展开。将 -50mm 转化为 Revit 内部英制单位时，可用“-50 / 304.8”简化表达，精度一般均能满足要求，详见 2.3.1 的介绍。但对于需要高精度的地方，更严谨的写法是:『-50 *UnitUtils.ConvertToInternalUnits(1,DisplayUnitType.DUT_MILLIMETERS)』。

提示：为简化表达，本书对于精度要求较高的地方，均按本案例中的写法：用一个单位转换系数 s 代表 1mm 转换为 Revit 内部单位，具体设置长度数值时再用毫米数乘以 s。

注意代码 2-8 中判断是否为梁的方法，需通过是否 FamilyInstance、是否属于 BuiltInCategory.OST_StructuralFraming 两个条件组合来判断，因为如前所述，Category 会连族类型一起包含进来。

提示：Category 是否为结构梁，也可以用『elem.Category.Name == “结构框架”』来判断。但如果 Revit 不是中文版，则这个判断会失效，因此为避免语言版本的影响，用 BuiltInCategory 的 ID 来对比判断是推荐的方式。注意直接用 BuiltInCategory 无法比对，必须用其 ID 才能比对。

本案例重点在介绍选择过滤器，还没有考虑构件之间的连带关系，因此运行时会出现意料之外的问题，如图 2-35 所示，当梁与另一根梁呈 T 形相交时，主梁如果变高，会引起次梁连接的端部也跟着变高。这并非预期的结果，在实际程序编写时应予以规避。

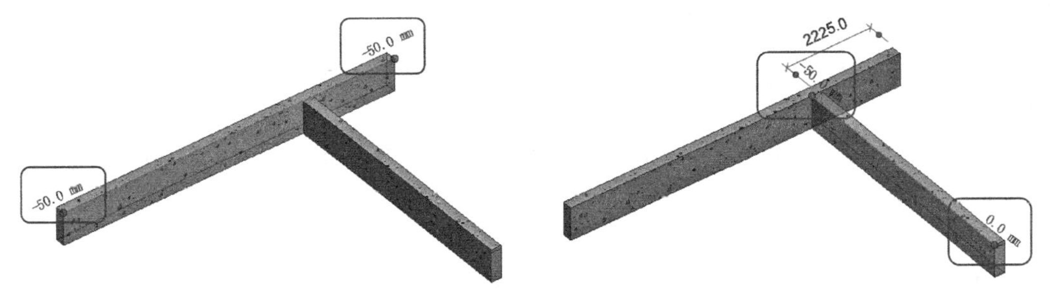

图 2-35　梁变高可能会引起次梁连带变高

提示：凡是通过程序改变构件定位，均要考虑与其相连接的构件是否会被动移位。可以考虑先复制构件到目标位置，然后再删除原来构件；也可以尝试用 Revit API 提供的方法，先解除端部连接。

读者可参考 2.7.3 的案例，按上述思路将本案例改写一下使其更严谨。

2.5.3 选择点

命令过程中可能需要用户在模型视图中指定点，用于放置构件或进行各种定位操作。对此，Revit API 提供了 Selection.PickPoint 方法来实现，该方法让用户在模型视图中点选，并返回点的坐标。它包含枚举类型 ObjectSnapTypes，其常用的枚举项含义如表 2-12 所示。

ObjectSnapTypes 常用的枚举类型 **表 2-12**

枚举项	含义
Endpoints	端点
Midpoints	中点
Nearest	附近的点
Centers	圆弧的圆心
Intersections	交点

也可以通过“|”符号，同时选用多种捕捉方式，如：

```
ObjectSnapTypes osTypes = ObjectSnapTypes.Endpoints | ObjectSnapTypes.Intersections;
```

Selection.PickPoint 方法有 4 种重载，列举如下：

```
XYZ p1 = uiDoc.Selection.PickPoint();
XYZ p2 = uiDoc.Selection.PickPoint(" 拾取点 ");
XYZ p3 = uiDoc.Selection.PickPoint(ObjectSnapTypes.Nearest);
XYZ p4 = uiDoc.Selection.PickPoint(ObjectSnapTypes.Nearest, " 拾取点 ");
```

需注意的是，这里同样要考虑用户中断选择的处理，可参考上一小节的 try-catch 处理方式，不再赘述。

2.5.4 选择框

Revit API 提供了 **Selection.PickBox 方法**实现另一种常见的交互选择方式——选择框。这里的选择框并非框选构件，仅是在 Revit 的视图中用鼠标拉出一个矩形框，这个过程中没有捕捉、没有读取构件，只是简单地确定一个矩形的范围，因此**没有迟滞感**。其作用主要用于一些不需要精确定位的范围确定，如图 2-36 所示。

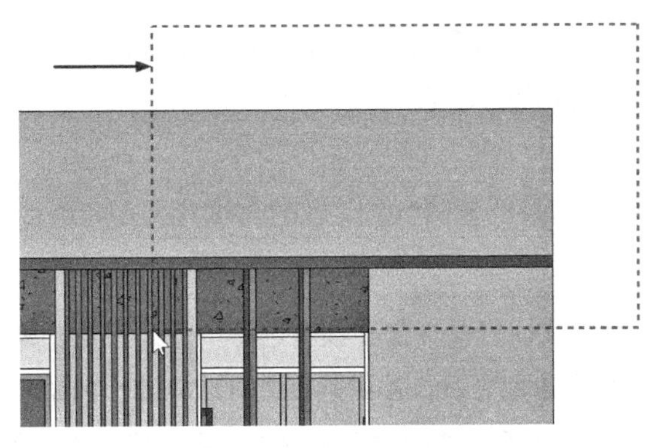

图 2-36　选择框示意

Selection.PickBox 方法可获得选择框的范围，获取选择框的最小点坐标和最大点坐标，从而做进一步的功能开发，实现代码如下：

代码 2-9：选择框

```
public Result Execute(ExternalCommandData cD, ref string ms, ElementSet set)
{
    UIDocument uiDoc = cD.Application.ActiveUIDocument;
    // 框选一个范围
    PickedBox pickedBox = uiDoc.Selection.PickBox(PickBoxStyle.Crossing);
    // 得到框选的第 1 点、第 2 点
    XYZ pick1 = pickedBox.Min;
    XYZ pick2 = pickedBox.Max;
    return Result.Succeeded;
}
```

需注意以下几点：

（1）同样，需考虑用户中断选择的情况。

（2）如果是在 3D 视图执行命令，由于角度及视图深度难以确定，这里返回的 Min、Max 角点实际上没什么意义，因此**这个方法一般在平、立、剖面视图中应用。**

（3）PickedBox 的 Min 与 Max 只是代表用户拉出矩形框时鼠标点下、松开的两个点，**并非矩形的左下、右上两个角点。**如需求这两个角点，可参考代码 2-39。

（4）PickBoxStyle 有 3 个枚举：Directional 为从左到右虚线，反之为实线；Enclosing 均为实线；Crossing 均为虚线。选择哪一个对结果没有影响。

2.5.5　选集的获取与设置

Revit 中的功能，可以执行命令后选择对象，也可以先选择对象再执行命令，具体可根据功能的需求来确定采用哪种方式。Revit API 中提供了 GetElementIds 方法来获取用户已选择的构件，实现代码如下：

```
List<ElementId> elemIds = uiDoc.Selection.GetElementIds().ToList();
```

提示：实际应用中，用户在执行命令之前预先选择了什么构件，程序是无法控制的，因此一般来说，获取了用户选集之后，都要紧接着对选集进行判断和过滤，以避免无关的对象受影响或导致弹错。从用户体验方面来考虑，可以将插件设置为先选、后选均可，这样对大部分命令来说使用起来都更为方便。

可参考以下代码的写法：

代码 2-10：兼容先选择或后选择的写法

```
public Result Execute(ExternalCommandData cD, ref string ms, ElementSet set)
{
    UIDocument uiDoc = cD.Application.ActiveUIDocument;
    // 获取已有选集
    List<ElementId> elemIds = uiDoc.Selection.GetElementIds().ToList();
    // 过滤已有选集中不符合条件的对象
    for (int i = 0; i <elemIds.Count; i++)
    {
        ElementId id = elemIds[i];
        // 以仅保留墙体为例
        if (!(uiDoc.Document.GetElement(id) is Wall))
            elemIds.Remove(id);
    }
    // 如果已有选集符合条件的对象为空，则在命令过程中让用户选择对象
    if (elemIds.Count == 0)
    {
        IList<Reference> refers = new List<Reference>();
        // 本案例仅选择墙体，WallSelectionFilter 的定义略去
        WallSelectionFilter wallFilter = new WallSelectionFilter();
        try
        {
            refers = uiDoc.Selection.PickObjects(ObjectType.Element);
        }
```

```
        catch
        {
            // 如果中断选择，结束命令
            return Result.Succeeded;
        }

        // 将用户选择的对象加入选集
        foreach(Reference refer in refers)
        {
            // 如果前面没有用 WallSelectionFilter 限制，则这里要做一次判断
            elemIds.Add(refer.ElementId);
        }
    }
        // 执行功能代码……
        return Result.Succeeded;
}
```

另一个关于选集的需求，这是通过程序选择出符合条件的对象，或者程序生成的新的对象，在命令结束后，需要保留在被选择的高亮状态，以供用户查看或进行其他操作，这实际上是用程序修改用户选集的功能，Revit API 通过 SetElementIds 方法来实现，代码很简单：

```
uiDoc.Selection.SetElementIds(elemIds); // elemIds 是一个已定义好的 List<ElementId>
```

此方法仅改变 Revit 的选集，不涉及其他变更，因此不一定要放到 Transaction 里面。

2.6　构件信息

信息是 BIM 模型及应用的核心，基于构件的参数信息可以实现模型分析、数量统计、参数建模、模型调整等功能，因此通过 Revit API 获得及修改构件参数信息是 Revit 二次开发的基本需求。

构件的信息大致可分为**参数信息**、**几何信息和定位信息**三类，参数信息为构件属性参数中可以直接读取出来的信息；几何信息为构件的实体、表面、边线等几何相关的信息，不能直接读取、需通过相关 API 进行计算分析才能提取出来[①]；定位信息则是

① 部分构件类型的属性栏中有提供部分几何信息，如楼板的面积、体积等。

构件的定位点或定位线信息，Revit 没有直接读取构件坐标的功能[①]，但通过 API 则很容易获取。本节分别介绍如何获取构件的这三类信息。

2.6.1 构件参数信息

通过 Revit API 获取构件参数信息的方法分为两个步骤：找到所需参数；读取参数值。构件参数称为 Parameter，找到所需参数的实现方法如表 2-13 所示。

获得构件参数的方法 表 2–13

方法名称	描述
LookupParameter(String)	通过 Revit 界面上显示的参数名称来获取
get_Parameter(BuiltInParameter)	以独立于语言的方式查找内置参数
GetParameters(String)	以获取具有给定名称的所有匹配项
get_Parameter(Guid)	通过存储的 guid 获取共享参数

其中，前两种方法较常用。第一种方法是通用方法，但无法兼容各种语言版本的 Revit；第二种方法兼容各种 Revit 语言版本，但仅适用于 Revit 自带的参数，可载入族的自定义参数不适用。因此，这两种方法需结合具体情况来选定。

提示：一般原则是 Revit 自带参数用 get_Parameter(BuiltInParameter)；可载入族自定义参数用 LookupParameter(String)。至于某个参数是否 Revit 自带参数，可通过 Revit Lookup 工具查询，标记为 InternalDefinition 的即为 Revit 自带参数。

获取参数后，还要知道参数的存储类型才能把参数值提取出来。Revit 的参数存储类型分为 4 种：Double（数值）、Integer（整数）、String（文本）、ElementID（元素 ID），可通过 Parameter 的 StorageType 属性进行查询。这 4 种参数值的提取方法分别为：AsDouble()、AsInteger()、AsString()、AsElementId()。**注意：AsDouble() 提取出来的数值是内部英制单位的值**。此外还提供了一个提取参数显示值的方法：AsValueString()，**这个方法返回的是带单位的字符串，并且不考虑单位转换**。

下面我们以一个简单的案例，介绍如何提取构件的参数信息。案例的功能是让用户选择若干楼板，然后统计这些楼板的面积总和。首先，查看 Revit 模型中楼板的属性，可看到其参数栏已有面积参数，可直接提取。通过 Revit Lookup 工具查询其对应的 BuiltParameter 值为 HOST_AREA_COMPUTED，StorageType 为 Double（图 2-37）。

① 可以通过“高程点坐标”命令标注出构件的定位点坐标，除此之外没办法直接读取出来。

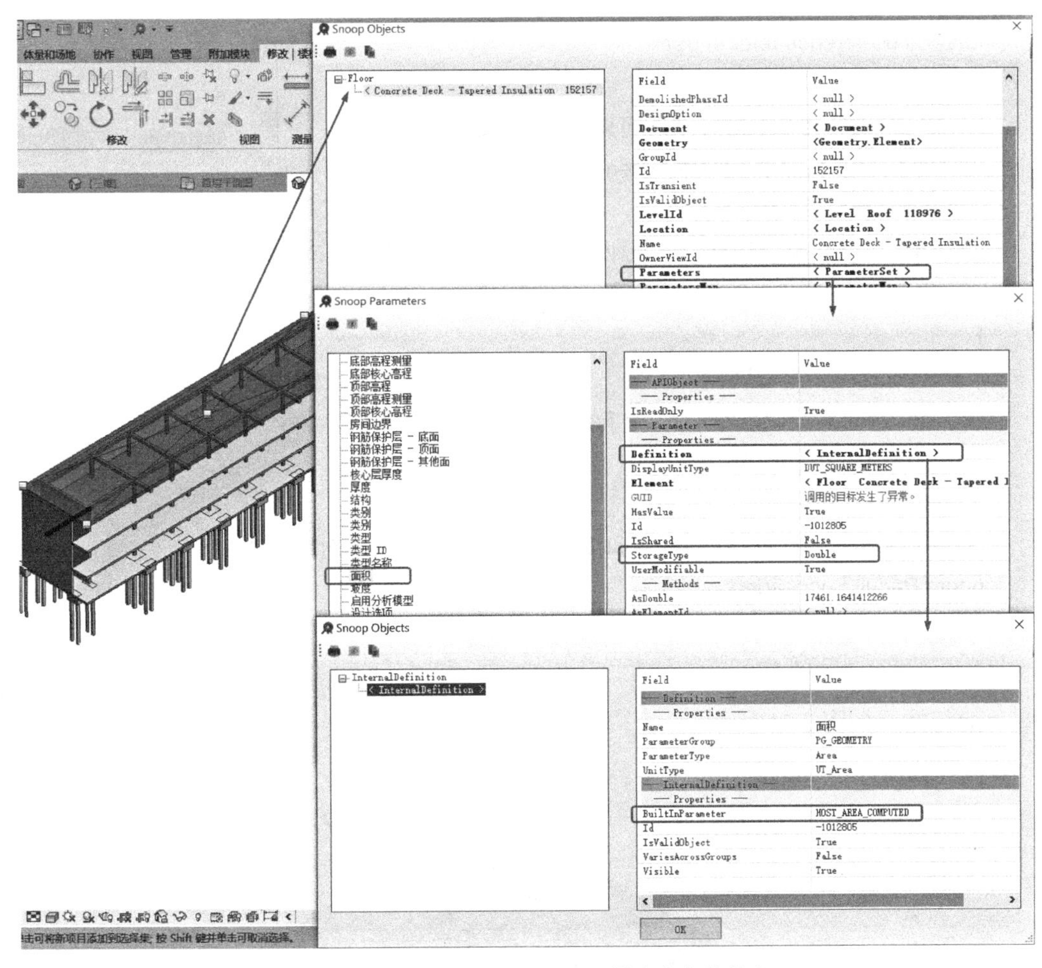

图 2-37　通过 Revit Lookup 工具查询参数信息

然后，通过代码实现面积统计的功能，参考代码如下：

代码 2-11：选择楼板统计面积

```
public Result Execute(ExternalCommandData cD, ref string ms, ElementSet set)
{
    UIDocument uiDoc = cD.Application.ActiveUIDocument;
    Document document = uiDoc.Document;
    // 预先设定楼板的选择过滤器，此处略去过滤器的定义
    FloorSelectionFilter floorFilter = new FloorSelectionFilter();
    // 选择楼板，此处略去对用户中断选择的处理
    IList<Reference> rfs = uiDoc.Selection.PickObjects(ObjectType.Element, floorFilter);
    double areas = 0;
    // 遍历每一个元素
```

```
    foreach (Reference refer in rfs)
    {
        // 由于前面有选择过滤器，此处可直接转化为楼板
        Floor floor = document.GetElement(refer) as Floor;
        // 读取楼板面积参数并累加
        areas += floor.get_Parameter(BuiltInParameter.HOST_AREA_COMPUTED).
          AsDouble();
    }
    // 从 Revit 的内部单位转换为平方米
    double cvtAreas = UnitUtils.ConvertFromInternalUnits(areas, DisplayUnitType.
      DUT_SQUARE_METERS);
    // 获得所有楼板面积和
    MessageBox.Show(" 所选楼板面积和共计：" + Math.Round(cvtAreas, 2) + "m²");
    return Result.Succeeded;
}
```

运行效果如图 2-38 所示。

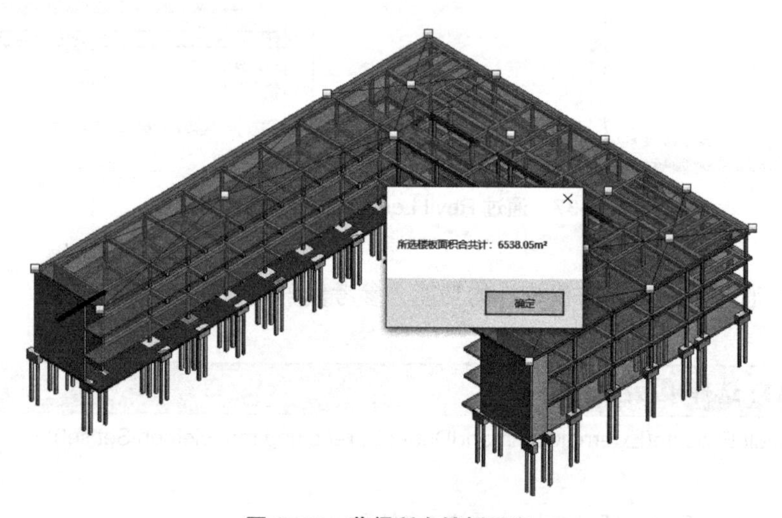

图 2-38　获得所有楼板面积

2.6.2　构件几何信息

构件几何信息指模型元素尺寸、定位以及相互关系的信息。在 Revit API 中可通过构件的 get_Geometry 方法获取到几何元素 GeometryElement，里面包含了构件所有的几何对象 GeometryObject。

通过判断 GeometryObject 的具体类型，强制转换成具体的子类对象即可获得相应的点、线、面等几何信息，由 GeometryObject 派生的子类主要有以下类型：

```
Autodesk.Revit.DB.Curve                 // 线
Autodesk.Revit.DB.Edge                  // 边
Autodesk.Revit.DB.Face                  // 面
Autodesk.Revit.DB.GeometryElement       // 几何元素
Autodesk.Revit.DB.GeometryInstance      // 几何实例
Autodesk.Revit.DB.Mesh                  // 网格
Autodesk.Revit.DB.Point                 // 点
Autodesk.Revit.DB.PolyLine              // 多段线
Autodesk.Revit.DB.Profile               // 轮廓
Autodesk.Revit.DB.Solid                 // 实体
```

在 Revit 二次开发中，可以将获取一个构件的所有 GeometryObject 写成方法，便于同类功能再次调用。由于 Revit 中允许存在多层嵌套族，因此需要创建递归函数，用来检索嵌套族内的模型，从而获得元素的所有 GeometryObject。

由于 GeometryObject 没有分类，实际应用中最常见的需求是提取所有 Solid 或者 Face，下面以提取 Element 的所有 Solid 为例，实现代码如下：

代码 2-12：提取 Element 的所有 Solid

```
public List<Solid>GetSolidsOfElement(Element ele)
{
   // 用于指定返回几何数据的特征
   Options options = new Options();
   // 提取的几何体的详细程度设置为精细
   options.DetailLevel = ViewDetailLevel.Fine;
   // 是否计算对几何对象的引用设置为 true
   options.ComputeReferences = true;
   // 是否包括不可见元素的几何体对象设置为 true
   options.IncludeNonVisibleObjects = true;
   // 取得构件的几何元素
   GeometryElement geoElement = ele.get_Geometry(options);
   // 存放递归结果集合
   List<GeometryObject> geoObjects = new List<GeometryObject>();
   // 递归获取几何元素的所有 GeometryObject
   GetAllObj(geoElement, ref geoObjects);
   // 转为 Solid 的集合
   List<Solid> solids = geoObjects.ConvertAll(m=>m as Solid);
   return solids;
}
```

```
// 获得 GeometryObject 递归算法
public void GetAllObj(GeometryElement gEle, ref List<GeometryObject> gObjs)
{
  if (gEle == null)
  {
    return;
  }
  // 遍历 GeometryElement 里面的 GeometryObject
  IEnumerator<GeometryObject> enumerator = gEle.GetEnumerator();
  while (enumerator.MoveNext())
  {
    GeometryObject geoObject = enumerator.Current;
    Type type = geoObject.GetType();
    // 如果是嵌套的 GeometryElement
    if (type.Equals(typeof(GeometryElement)))
    {
      // 则递归
      GetAllObj(geoObject as GeometryElement, ref gObjs);
    }
    // 如果是嵌套的 GeometryInstance
    else if (type.Equals(typeof(GeometryInstance)))
    {
      // 则用 GetInstanceGeometry 取其里面的 GeometryElement 再递归
      GetAllObj((geoObject as GeometryInstance).GetInstanceGeometry(),
        ref gObjs);
    }
    // 如果是 Solid，则存入集合，递归结束
    else
    {
      if (type.Equals(typeof(Solid)))
      {
        Solid solid = geoObject as Solid;
        // 去掉可能存在的空 Solid
        if (solid.Faces.Size > 0 || solid.Edges.Size > 0)
        {
          gObjs.Add(geoObject);
        }
      }
    }
  }
}
```

注意：

（1）这段代码取得的是构件的 Solid（实体），如需取得构件的（Face）表面，需从 Solid 再提取其 Face。

（2）Options.DetailLevel 的设置，一般设为精细，但不排除需要提取中等或粗略程度下的几何数据，因此需根据实际需求进行调整。Options.ComputeReferences 需设为 True。

（3）GeometryInstance 通过 GetInstanceGeometry() 或 GetSymbolGeometry() 取得其几何形状，两者的区别在于其坐标系不一样，GetInstanceGeometry() 得到的是项目真实坐标系中的几何形状；GetSymbolGeometry() 得到的则是族坐标系中的几何形状。本例为求体积，因此用 GetInstanceGeometry()。

提示：GetInstanceGeometry() 得到是一个几何形状的"副本"，可以用来计算，但无法用来标注。GetSymbolGeometry() 则可用来标注，但其坐标需从族坐标系转换为项目的真实坐标（通过 FamilyInstance. GetTotalTransform() 取得相对坐标变换）。

（4）由于 Revit 的各种构件嵌套层次不一，这里使用了递归的算法，同时几何计算本身也较复杂，导致总体的效率不高，实际应用时，需结合快速过滤器，先限定运算范围，这样才能控制运算量。

实践案例：楼梯体积

在利用 Revit 模型进行算量时，楼梯的体积无法直接获取，手动计算非常耗时，且容易遗漏。通过 Revit API 可以获得楼梯的梯段、平台等元素的体积，然后汇总得到楼梯的总体积，实现效果如图 2-39 所示。

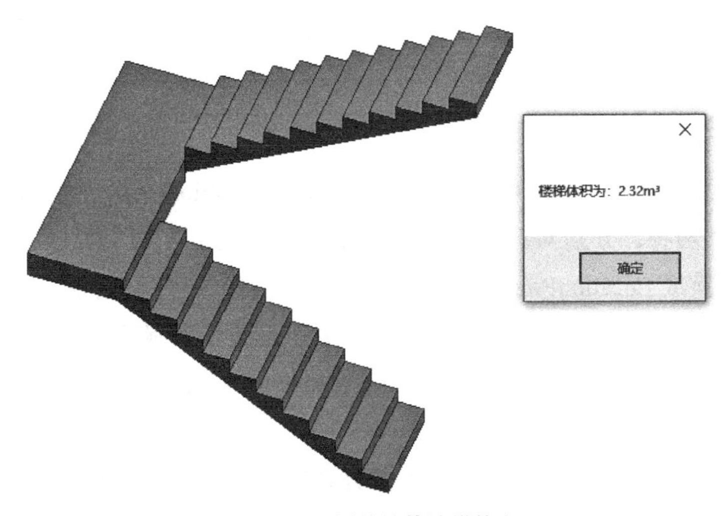

图 2-39　插件计算楼梯体积

实现代码如下：

代码 2-13：计算楼梯体积

```
public Result Execute(ExternalCommandData cD, ref string ms, ElementSet set)
{
    UIDocument uiDoc = cD.Application.ActiveUIDocument;
    Document doc = cD.Application.ActiveUIDocument.Document;
    //提示用户选择楼梯，此处略去用户中断选择处理
    Reference refer = uiDoc.Selection.PickObject(ObjectType.Element, " 选择楼梯 ");
    //获得选择元素
    Element ele = doc.GetElement(refer);
    //体积
    double vol = 0;
    //获得元素所有 Solid
    List<Solid> solids = GetSolidsOfElement(ele);
    //遍历元素的 GeometryObject
    foreach (Solid solid in solids)
    {
      vol += solid.Volume;
    }
    //从 Revit 的内部单位转换为立方米
    double volSum = UnitUtils.ConvertFromInternalUnits(vol, DisplayUnitType.
      DUT_CUBIC_METERS);
    //保留两位小数、输出体积
    MessageBox.Show(" 楼梯体积为：" + Math.Round(volSum, 2) + "m³");
    return Result.Succeeded;
}
```

2.6.3 构件定位信息

Revit 图元通过其 Location 属性来记录定位，Location 又分为 LocationPoint 与 LocationCurve 两种，分别对应**定位点**与**定位线**两种定位方式，可以用 as 语句强制将 Location 转换成 LocationPoint 或 LocationCurve。部分构件如楼板、天花等，既不是定位点也不是定位线，则构件有 Location 属性，但无法强制转换成 LocationPoint 或 LocationCurve。其 Location 属性仍可用于 Location 相关的方法（如移动、旋转等），我们在下一节介绍。

以点定位的构件有结构柱、桌子等大部分家具、门窗、大部分机械设备、喷头等。门窗虽然看起来像是线性的构件，但实际上是通过“点 + 角度”来定位的。用 Revit

Lookup 工具可以查看其 Location 的属性，如图 2-40 所示。

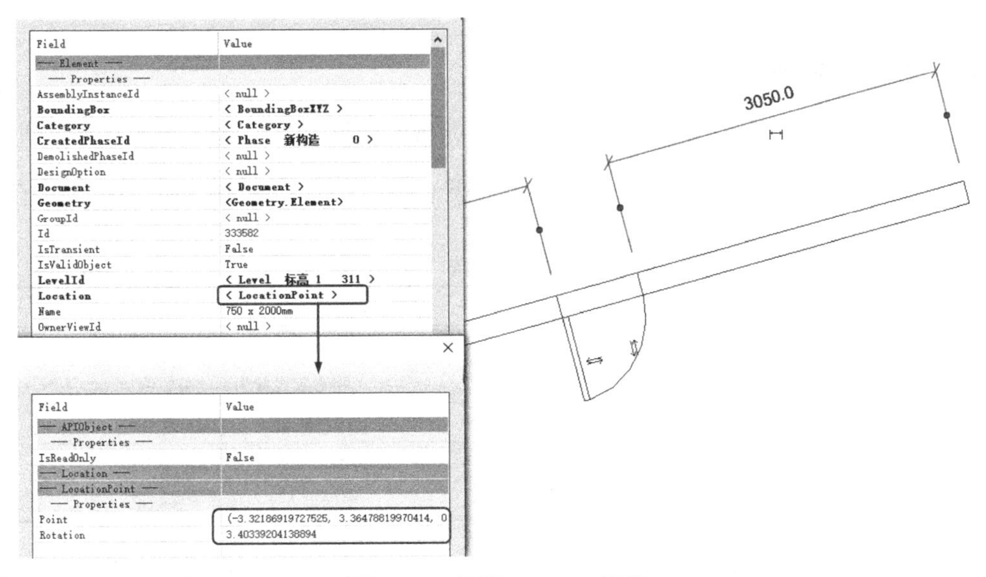

图 2-40　门的 Location 属性

其定位点的坐标获取方式为：

```
XYZ point = (element.Location as LocationPoint).Point;
Double angle = (element.Location as LocationPoint).Rotation; // 角度为弧度值
```

对于以线定位的构件，如墙体、结构梁、管道、风管、桥架等，还有各种基于线的族，其定位线的获取方式为（以墙为例）：

```
Curve wallCurve = (wall.Location as LocationCurve).Curve;
```

获取 Curve 之后再将其强制转换为 Line 或者 Arc。

提示：Location 的具体属性是 LocationPoint 还是 LocationCurve，没有直接的办法确定，如果不是已知的构件，可以通过分别强制转换后判断是否为空，据此确定其属性。

2.7　编辑构件

2.6 节我们介绍了获取构件的参数信息、几何信息与定位信息，这一节介绍如何修改构件的属性。由于几何信息只能提取不能修改，因此构件属性的修改分为两类，一是参数属性的修改，二是空间定位属性的修改，下面分两个小节进行介绍，并在 2.7.3 中举一个较综合的案例介绍构件的编辑操作。

2.7.1 编辑构件参数

与获取构件的参数及其参数值相对应，Revit API 提供了 Set 方法对构件的参数进行重新赋值，前提是该参数的 readonly 属性为 false。编辑构件参数的方法如表 2-14 所示。

编辑构件参数的方法 **表 2-14**

方法名称	描述
Set(Double)	将参数设置为新的实数值
Set(Int32)	将参数设置为新的整数值
Set(ElementId)	将参数设置为新的元素 ID
Set(String)	将参数设置为新的文本字符串
SetValueString(String)	根据输入字符串设置参数值

在 2.5.2 小节的“梁变高”案例中，已展示了如何设定构件的参数值，该案例为设定梁的**实例参数值**，下面再举一个设定**类型参数值**的例子。

提示：类型参数不能通过族实例直接使用 get_Parameter 或 LookupParameter 获得，需通过其族类型来查找，参考代码：『instance.Symbol.LookupParameter(string)』。

以机电设备的信息录入为例，拟在机电设备的类型参数中，添加制造商信息[①]，实现效果如图 2-41 所示。

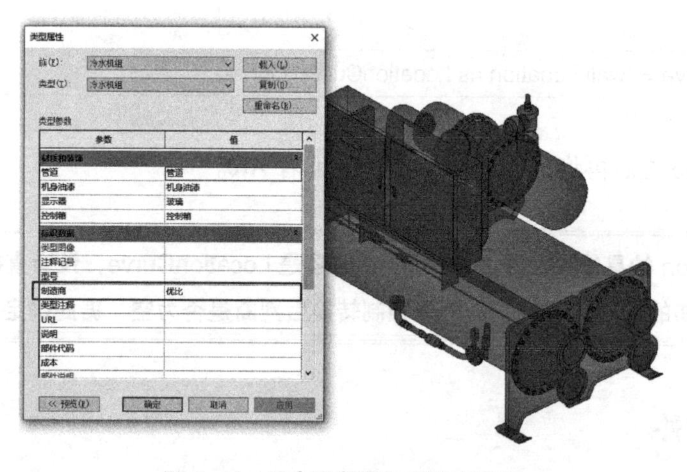

图 2-41 机电设备添加制造商参数

① 产品信息放在类型参数里或是实例参数里都可以，根据项目需求而定。Revit 自带参数中，制造商参数属于类型参数，本案例仅借此说明类型参数的设定。

实现代码如下：

代码 2-14：设类型参数之一

```
public Result Execute(ExternalCommandData cD, ref string ms, ElementSet set)
{
    UIDocument uiDoc = cD.Application.ActiveUIDocument;
    Document doc = uiDoc.Document;
    // 选择设备模型，此处略去用户中断选择处理
    Reference rf = uiDoc.Selection.PickObject(ObjectType.Element);
    // 获得元素
    FamilyInstance fi = doc.GetElement(rf) as FamilyInstance;
    // 新建并启动事务
    Transaction trans = new Transaction(doc, " 类型参数 ");
    trans.Start();
    // 获得制造商参数
    Parameter para =
      fi.Symbol.get_Parameter(BuiltInParameter.ALL_MODEL_MANUFACTURER);
    // 设置制造商参数，以 " 优比 " 为例
    para.Set(" 优比 ");
    // 提交事务
    trans.Commit();
    return Result.Succeeded;
}
```

本案例的参数录入值（“优比”）仅作示例，完整的程序应提供窗体给用户设置，读者可参考 2.15.1 小节内容。需注意虽然该参数并不会导致模型的重生成，但仍需要开启事务（Transaction）。

提示：参数值的修改必须放在一个事务（Transaction）里面。如果是多个构件通过循环语句操作，可以把 Transaction 放在循环之前开始（Start），循环之后一起提交（Commit），以提高运行效率。

上面的代码只是简单示意如何设置类型参数值，实战中需考虑更多的情况：

（1）应支持多选。

（2）多个构件属于同一类型时，应只设一次。

（3）如果该参数已有参数值时，是否覆盖。

下面我们将其完善一下，把这些情况均考虑进去，其中**避免重复处理、询问用户**等处理方法都是非常常用的。

代码 2-15：设类型参数之二

```
public Result Execute(ExternalCommandData cD, ref string ms, ElementSet set)
{
    UIDocument uiDoc = cD.Application.ActiveUIDocument;
    Document doc = uiDoc.Document;
    // 选择设备模型，此处略去用户中断选择处理
    List<Reference> rfs = uiDoc.Selection.PickObjects(ObjectType.Element).ToList();
    // 建立类型集合，用于装载已处理的族类型，避免重复处理
    List<FamilySymbol> symbols = new List<FamilySymbol>();
    // 新建并启动事务
    Transaction trans = new Transaction(doc, " 类型参数 ");
    trans.Start();
    // 循环选择集
    foreach (Reference rf in rfs)
    {
      // 由于前面选择时没有加选择过滤器，所以这里要加判断
      if (!(doc.GetElement(rf) is FamilyInstance))
      continue;
      FamilyInstance fi = doc.GetElement(rf) as FamilyInstance;
      // 判断是否前面已处理过，如果是则跳过
      if (symbols.Contains(fi.Symbol))
        continue;
      // 获得制造商参数
      Parameter para =

fi.Symbol.get_Parameter(BuiltInParameter.ALL_MODEL_MANUFACTURER);
      // 看是否已有制造商参数
      if (para.AsString() == null || para.AsString() == " ")
      {
        para.Set(" 优比 ");
      }
      else// 已有制造商参数
      {
        // 如果已设定其他参数值，弹窗询问用户是否覆盖原值
```

```
        if (para.AsString() != " 优比 ")
        {
          string info = para.AsString();
          string tips = " 已有制造商属性：" + info + "，是否覆盖？";
          DialogResult dr = MessageBox.Show(tips, " 优比 ",
            MessageBoxButtons.YesNo);
          // 如果用户确定覆盖，则设为新值
          if (dr == DialogResult.Yes)
            para.Set(" 优比 ");
          // 如果用户不覆盖，则维持原值
        }
    }
    // 已处理完的族类型，存入预设集合
    symbols.Add(fi.Symbol);
    }
    // 提交事务
    trans.Commit();
    return Result.Succeeded;
}
```

提示：注意『para.AsString() == null || para.AsString() == " "』这一句代码，如果默认是空的参数值，则 para.AsString() 的值为 null；如果用户曾经点击过参数栏，但并没有输入，或者删掉了曾经输入的值，则 para.AsString() 的值为""，两种情况都要考虑进去。

应用拓展

机电设备的信息录入在竣工交付阶段及运维阶段是常见的需求，需录入的数据量也非常大，本节案例仅做最简单的示例，实战应用往往需通过读取 excel 表格的形式进行批量录入。可参考第 2.15.2 小节的内容。

2.7.2　编辑构件定位

在程序中对构件的空间定位进行确定或变更是非常频繁的操作，Revit API 提供了两种方法实现：

（1）通过对象的 Location 进行移动、旋转。

（2）通过 ElementTransformUtils 类进行对象的移动、旋转、镜像、复制等操作。

两者可以结合构件特征和实际需求选用。Location 的 Move 和 Rotate 方法比较简单，可以快速对构件进行移动和旋转，参考代码如下：

```
//移动，示例往右上角移动 (100, 100)
XYZ delta = new XYZ(100 / 304.8, 100 / 304.8, 0);
element.Location.Move(delta);
//旋转，示例以原点的 Z 方向为轴，逆时针旋转 45°
Line axis = Line.CreateBound(XYZ.Zero, XYZ.BasisZ);
element.Location.Rotate(axis, 45 * Math.PI / 180);
```

注意 Location.Rotate 的方法需要确定旋转轴，**角度按弧度计算，逆时针为正。**

ElementTransformUtils 类可实现的功能更多，可对元素进行移动、旋转、镜像、复制等操作，如表 2-15 所示。

ElementTransformUtils 类中的方法　　　　表 2-15

方法	说明
移动	（1）通过给定的转换移动一个、一组元素。 （2）eleId 为移动的元素 ID，eleIds 为移动的多个元素，translation 为移动的距离
（1）MoveElement(Document doc,ElementId eleId,XYZ translation) （2）MoveElements(Document doc, ICollection<ElementId> eleIds,XYZ translation)	
旋转	（1）围绕给定的轴和角度旋转元素、一组元素。 （2）eleId 为旋转元素 ID，eleIds 为旋转的多个元素，angle 为旋转角度，axis 为旋转轴
（1）RotateElement(Document doc,ElementId eleId,Line axis,double angle) （2）RotateElements(Document doc,ICollection<ElementId>eleIds, Line axis, double angle)	
镜像	（1）创建围绕给定平面的镜像一个元素、一组元素。 （2）eleId 为镜像元素 ID，eleIds 为镜像的多个元素，plane 为镜像平面，isCopy 为是否复制
（1）MirrorElement(Document doc,ElementId eleId,Plane plane) （2）MirrorElements(Document doc,ICollection<ElementId> eleIds,Plane plane,bool isCopy)	
复制到位置	（1）复制一个元素、一组元素到指定位置。 （2）eleId 为复制元素 ID，eleIds 为复制的多个元素，translation 为复制的距离
（1）CopyElement(Document doc, ElementId eleId, XYZ translation) （2）CopyElements(Document doc, ICollection<ElementId> eleIds, XYZ translation)	
复制到文档	（1）将一组元素从源文档复制到目标文档。 （2）doc1 为原文件、eleIds 为复制的元素，doc2 为目标文件，transform 为在新文件中的坐标系，options 为复制粘贴设置
CopyElements(Document doc1,ICollection<ElementId>eleIds, Document doc2,Transform transform,CopyPasteOptions options)	
复制到视图	（1）将一组元素从源视图复制到目标视图。 （2）view1 为原文件、eleIds 为复制的元素，view2 为目标文件，transform 为在新视图中的坐标系，options 为复制粘贴设置
CopyElements(View view1, ICollection <ElementId> eleIds, View view2, Transform transform, CopyPasteOptions options)	

提示：ElementTransformUtils.CopyElements 提供了跨文档复制的功能，这大大扩展了 Revit API 能实现的功能。其参数 CopyPasteOptions 可设定当两个文档有同名材质等属性时如何处理。

这几个方法的参考代码如下（每个方法都有单对象和多对象两种，以单对象为例）：

```
//移动，示例往右上角移动 (100,100)
XYZ deltaMove= new XYZ(100/304.8, 100/304.8, 0);
ElementTransformUtils.MoveElement(doc, element.Id, deltaMove);
//旋转，示例以原点的 Z 方向为轴，逆时针旋转 45°
Line axis = Line.CreateBound(XYZ.Zero, XYZ.BasisZ);
ElementTransformUtils.RotateElement(doc, element.Id, axis, Math.PI / 4);
//镜像，示例以 Y 轴为对称轴
Plane plane = Plane.CreateByNormalAndOrigin(XYZ.BasisY, XYZ.Zero);
ElementTransformUtils.MirrorElement(doc, element.Id, plane);
//复制，示例往右上角移动 (100,100)
XYZ deltaCopy= new XYZ(100/304.8, 100/304.8, 0);
ElementTransformUtils.CopyElement(doc, element.Id, deltaCopy); //返回集合
```

2.7.3　综合案例：柱断墙

本节以一个较综合的**柱断墙**案例，介绍如何对构件的几何进行计算，并对构件进行重新定位。本案例的需求来源是建筑专业在方案、初设前期阶段，为了高效，墙体往往不考虑在剪力墙或结构柱的位置断开；进入精细化设计阶段，就需要对墙体在与结构柱相交的位置进行打断。效果如图 2-42 所示。

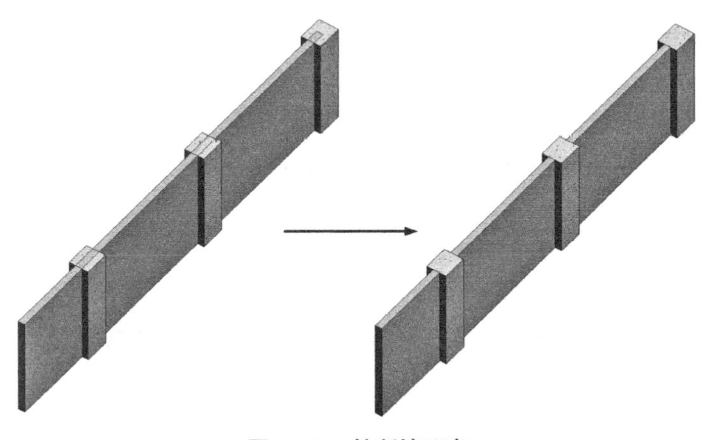

图 2–42　柱断墙示意

本案例的思路是，选择墙体，自动计算墙体是否与结构柱相交，如有相交则记录交点，完成后对交点进行排序，然后根据交点再重新生成墙体（复制原墙体并修改其定位线），原墙体删除。

这里有个难点，是墙定位线跟柱可能有 2 个交点，也可能只有 1 个交点（墙端位于柱内），对交点两两相连形成新墙体会造成不一样的结果，需要区分开来。

主程序如下：

代码 2-16：柱断墙主程序

```
public Result Execute(ExternalCommandData cD, ref string ms, ElementSet set)
{
    UIDocument uiDoc = cD.Application.ActiveUIDocument;
    Document doc = cD.Application.ActiveUIDocument.Document;
    // 声明一个集合，用以装载新生成的墙体
    List<Wall> newWall = new List<Wall>();
    // 墙体选择过滤器，此处忽略其定义
    WallSelectionFilter wf = new WallSelectionFilter();
    // 选择需要打断的墙体，此处忽略用户中断选择的处理
    IList<Reference> refers = uiDoc.Selection.PickObjects(ObjectType.Element, wf,
      " 选择墙体 ");

    // 因后面涉及多个事务，需用事务组将其组合起来，以便整体 Undo
    TransactionGroup transactionGroup = new TransactionGroup(doc, " 柱断墙 ");
    transactionGroup.Start();

    // 获得每一面墙体
    foreach (Reference refer in refers)
    {
      // 获得当前墙
      Wall wall = doc.GetElement(refer) as Wall;
      // 获得当前墙定位线
      Curve wallCure = (wall.Location as LocationCurve).Curve;
      // 获得当前墙定位线端点
      XYZ start = wallCure.GetEndPoint(0);
      XYZ end = wallCure.GetEndPoint(1);
      // 以墙底上移 200mm 为基准求相交结构柱，避免墙定位线与结构柱未相交
      double move = 200 / 304.8;
      XYZ startMove = start + XYZ.BasisZ * move;
```

```
XYZ endMove = end + XYZ.BasisZ * move;
// 创建移动后的定位线
Line wallLine = Line.CreateBound(startMove, endMove);
// 获得当前墙相交的结构柱，案例不考虑链接文件
IList<ElementId> intersectIds = ColumnsIntersectElement(doc, wall);

// 如果没有相交柱则跳过，免得开启事务
if (intersectIds.Count == 0)
  continue;

// 首先需将墙端设为不允许连接，否则会牵制墙体的定位线变更
// 该操作需单独启动事务，提交事务后才起效
Transaction trans = new Transaction(doc, " 柱断墙 ");
trans.Start();
WallUtils.DisallowWallJoinAtEnd(wall, 0);
WallUtils.DisallowWallJoinAtEnd(wall, 1);
trans.Commit();

// 再次新建并启动事务
Transaction trans2 = new Transaction(doc, " 柱断墙 ");
trans2.Start();
// 记录当前墙与所有结构柱的交点
List<XYZ> allPoint = new List<XYZ>();
// 特殊情况处理：如果墙的一端在柱内，将该端点存到下面的变量里
XYZ pointInColumn = null;
// 对与当前墙相交的结构柱进行遍历，求出所有交点
foreach (ElementId id in intersectIds)
{
    #region 求当前墙与相交结构柱的交点
    // 记录结构柱与墙的交点
    List<XYZ> intersectPoints = new List<XYZ>();
    // 获得相交的结构柱
    FamilyInstance fi = doc.GetElement(id) as FamilyInstance;
    // 获得结构柱的面
    List<Face> faces = GetGeoFaces(fi);
    // 遍历各个面，看哪些面与墙定位线相交
    foreach (Face face in faces)
    {
      // 获得面与线的交点
```

```
                XYZ p = IntersectPointOfFaceAndCurve(face, wallLine);
                if (p != null)
                {
                    // 保存交点
                    intersectPoints.Add(p - XYZ.BasisZ * move);
                    allPoint.Add(p - XYZ.BasisZ * move);
                }
            }
            #endregion

            #region 特殊情况处理：墙体有一端位于结构柱内
            // 只有一个交点时，即墙体一端在结构柱内（或正好在柱的侧面）
            if (intersectPoints.Count == 1)
            {
                // 获得交点
                XYZ tmpPoint = intersectPoints.First();
                // 记录墙体在结构柱的端点
                if (tmpPoint.DistanceTo(start) <tmpPoint.DistanceTo(end))
                    pointInColumn = start;
                else
                    pointInColumn = end;
            }
            #endregion
        }

        // 加入墙定位线两端点，对所有点进行排序
        allPoint.Add(start);
        allPoint.Add(end);
        // 点集开始点
        XYZ pStart = start;
        // 重建墙体时点集的开始序号
        int numStart = 0;
        // 特殊情况处理：墙体有一端位于结构柱内
        if (pointInColumn != null)
        {
            // 哪一端位于柱内没有关系，新建墙体就从这一端开始排序
            // 如果两端都位于柱内，末端是自然多出来的一个点，不会生成墙体
            pStart = pointInColumn;
```

```
        //端点在结构柱内，从点 2 开始创建墙体
        numStart = 1;
      }

      //对交点进行排序
      allPoint.Sort((x, y) => (x.DistanceTo(pStart).CompareTo(y.DistanceTo(pStart))));

      //按交点分段生成新的墙体，注意 for 循环步距为 2，跳过结构柱
      for (int i = numStart; i <allPoint.Count - 1; i = i + 2)
      {
        //复制墙体
        ICollection<ElementId> wallCpys =
          ElementTransformUtils.CopyElement(doc, wall.Id, XYZ.Zero);
        //获得复制后的墙体
        Wall wallNew = doc.GetElement(wallCpys.ElementAt(0)) as Wall;
        newWall.Add(wallNew);
        //设置新墙体定位线
        Line lineNew = Line.CreateBound(allPoint[i], allPoint[i + 1]);
        (wallNew.Location asLocationCurve).Curve = lineNew;

        //还原墙端连接，本例假设原来墙体两端均允许连接
        WallUtils.AllowWallJoinAtEnd(wallNew, 0);
        WallUtils.AllowWallJoinAtEnd(wallNew, 1);
      }
      //删除原墙体
      doc.Delete(wall.Id);
      //提交事务
      trans2.Commit();
    }

    //提交事务组
    transactionGroup.Assimilate();
    return Result.Succeeded;
}
```

这里有几个自定义的方法，其中选择过滤器 WallSelectionFilter 请参照 2.5.2 小节内容自行设置，不再列出。第 1 个是求与 element 相交的结构柱集合的方法：

代码 2-17：求与 element 相交的结构柱集合

```
public IList<ElementId> ColumnsIntersectElement(Document doc, Element e)
{
    IList<ElementId> eleIds = new List<ElementId>();
    // 已有连接关系的，用 ElementIntersectsElementFilter 找不到
    ICollection<ElementId> joinedIds = JoinGeometryUtils.GetJoinedElements(doc, e);
    foreach (ElementId id in joinedIds)
    {
      Element eleTmp = doc.GetElement(id);
      // 排除相连接元素中非结构柱的元素
      if (eleTmp.Category.Id != doc.Settings.Categories.get_Item(BuiltInCategory.
          OST_StructuralColumns).Id)
          continue;
      if (!eleIds.Contains(id))
          eleIds.Add(id);
    }
    // 求 element 的 BoundingBox，限制范围以提高选择效率
    BoundingBoxXYZ box = e.get_BoundingBox(doc.ActiveView);
    Outline outline = new Outline(box.Min, box.Max);
    // 建立收集器
    FilteredElementCollector collector = new FilteredElementCollector(doc);
    // 相交过滤（慢速）
    ElementIntersectsElementFilter eieFilter = new ElementIntersectsElementFilter(e);
    //BoundingBox 相交过滤（快速）
    BoundingBoxIntersectsFilter bbFilter = new BoundingBoxIntersectsFilter(outline);
    collector.WherePasses(eieFilter).WherePasses(bbFilter);
    // 类别过滤（快速）
    // 由于已通过相交过滤，肯定是实体，因此无需考虑去掉族类型
    collector.OfCategory(BuiltInCategory.OST_StructuralColumns);
    // 加入集合
    foreach(ElementId id in collector.ToElementIds())
    {
      if (!eleIds.Contains(id))
      eleIds.Add(id);
    }
    return eleIds;
}
```

这里有两处需要注意的，一是**已有连接关系的构件**，其几何体已经互相剪切，无法再通过 ElementIntersectsElementFilter 过滤出来，详见 2.4.3 的解释；二是快速和慢速过滤器的组合应用。

第 2 个是**求 Face 与 Curve 的交点**，这里用到了 Revit API 提供的 **Intersect 方法**和 **IntersectionResultArray 类**，这在线与线相交、线与面相交、面与面相交的判断及求交点、交线过程中都要用到，本段代码展示了面与线相交时的用法：

代码 2-18：求面与线的交点

```
public XYZ IntersectPointOfFaceAndCurve(Face face, Curve curve)
{
    // 交点数组
    IntersectionResultArray result = new IntersectionResultArray();
    // 枚举，用于判断相交类型
    SetComparisonResult setResult = face.Intersect(curve, out result);
    XYZ interResult = null;
    //Disjoint 为不相交
    if (SetComparisonResult.Disjoint != setResult)
    {
        // IsEmpty 判断是否为空
        if (!result.IsEmpty)
            interResult = result.get_Item(0).XYZPoint;
    }
    return interResult;
}
```

第 3 个是**获得构件的所有面**，在 2.6.2 小节我们已经有获得构件所有 Solid 的代码，这里引用该方法，并提取其 Solid 的所有表面：

代码 2-19：获得元素的所有面

```
public List<Face>GetGeoFaces(Element ele)
{
    // 存放几何元素的所有面
    List<Face> geoFaces = new List<Face>();
    // 用上一节的方法取得所有几何体（Solid）
    List<Solid> solids = GetSolidsOfElement(ele);
    // 从几何体中提取所有 Face，存进集合
```

```
    foreach (Solid solid in solids)
    {
        foreach (Face face in solid.Faces)
        {
            if (face.Area > 0)
                geoFaces.Add(face);
        }
    }
    return geoFaces;
}
```

请注意在主程序中，有两处细节值得留意，一是在遍历所选墙体时，**首先把墙体的两端设为不允许连接**；二是在生成新墙体后，**再次把墙端设为允许连接**。

提示：端部连接是墙体、梁等线性构件在开发时常常需要考虑的因素，因为 Revit 本身的机制，端部相连时构件的定位会受到相连构件的限制，如果强制修改其定位，可能导致意外的结果（图 2–43）。一般来说先解除端部限制是比较保险的做法，但后面需要还原其连接。

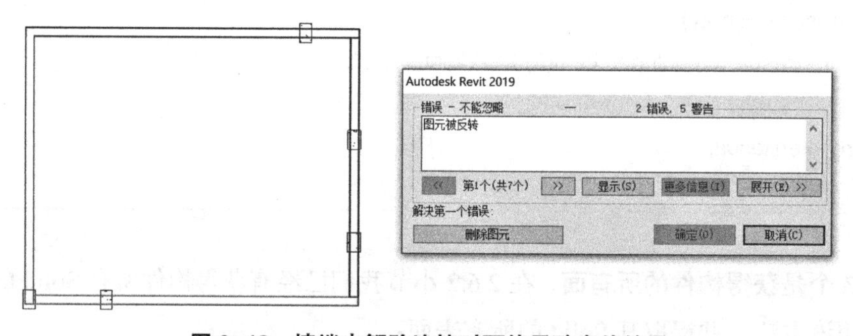

图 2–43　墙端未解除连接时可能导致意外结果

本案例基本可以实现柱断墙的功能，但篇幅所限，仍有很多因素尚未考虑进去。首先是**链接文件**的考虑，结构柱可能位于链接文件中，那么上面的 ColumnsIntersect Element 方法就找不到，需要另外想办法，本书仅提供思路，建议在读者比较熟练掌握整个 Revit 开发内容后再自行尝试。思路是：

（1）通过『(typeof(RevitLinkInstance))』类别过滤器，找出当前文档所有链接文件实例。

（2）通过『RevitInstance.GetLinkDocument()』逐个将其转化为链接文件的 Document。

（3）通过 Element 的 Solid，用『ElementIntersectsSolidFilter』在链接文件的 Document 中查找与 Solid 相交的结构柱。**这个过滤器方法支持跨文档使用 Solid。**

（4）接下来是与非链接文件相同的操作：计算结构柱表面与线的交点，回到当前 Document 继续处理。

提示：由于链接文件不一定是用原点对原点的方式链接，因此需在两个文档之间进行坐标置换。用『RevitInstance.GetTotalTransform()』可取得链接文档的相对坐标系，用『SolidUtils.CreateTransformed』可根据 Transform 复制出新的 Solid。

其次是容错方面的考虑，有一些特殊情况可能导致弹错，一方面需在代码中更严谨处理，另一方面可用 try catch 机制进行规避。如本例，有可能遇到两个结构柱并排的情形[①]，这样就会出现重复点，导致墙体无法生成，如图 2-44 所示。这种情况需在生成墙体时加一个判断条件进行规避。

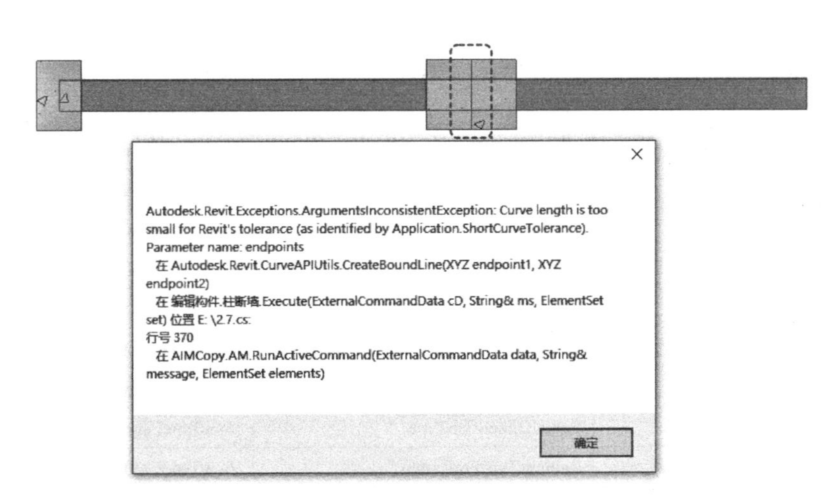

图 2-44　并排柱导致弹错示意

2.8　构件建模

通过 Revit API 进行构件建模是 Revit 开发的基本操作，应用非常广泛，比如各种“翻模”的插件，即为读取外部数据或图形，再通过 Revit API 放置相应的构件。Revit API 针对构件建模也提供了非常多的方法，其中主要分为两大类，一是**系统族**的建模；二是**可载入族**的构件放置。另外还有一类特殊的**内建模型**，本节分为三小节分别介绍。

2.8.1　系统族类型获取

族在 Revit 文档中的层级是：**族 Family →族类型 FamilySymbol →族实例 Family-**

---

① 显然这不是常规建模规则允许的做法，但无法排除有时候会采用这种方式建模，比如有可能通过两个并排柱来形成 L 形柱的效果。通用型插件开发必须考虑各种运行环境。

Instance。不管是系统族还是可载入族，要创建实例，都要先确定**族类型**，但两种族的类型获取方法不一样，本小节先介绍**系统族**的类型获取。

系统族是在 Revit 中预先定义的族，通常在 Revit 的项目样板中被预设进去，其类型不能新建，只能通过现有类型修改或复制。系统族的类型获取没有统一方法，Revit 有多达 87 种系统族，其类型全部列出如表 2-16 所示，从名字即可判断出对应的系统族。

系统族类型列表 表 2-16

AnalyticalLinkType	FlexPipeType	StairsBySketchType
AngularDimensionType	FloorType	StairsRailingType
ArcLengthDimensionType	FootingSlabType	StairsType
AreaLoadType	GridType	StructuralConnectionHandlerType
AreaReinforcementType	GutterType	TagNoteType
AttachedDetailGroupType	LevelType	TextNoteType
BeamSystemType	LinearDimensionType	ViewportType
BuildingPadType	LineLoadType	ViewType3D
CableTrayType	ModelGroupType	ViewTypeCeilingPlan
CalloutType	ModelTextType	ViewTypeCostReport
CeilingType	MultiReferenceAnnotationType	ViewTypeDetailView
ColorFillType	PathReinforcementType	ViewTypeDrafting
ConduitType	PipeInsulationType	ViewTypeElevation
ContourLabelingType	PipeType	ViewTypeFloorPlan
CorniceType	PointLoadType	ViewTypeGraphScheduleColumn
CurtainSystemType	RadialDimensionType	ViewTypeLegend
DecalType	RailingsTypeForRamps	ViewTypeLoadsReport
DetailGroupType	RailingsTypeForStairs	ViewTypePanelSchedule
DiameterDimensionType	RampType	ViewTypePressureLossReport
DuctInsulationType	RebarBarType	ViewTypeRendering
DuctLiningType	RebarContainerType	ViewTypeSchedule
DuctType	ReferenceViewerType	ViewTypeSection
EdgeSlabType	RepeatingDetailType	ViewTypeSheet
EndTreatmentType	RevealType	ViewTypeStructuralElevation
FabricAreaType	RoofSoffitType	ViewTypeStructuralPlan
FabricSheetType	RoofType	ViewTypeWalkthrough
FasciaType	SpotCoordinateType	WallFoundationType
FilledRegionType	SpotElevationType	WallType
FlexDuctType	SpotSlopeType	WireType

下面介绍系统族类型的获取方式，以墙体为例，我们将其封装成一个“按名字选择墙类型”的方法，代码如下：

代码 2-20：按名字选择墙类型

```
public WallType GetWallType(Document doc, string str)
{
   // 新建墙体类型收集器
   FilteredElementCollector wallTypes = new FilteredElementCollector(doc);
   // 墙体类型过滤
   wallTypes.OfClass(typeof(WallType));
   // 目标墙体类型
   WallType wallType = null;
   // 遍历收集器找到对应名字的墙体类型
   foreach (var item in wallTypes)
   {
      // 找到符合名称 str 的墙类型
      if (item.Name == str)
      {
         wallType = item as WallType;
         // 跳出循环
         break;
      }
   }
   return wallType;
}
```

如果要获取其他系统族的类型，把上面代码片段中 WallType 改为对应的系统族类型对象名称即可，例如楼板为 FloorType，风管为 DuctType 等。

提示：如果是临时墙体或过程的临时测试，可用『doc.GetDefaultElementTypeId (ElementTypeGroup.WallType)』来获取默认的系统族类型。上表所列的所有系统族类型都可以按此获取默认类型。

获取了系统族的族类型后，可通过复制的方式新建一个类型，然后再进行自定义的设置。参考代码如下，注意此过程需放在事务（Transaction）里面：

```
// 通过复制的方式新建类型
WallType newWallType = wallType.Duplicate(" 新墙体类型 ") as WallType;
// 后面再继续新类型的设置
```

2.8.2 墙体建模

确定系统族类型后，就可以根据输入条件生成系统族的实例了。不同的系统族生成的方法也不一样，没有定式，实战中使用最多的还是墙体和楼板，下面分别介绍通过 Revit API 生成**墙体**和**楼板**的方式。

在 Revit 中，墙体按 API 的创建方式可分为**常规墙**和**异形墙**，常规墙是以墙的定位线、墙的标高以及墙的类型等作为参数进行创建，而异形墙则是采用墙的轮廓、类型等作为参数进行创建。在 Revit API 中，提供了多种创建墙体的方法（如表 2-17 所示），可以根据已有的参数选择适合的方法。

墙体创建方法 **表 2–17**

<table>
<tr><th>方法</th><th>说明</th></tr>
<tr><td>基于墙定位线创建</td><td rowspan="2">（1）doc 为文档，curve 为墙定位线，levelId 为标高 Id，wTypeId 为墙体类型 ID，height 为墙的高度，offset 为偏移量，flip 为墙的内外是否翻转，isStr 为是否结构
（2）墙定位线必须是水平线</td></tr>
<tr><td>（1）Wall.Create(Document doc, Curve curve, ElementId levelId, bool isStr)
（2）Wall.Create(Document doc, Curve curve, ElementId wTypeId, ElementId levelId, double height, double offset, bool flip, bool isStr)</td></tr>
<tr><td>基于墙体立面轮廓创建</td><td rowspan="2">（1）doc 为文档，profile 为生成墙的立面轮廓线集合，wTypeId 为墙体类型 ID，levelId 为标高 ID，isStr 为是否结构，normal 为墙内外面向量
（2）轮廓线集合必须首尾相连</td></tr>
<tr><td>（1）Wall.Create(Document doc, IList<Curve> profile, bool isStr)
（2）Wall.Create(Document doc, IList<Curve> profile, ElementId wTypeId, ElementId levelId, bool isStr)
（3）Wall.Create(Document doc, IList<Curve> profile, ElementId wTypeId, ElementId levelId, bool isStr, XYZ normal)</td></tr>
</table>

实践案例：创建普通墙

利用 Revit API 创建普通墙是基本操作，需注意**定位线必须是水平线**，实现效果如图 2-45 所示。

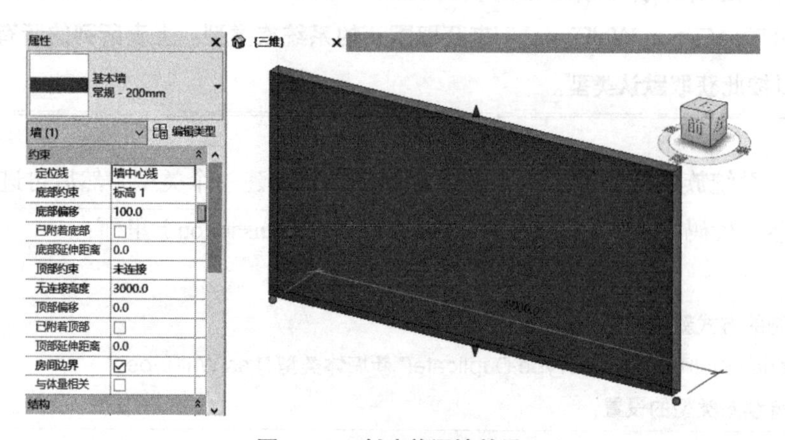

图 2–45 创建普通墙效果

实现代码如下：

代码 2-21：创建普通墙

```
public Result Execute(ExternalCommandData cD, ref string ms, ElementSet set)
{
    UIDocument uidoc = cD.Application.ActiveUIDocument;
    Document doc = uidoc.Document;
    // 获得默认墙体类型
    ElementId wtId = doc.GetDefaultElementTypeId(ElementTypeGroup.WallType);
    // 墙体定位线，案例以 6m 为例
    Line wCurve = Line.CreateBound(new XYZ(), new XYZ(6000 / 304.8, 0, 0));
    // 墙的高度，案例以 3m 为例
    double height = 3000 / 304.8;
    // 墙底部偏移量（100mm）
    double offset = 100 / 304.8;
    // 是否翻转
    bool flip = false;
    // 墙体所在楼层按当前视图（前提是当前视图为平面视图，本案例未作严谨限制）
    ElementId levelId = doc.ActiveView.GenLevel.Id;
    // 新建并启动事务
    Transaction trans = new Transaction(doc, " 创建墙体 "); trans.Start();
    // 创建墙
    Wall wall = Wall.Create(doc, wCurve, wtId, levelId, height, offset, flip, true);
    // 提交事务
    trans.Commit();
    return Result.Succeeded;
}
```

实践案例：创建异形墙

异形墙通过墙体的轮廓，且**该轮廓必须在一个竖直的平面内，通过法线表示墙外侧的方向且垂直于墙面**。例如，利用 Revit API 创建一个三角形异形墙，实现效果如图 2-46 所示。

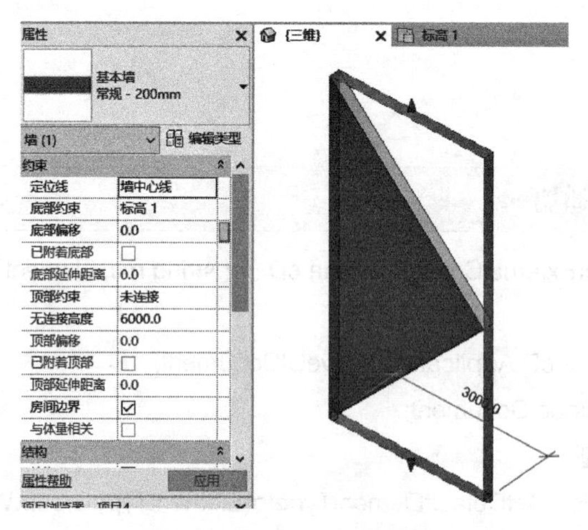

图 2–46　创建异形墙效果

实现代码如下：

代码 2–22：创建异形墙

```
public Result Execute(ExternalCommandData cD, ref string ms, ElementSet set)
{
    UIDocument uidoc = cD.Application.ActiveUIDocument;
    Document doc = uidoc.Document;
    // 案例以 300mm 为例
    double d = 3000 / 304.8;
    // 墙的轮廓，以三角形轮廓为例
    Line line1 = Line.CreateBound(XYZ.Zero, new XYZ(0, d, d));
    Line line2 = Line.CreateBound(new XYZ(0, d, d), new XYZ(0, 0, 2 * d));
    Line line3 = Line.CreateBound(new XYZ(0, 0, 2 * d), XYZ.Zero);
    List<Curve> curveList = new List<Curve>();
    curveList.Add(line1);
    curveList.Add(line2);
    curveList.Add(line3);
    // 获得默认墙类型
    ElementId wtID = doc.GetDefaultElementTypeId(ElementTypeGroup.WallType);
    // 墙体所在楼层按当前视图（前提是当前视图为平面视图，本案例未作严谨限制）
    ElementId levelID = doc.ActiveView.GenLevel.Id;
    // 获得墙方向
    XYZ normal = new XYZ(1, 1, 0);
    // 新建并启动事务
    Transaction trans = new Transaction(doc, " 创建三角墙 "); trans.Start();
```

```
    //创建墙
    Wall.Create(doc, curveList, wtID, levelID, false, normal);
    //提交事务
    trans.Commit();
    return Result.Succeeded;
}
```

这里需注意法线方向 normal 的确定。**如果 normal 不垂直于轮廓线所确定的平面，运行时就会弹错。**案例中的 normal 是直接给出坐标，实战中很少这样确定，一般通过计算来确保其垂直于轮廓线所确定的平面。

提示：可通过『Plane.CreateByThreePoints()』创建一个 Plane，再通过 Plane.Normal 来取得法线方向。

2.8.3　楼板建模

按 Revit API 的建模方式，楼板可分为**常规楼板**和**带坡度楼板**，常规楼板通过 NewFloor 方法，输入楼板水平轮廓线集合、所在标高、楼板类型等作为参数进行创建；带坡度楼板则通过 NewSlab 方法，输入楼板水平轮廓线集合、楼板斜率方向线、斜率等作为参数进行创建。此外 Revit 还有一种特殊的结构基础楼板（结构底板），通过 NewFoundationSlab 方法创建。这三者返回的都是 **Floor 图元**，本书主要介绍前两种，其所需输入的参数如表 2-18 所示，可以根据已有的参数选择适合的方法。

楼板创建方法　　表 2-18

方法	说明
常规楼板	（1）pfile 为轮廓线集合，floorType 为楼板类型，level 为标高，isStr 为是否结构，normal 为楼板向量（实际上只能垂直向上或向下，且对结果没有影响） （2）轮廓线集合必须首尾相连
（1）NewFloor(CurveArray pfile,bool structural) （2）NewFloor(CurveArray pfile,FloorType floorType,Level level,bool isStr) （3）NewFloor(CurveArray pfile,FloorType floorType,Level level,bool isStr, XYZ normal)	
带坡度楼板	（1）pfile 为斜板水平投影轮廓、level 为水平投影标高、sArrow 为水平投影与斜边相交的边、slope 为倾斜角度、isStr 为是否结构 （2）水平投影轮廓必须首尾相连
NewSlab(CurveArray pfile,Level level,Line sArrow,double slope,bool isStr)	

实践案例：创建楼板

利用 Revit API 创建常规楼板，需要注意楼板的轮廓必须为**水平、有序相连、首尾闭合、内部不相交的线段集合**，实现效果如图 2-47 所示。

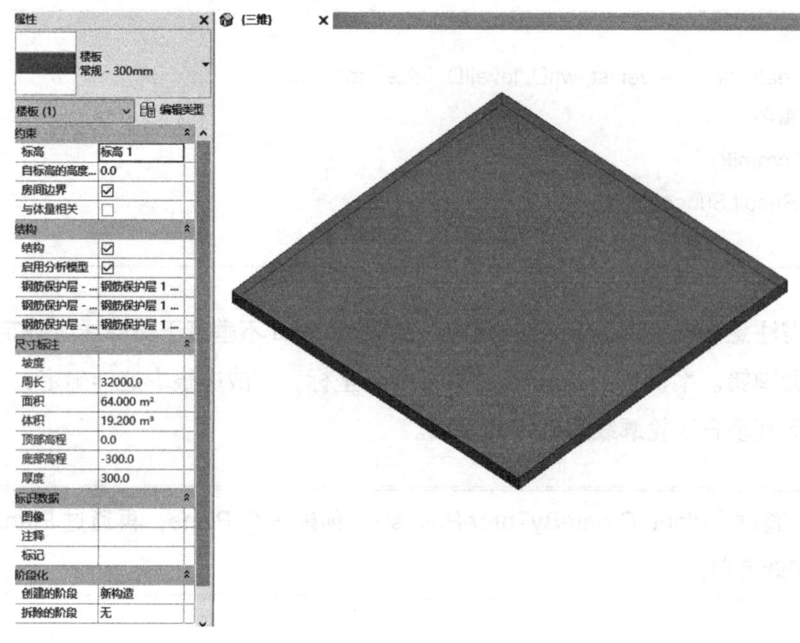

图 2-47　创建常规楼板效果

实现代码如下：

代码 2-23：创建常规楼板

```
public Result Execute(ExternalCommandData cD, ref string ms, ElementSet set)
{
    // 声明文档
    UIDocument uidoc = cD.Application.ActiveUIDocument;
    Document doc = uidoc.Document;
    // 获取名称为默认的楼板类型
    ElementId ftID = doc.GetDefaultElementTypeId(ElementTypeGroup.FloorType);
    FloorType floorType = doc.GetElement(ftID) as FloorType;
    // 创建封闭的楼板边界线，案例以长度 8000mm 为例
    double len = 8000 / 304.8;
    Line line1 = Line.CreateBound(new XYZ(), new XYZ(len, 0, 0));
    Line line2 = Line.CreateBound(new XYZ(len, 0, 0), new XYZ(len, len, 0));
    Line line3 = Line.CreateBound(new XYZ(len, len, 0), new XYZ(0, len, 0));
    Line line4 = Line.CreateBound(new XYZ(0, len, 0), new XYZ());
    // 创建一个线段集合
    CurveArray curveArray = new CurveArray();
    // 依次添加
    curveArray.Append(line1);
```

```
    curveArray.Append(line2);
    curveArray.Append(line3);
    curveArray.Append(line4);
    // 楼板标高按当前视图（前提是当前视图为平面视图，本案例未作严谨限制）
    Level level = doc.ActiveView.GenLevel;
    // 新建并启动事务
    Transaction trans = new Transaction(doc, " 创建楼板 ");
    trans.Start();
    // 创建楼板
    Floor floor = doc.Create.NewFloor(curveArray, floorType, level, true);
    // 提交事务
    trans.Commit();
    return Result.Succeeded;
}
```

实践案例：创建带坡度楼板

带坡度楼板通过 NewSlab 方法创建，与常规楼板创建不同的地方在于斜楼板需要指定一条**坡度线 slopedArrow** 和**坡度值 slope**，该坡度线必须在楼板轮廓平面上，可以与轮廓线重合也可以分离。

提示：坡度值并非我们直觉理解的楼板倾斜角度的弧度值，而是该角度的正切值，亦即坡度线“终点与起点的高差 / 平面长度”。

如图 2-48 所示，是一个倾角为 15° 的斜楼板。代码如下，注意其中坡度值的计算。

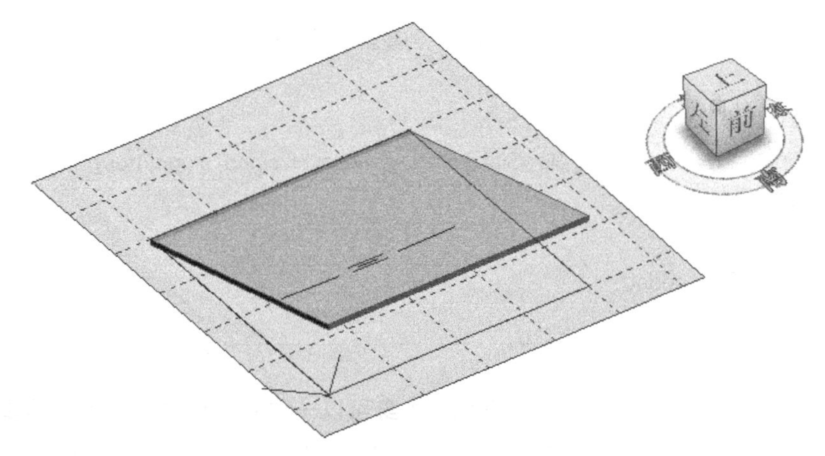

图 2-48 创建带坡度楼板效果

实现代码如下：

代码 2-24：创建斜楼板

```
public Result Execute(ExternalCommandData cD, ref string ms, ElementSet set)
{
    //声明文档
    UIDocument uidoc = cD.Application.ActiveUIDocument;
    Document doc = uidoc.Document;
    //创建封闭的楼板边界线，案例以长度 8000mm 为例
    double len = 8000 / 304.8;
    Line line1 = Line.CreateBound(new XYZ(0, 0, 0), new XYZ(0, len, 0));
    Line line2 = Line.CreateBound(new XYZ(0, len, 0), new XYZ(len, len, 0));
    Line line3 = Line.CreateBound(new XYZ(len, len, 0), new XYZ(len, 0, 0));
    Line line4 = Line.CreateBound(new XYZ(len, 0, 0), new XYZ());
    //创建一个线段集合
    CurveArray curveArray = new CurveArray();
    curveArray.Append(line1);
    curveArray.Append(line2);
    curveArray.Append(line3);
    curveArray.Append(line4);
    //楼板标高按当前视图（前提是当前视图为平面视图，本案例未作严谨限制）
    Level level = doc.ActiveView.GenLevel;
    //坡度线
    Line sLine = Line.CreateBound(new XYZ(0, len, 0), new XYZ(0, 0, 0));
    //斜板的坡度，以 15° 为例，注意坡度值的计算，先转换为弧度，再求正切值
    double angle = 15 * Math.PI / 180;
    double slope = Math.Tan(angle);
    //新建并启动事务
    Transaction trans = new Transaction(doc, " 创建斜板 ");
    trans.Start();
    //创建带坡度楼板
    Floor slopeSlab = doc.Create.NewSlab(curveArray, level, sLine, slope, true);
    //提交事务
    trans.Commit();
    return Result.Succeeded;
}
```

关于楼板建模还需要注意：**虽然 Revit 本身可以一块楼板包含多个区域及洞口，但 Revit API 并不支持直接创建这种楼板。**其中洞口可以通过 Document.NewOpening 来创建，达到楼板开洞的效果，但跟楼板本身轮廓即形成洞口的做法还是会有不同。

2.8.4　可载入族建模基础

与系统族不同，**可载入族**是在外部文件（.rfa）中创建，再载入到项目中。由于不同的可载入族其类型可以同名，因此仅通过类型过滤器来查找是不够的，一般做法是先找到所需的族，再在该族的所有类型中找到所需的类型。封装为一个方法代码如下：

代码 2-25：根据族名称与类型名称查找族类型

```
public FamilySymbol FindSymbol(Document doc, string familyName, string symbolName)
{
  // 声明变量
  Family family = null;
  FamilySymbol symbol = null;
  // 用类型过滤器查找所有族
  FilteredElementCollector familyCol = new FilteredElementCollector(doc);
  familyCol.OfClass(typeof(Family));
  // 按族名称查找族
  foreach (Family f in familyCol)
  {
    if (f.Name == familyName)
    {
      family = f;
      break;
    }
  }
  // 如果没有该族，直接返回
  if (family == null)
    return null;
  // 用 family.GetFamilySymbolIds() 取得该族所有类型的 ID，再遍历
  foreach (ElementId fsId in family.GetFamilySymbolIds())
  {
    // 将 ID 转换回 FamilySymbol，再按名称查找
    FamilySymbol fs = doc.GetElement(fsId) as FamilySymbol;
    if (fs.Name == symbolName)
    {
      symbol = fs;
      break;
    }
  }
  return symbol;
}
```

可载入族如需新建类型，跟系统族类似，也是通过『symbol.Dublicate』方法，用复制已有类型的方式来新建，不再赘述。

提示：如果当前文档中没有这个族，可以通过『Document.LoadFamily』加载族，或通过『Document.LoadFamilySymbol』加载特定类型。如果插件需要使用配套的族，可以在安装文件中打包配套族，指定其安装后的相对目录，然后在代码中通过反射（Reflect）取得 dll 的硬盘路径，再根据相对目录确定族的路径，从而实现后台加载族或类型。

取得 dll 的硬盘路径的代码是：

```
Path.GetDirectoryName(System.Reflection.Assembly.GetExecutingAssembly().Location);
```

需注意可载入族的族类型如果还没有放置过实例，**在第一次放置实例前要先激活。**可先通过『symbol.IsActive』判断族类型是否已激活，再通过『symbol.Activate()』激活族类型，注意需开启事务。

Revit API 中根据可载入族的特点提供了多种重载方法，详细内容如表 2-19 所示。

可载入族放置方法 **表 2-19**

方法	说明
基于点创建族实例	（1）p 为放置点，sym 为族类型，lev 为标高，sType 为结构类型 （2）常用于放置基于点的族，如创建桩基础、结构柱
（1）NewFamilyInstance(XYZ p, FamilySymbol sym, StructuralType sType) （2）NewFamilyInstance(XYZ p, FamilySymbol sym, Level lev, StructuralType sType)	
基于线创建族实例	（1）c 为控制线，sym 为族类型，level 为标高，sType 指结构类型 （2）常用于创建线性构件，如结构梁
NewFamilyInstance(Curve c,FamilySymbol sym,Level lev, StructuralType sType)	
基于面创建族实例	（1）face 为参照面，position 为面上的定位线，sym 为族类型，dir 为族方向，p 为面上的放置点，refer 为面的 reference （2）dir 确定族放置后的方向，对应族坐标系中的 X 轴方向 （3）定位线必须在面上 （4）常用于放置基于面或基于线的族，如基于面的消火栓、烟感等
（1）NewFamilyInstance(Face face, Line position, FamilySymbol sym) （2）NewFamilyInstance(Face face, XYZ p, XYZ dir, FamilySymbol sym) （3）NewFamilyInstance(Reference refer, Line position, FamilySymbol sym) （4）NewFamilyInstance(Reference refer, XYZ p, XYZ dir, FamilySymbol sym)	

续表

方法	说明
基于宿主放置族实例	（1）p 放置点的坐标，sym 为族类型，host 为宿主的 Element，dir 为族方向，level 为标高，sType 为结构类型 （2）dir 确定族放置后的方向，对应族坐标系中的 X 轴方向 （3）常用于创建有主体的构件，如门窗、洞口、钢筋等
（1）NewFamilyInstance(XYZ p, FamilySymbol sym, Element host, StructuralType sType) （2）NewFamilyInstance(XYZ p, FamilySymbol sym, XYZ dir, Element host, StructuralType sType) （3）NewFamilyInstance(XYZ p, FamilySymbol sym, Element host, Level level, StructuralType sType)	
基于平面放置族实例	（1）Line 族的定位线，origin 为放置点，sym 为族类型，specView 二维平面 （2）常用于创建注释性的符号
（1）NewFamilyInstance(Line line, FamilySymbol sym, View specView) （2）NewFamilyInstance(XYZ origin, FamilySymbol sym, View specView)	

这 12 种重载在实战中都可能用到，需根据族的特点和现有条件来选用。下面两个小节，分别用**结构柱**和**结构梁**作为代表，介绍如何放置可载入族。

2.8.5　结构柱建模

在 Revit 中创建结构柱的方式可分为**垂直柱**和**斜柱**，垂直柱是通过结构柱定位点、结构柱族类型以及所在标高等参数进行创建，而斜柱则通过柱的定位线进行创建。

实践案例：创建垂直柱

利用 Revit API 创建垂直柱，需要注意通过视图获取标高时，当前视图必须是平面视图，创建前要 Activate 激活族类型，实现效果如图 2-49 所示。

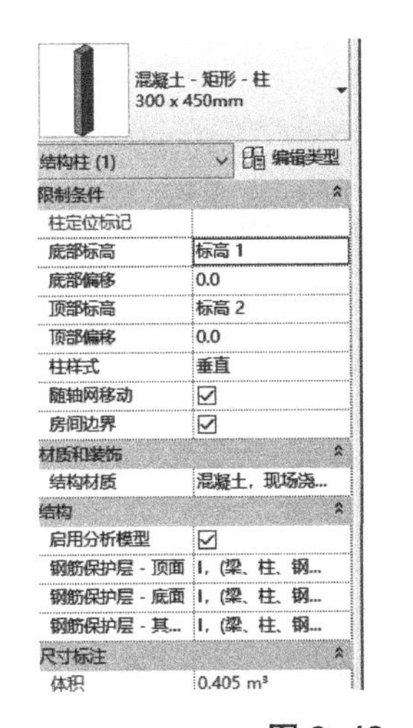

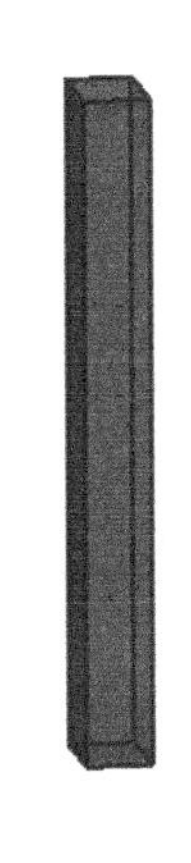

图 2-49　创建结构柱效果

实现代码如下：

代码 2-26：创建垂直结构柱

```
public Result Execute(ExternalCommandData cD, ref string ms, ElementSet set)
{
    UIDocument uidoc = cD.Application.ActiveUIDocument;
    Document doc = uidoc.Document;
    // 用 2.8.4 小节的方法，根据族和类型名称查找类型。
    FamilySymbol symbol = FindSymbol(doc, " 混凝土 - 矩形 - 柱 ", "450 x 600mm");
    // 如果没有加载，最好程序后台加载，这里为简化代码，提示用户先加载。
    if (symbol == null)
    {
        MessageBox.Show(" 请先加载结构柱族：“混凝土 - 矩形 - 柱” ");
        return Result.Succeeded;
    }
    // 结构柱定位点，由用户点击确定
    XYZ p = uidoc.Selection.PickPoint(" 单击以放置结构柱…" );
    // 结构柱所在楼层按当前视图（前提是当前视图为平面视图，本案例未作严谨限制）
    Level level = doc.ActiveView.GenLevel;
    // 结构类型
    StructuralType strType = StructuralType.Column;
    // 新建并启动事务
    Transaction trans = new Transaction(doc, " 创建结构柱 " );
    trans.Start();
    // 激活族类型
    if (!symbol.IsActive)
        symbol.Activate();
    // 创建结构柱实例
    FamilyInstance fi = doc.Create.NewFamilyInstance(p, symbol, level, strType);
    // 提交事务
    trans.Commit();
    return Result.Succeeded;
}
```

实践案例：创建斜柱

Revit 中放置斜柱是通过指定两个端点来实现，但这两个端点是在三维空间中，手动操作比较困难。在 Revit API 中，提供了创建斜柱的方法，该方法是通过定位线、族类型、标高进行创建，通过该方法可以根据设定的两端坐标自动创建斜柱，效果如图 2-50 所示。

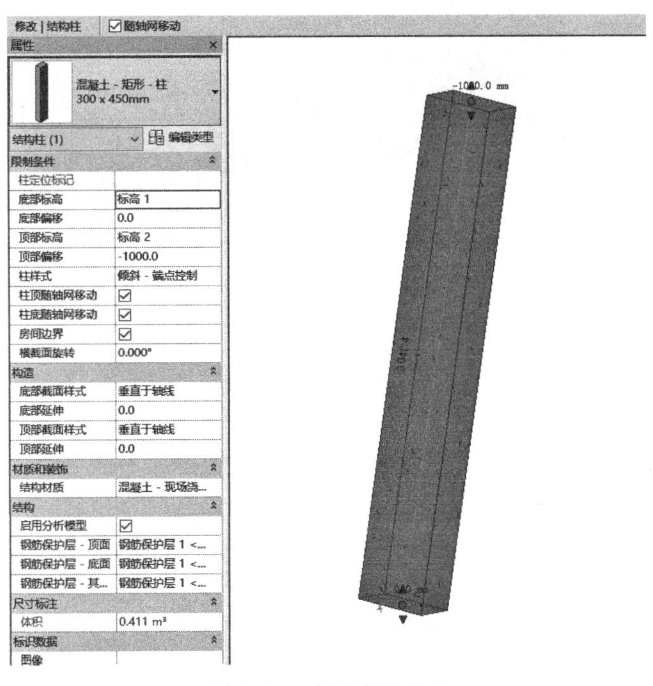

图 2-50　创建斜柱效果

主体代码跟垂直柱是类似的，仅柱的定位部分不一样，本例直接输入两端坐标进行定位，下面仅将不同部分的代码列出：

代码 2-27：创建斜柱（节选）

```
// 单位转换系数，1mm 转换为 Revit 内部单位
double s = UnitUtils.ConvertToInternalUnits(1, DisplayUnitType.DUT_MILLIMETERS);
// 结构柱控制线端点
XYZ p1 = XYZ.Zero;
XYZ p2 = new XYZ(500 * s, 500 * s, 3000 * s);
// 斜柱定位线
Line line = Line.CreateBound(p1, p2);
// 创建结构柱实例
FamilyInstance fi = doc.Create.NewFamilyInstance(line, symbol, level, sType);
```

2.8.6　结构梁建模

在 Revit 中梁是通过梁的定位线、所在标高和梁类型等参数进行创建，跟斜柱所用的重载一样。常规水平梁的效果如图 2-51 所示。

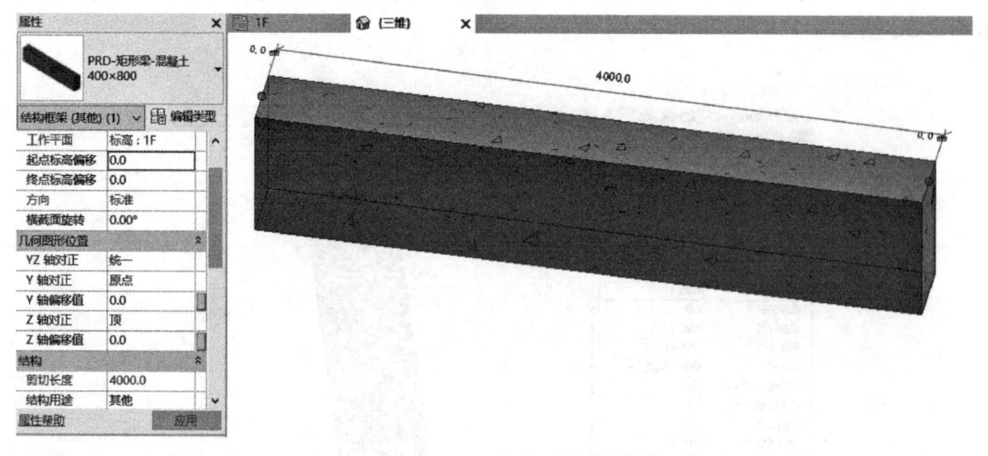

图 2–51　创建梁效果

实现代码如下：

代码 2–28：创建梁

```
public Result Execute(ExternalCommandData cD, ref string ms, ElementSet set)
{
    UIDocument uidoc = cD.Application.ActiveUIDocument;
    Document doc = uidoc.Document;
    // 单位转换系数，1mm 转换为 Revit 内部单位
    double s = UnitUtils.ConvertToInternalUnits(1, DisplayUnitType.DUT_MILLIMETERS);
    // 用 2.8.4 小节的方法，根据族和类型名称查找类型。
    FamilySymbol symbol = FindSymbol(doc, " 混凝土 – 矩形梁 ", "400 x 800mm" );
    // 如果没有加载，最好程序后台加载，这里为简化代码，提示用户先加载。
    if (symbol == null)
    {
        MessageBox.Show(" 请先加载结构框架族：' 混凝土 – 矩形梁 ' ");
        return Result.Succeeded;
    }
    // 梁所在楼层按当前视图（前提是当前视图为平面视图，本案例未作严谨限制）
    Level level = doc.ActiveView.GenLevel;
    double height = level.Elevation;
    // 梁定位线端点，本例直接输入坐标
    XYZ p1 = new XYZ(0, 0, height);
    XYZ p2 = new XYZ(4000 * s, 0, height);
    // 梁定位线（长度 4m 为例）
    Line line = Line.CreateBound(p1, p2);
```

```
    // 结构类型
    StructuralType sType = StructuralType.Beam;
    // 新建并启动事务
    Transaction trans = new Transaction(doc, " 创建梁实例 " );
    trans.Start();
    // 激活族类型
    if (!symbol.IsActive)
        symbol.Activate();
    // 创建梁实例
    FamilyInstance fi = doc.Create.NewFamilyInstance(line, symbol, level, sType);
    // 提交事务
    trans.Commit();
    return Result.Succeeded;
}
```

提示：定位线的标高要位于设定的楼层标高平面上，如果梁定位线落在其他标高上时，梁会默认设在定位线所在标高，导致所给 level 参数无效。

对于斜梁，项目中一般通过设置梁的**起点标高偏移**和**终点标高偏移**来实现，而在 Revit API 中，创建斜梁有两种方式：

（1）在水平梁的基础上，通过更改起点终点标高偏移参数实现。

（2）在创建时直接传入斜线作为梁的定位线，实现效果是一样的，生成实例后的上述参数值会自动计算。

效果如图 2-52 所示。

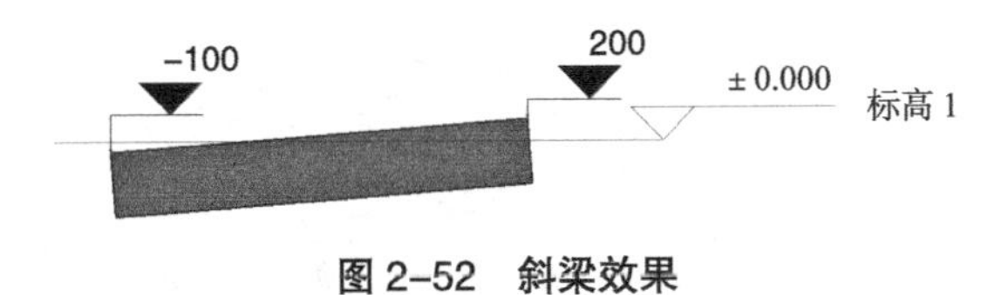

图 2–52　斜梁效果

更改起终点标高偏移参数的代码如下：

代码 2–29：更改起终点标高偏移参数

```
// 单位转换系数，1mm 转换为 Revit 内部单位
double s = UnitUtils.ConvertToInternalUnits(1, DisplayUnitType.DUT_MILLIMETERS);
```

```
// 起点往上偏移 200mm
fi.get_Parameter(BuiltInParameter.STRUCTURAL_BEAM_END0_ELEVATION).Set(200 *s);
// 终点往下偏移 100mm
fi.get_Parameter(BuiltInParameter.STRUCTURAL_BEAM_END1_ELEVATION).Set(-100 * s);
```

2.8.7 放置基于面的族

在 Revit 中**基于面**的构件有消火栓、电箱、插座等，这些族通过主体面、定位点、族方向来定位；还有一些族是**基于线**的，这些族在 Revit 手动放置时首先也要选择面或者工作平面，通过主体面、定位线来定位。创建这些族实例时都要基于 Face 或者 Reference，两者有时候是可以互相代替的，因为 Face 本身可以获取它的 Reference，构件也可以从 Reference 获取对应的 Face；但有时候也可能通过其他方式直接获得 Reference，不需要转换成面，又或者转成面后无法作为族的主体，因此两者也不能完全等同。

在 Revit API 中，提供了 4 种基于面创建方法，详见表 2-19，开发过程中可根据族的形式选择不同的方法。下面以布置基于面的消火栓为例说明[①]，如图 2-53 所示。

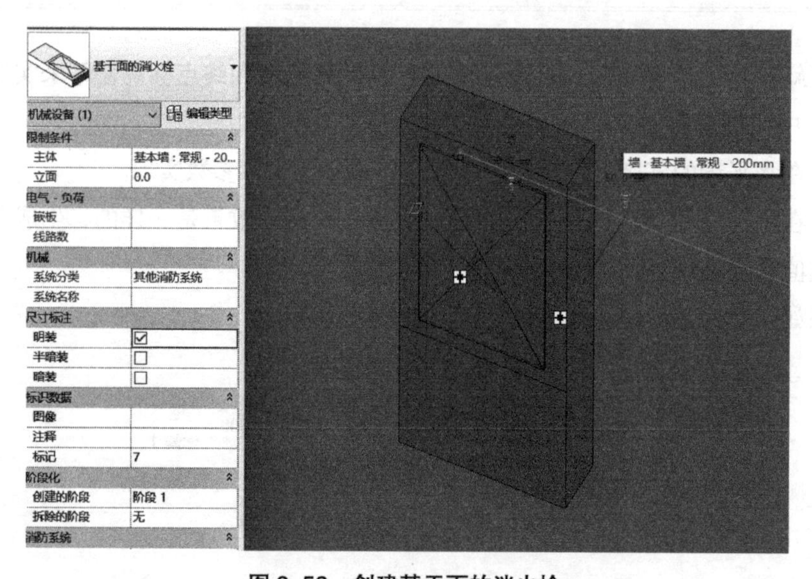

图 2-53 创建基于面的消火栓

① 消火栓族也有多种做法，有基于面的族、基于墙的族，也有独立放置的族。本案例适用于前两者。

实现代码如下：

代码 2-30：放置基于面的消火栓

```
public Result Execute(ExternalCommandData cD, ref string ms, ElementSet set)
{
   UIDocument uidoc = cD.Application.ActiveUIDocument;
   Document doc = uidoc.Document;
   // 用 2.8.4 小节的方法，根据族和类型名称查找类型
   FamilySymbol symbol = FindSymbol(doc, "基于面的消火栓", "基于面的消火栓");
   // 如果没有加载，最好程序后台加载，这里为简化代码，提示用户先加载
   if (symbol == null)
   {
      MessageBox.Show("请先加载族：'基于面的消火栓'");
      return Result.Succeeded;
   }

   // 点选墙面，获取面的 Referenece 和点击的点，此处忽略用户中断选择的处理
   Reference refer = uidoc.Selection.PickObject(ObjectType.Face, "选择墙面");
   XYZ pickPoint = refer.GlobalPoint;

   // 族坐标系 X 轴对应的项目方向，本例应该是墙的定位线方向
   Wall wall = doc.GetElement(refer) as Wall;
   Curve curve = (wall.Location as LocationCurve).Curve;
   // 通过 ComputeDerivatives 取得 curve 的局部坐标系，X 方向即为线方向
   XYZ direct = curve.ComputeDerivatives(0.5, true).BasisX.Normalize();

   // 新建并启动事务
   Transaction trans = new Transaction(doc, "放置消火栓");
   trans.Start();
   // 激活族类型
   if (!symbol.IsActive)
      symbol.Activate();
   // 放置消火栓
   FamilyInstance fi = doc.Create.NewFamilyInstance(refer, pickPoint, direct, symbol);
   // 提交事务
   trans.Commit();
   return Result.Succeeded;
}
```

这里有两个地方需要展开说一下，一是前面提到的 Face 与 Reference 的关系，在本案例中，使用了拾取时直接返回的 Reference 作为主体，事实上通过这个 Reference 也可以取得墙体的侧面，代码如下：

```
Face walFace = wall.GetGeometryObjectFromReference(refer) as Face;
```

但如果在放置消火栓的时候，使用的 NewFamilyInstance 是选用这个 Face 作为主体，则会弹错。原因可以这么理解：拾取获得的 Face 不是稳态的几何面，只是一个副本，可以用来计算，但不能用来作为主体。

如果一定要通过 Face 来放置这个族，那么可以引用代码 2-19：获得元素的所有面，然后遍历墙体的所有 Face，看拾取点位于哪一个 Face 里面，这样迂回地找到稳态的 Face，才能基于它放置族。参考代码：

代码 2-31：查找用户点选的墙面

```
Face pickFace = null;
foreach(Face f in GetGeoFaces(wall))
{
    if (f.Project(pickPoint).Distance == 0)
    {
        pickFace = f;
        break;
    }
}
```

二是代码中求 Curve 的方向向量，使用了『curve.ComputeDerivatives(0.5, true).BasisX』，这句代码比较难明白，这里解释一下，**ComputeDerivatives 是求 Curve 在某一点处的局部坐标系**，该点可以通过两种方式确定：一是沿 curve 距起点的距离与总长的比值，如 (0.5,true) 即表示中点；二是沿 curve 距起点的距离值，如 (0.5, false) 即表示从起点出发，经过 0.5 英尺后到达的点。得到局部坐标系后，**对于直线来说，BasisX 即为直线方向，BasisY 与 BasisZ 均为空；对于曲线来说，BasisX 为该点处的切线方向，BasisY 为该点处的法线方向，**BasisZ 则为 BasisX 与 BasisY 的叉积（一般为向上或向下）。

提示：特别注意最后还要通过 Normalize() 方法将其变成单位向量。

2.8.8　内建体量建模

在 Revit 里**内建模型**是比较特殊的构件类型，一般建模规则不建议使用，因为它没有常规构件类别的属性，也无法批量进行修改。但由于它的建模方式比较自由，有些特殊场合也可能需要用到。本小节的例子是**通过内建体量来表达三维的房间**。

在 Revit 中，房间只能在平面视图和剖面视图中查看，在三维视图中无法查看，然而在项目应用中，在三维中查看房间可以更直观地展示房间布局，辅助确定方案。在 Revit API 中提供了获得房间轮廓和创建体量的方法，可通过程序读取房间轮廓、楼层标高来创建体量，从而实现房间在三维中可见，案例以图 2-54 所示的户型平面图为例。

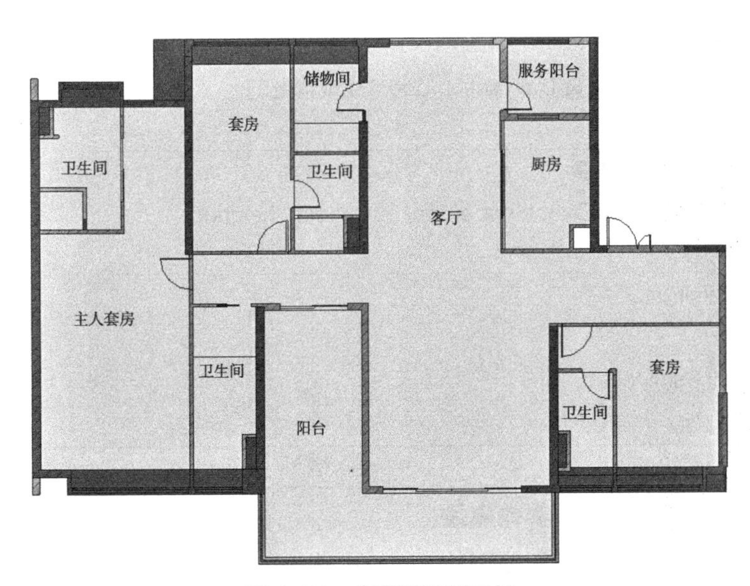

图 2-54　户型平面图示例

主体代码如下：

代码 2-32：创建房间体量

```
public Result Execute(ExternalCommandData cD, ref string ms, ElementSet set)
{
    UIDocument uidoc = cD.Application.ActiveUIDocument;
    Document doc = uidoc.Document;
    // 房间选择过滤器，请参照自行设置
    RoomSelectionFilter roomFilter = new RoomSelectionFilter();
    // 通过鼠标选择房间，此处略去用户中断选择处理
    List<Reference> refers = uidoc.Selection.PickObjects(ObjectType.Element, roomFilter,
    " 选择房间 " ).ToList();
```

```
    //遍历房间进行处理
    foreach (Reference refer in refers)
    {
      Room room = doc.GetElement(refer) as Room;
      //关键步骤 1，获取房间边界线
      CurveLoop curveLoop = GetRoomCurveLoop(room);
      //规避无边界房间
      if (curveLoop.Count() == 0)
        continue;
      //获取房间高度
      double height = room.UnboundedHeight;
      //新建并启动事务
      Transaction trans = new Transaction(doc, " 生成体量 ");
      trans.Start();
      //关键步骤 2，生成体量
      DirectShape ds = GetDirectShape(doc, curveLoop, height);
      //提交事务
      trans.Commit();
    }
    return Result.Succeeded;
}
```

关键步骤 1：获得房间边界轮廓线

在 Revit 中，房间边界轮廓线可从 Room 中获得，它由一组首尾相连的线组成（图 2-55），注意获得房间轮廓线时，可能会出现 CurveLoop 不封闭的情况①，此时需要对轮廓线进行排序并使其首尾相连，本案例不考虑这种特殊情况，读者可以在此基础上做进一步研发。

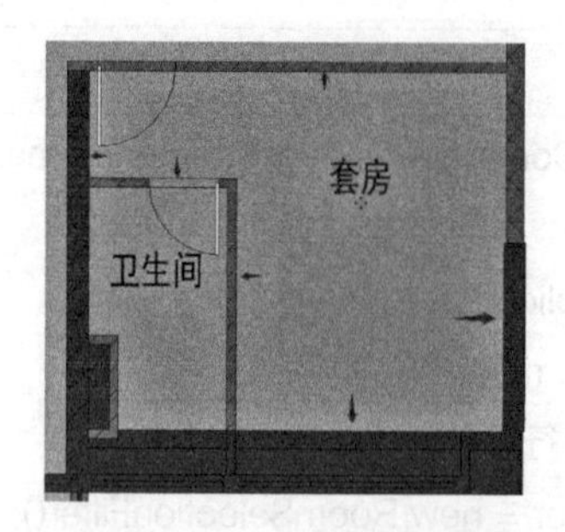

图 2-55　边界轮廓线示意图

① 当围合房间的边界并不严格密闭，有一点小间隙时，Revit 会自动忽略小间隙，将其补齐，从而得到围合的房间，但这样的房间用 GetBoundarySegments 方法取得的边界仍然是有间隙的。

实现代码如下：

代码 2-33：获取房间边界

```
public CurveLoop GetRoomCurveLoop(Room room)
{
    // 用于存储房间轮廓
    CurveLoop curveLoop = new CurveLoop();
    SpatialElementBoundaryOptions opts = new SpatialElementBoundaryOptions();
    // 收集该房间的所有区域边界，先规避无边界房间
    if (room.GetBoundarySegments(opts) == null)
        return curveLoop;
    IList<IList<BoundarySegment>> blist = room.GetBoundarySegments(opts);
    // 提取第一个房间边界
    IList<BoundarySegment> flist = blist.First();
    // 存储房间边界
    foreach (BoundarySegment bs in flist)
    {
        curveLoop.Append(bs.GetCurve());
    }
    return curveLoop;
}
```

关键步骤 2：生成体量

在 Revit API 中，**DirectShape 是一个特殊的类别，它可以将代码生成的几何体转换成实体，实现 Revit 内建模型的效果，并且可以设置为各种类别。**我们通过 DirectShape 来创建体量：首先根据轮廓、高度和拉伸方向创建一个 Solid，然后将其转换为 DirectShape，再将其设为体量类别，实现效果如图 2-56 所示。

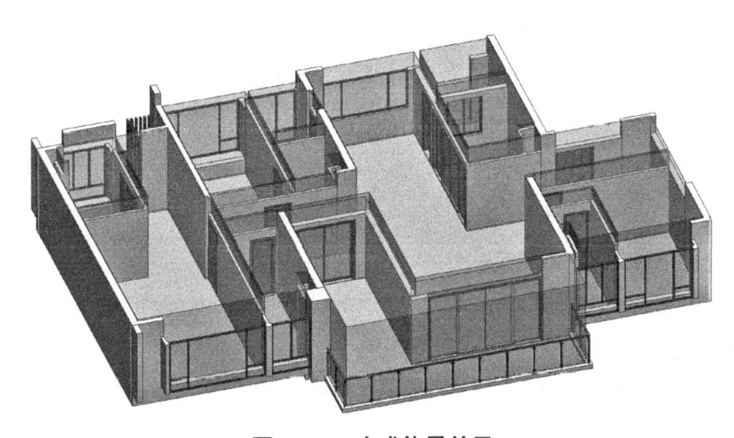

图 2-56　生成体量效果

实现代码如下：

代码 2-34：生成 DirectShape 并设为体量

```
public DirectShape GetDirectShape(Document doc, CurveLoop cl, double h)
{
    // 用于创建体量的轮廓
    List<CurveLoop> cloops = new List<CurveLoop>();
    cloops.Add(cl);
    // 体量拉伸方向
    XYZ dir = XYZ.BasisZ;
    // 根据轮廓线、方向和高度生成几何图形
    Solid solid = GeometryCreationUtilities.CreateExtrusionGeometry(cloops, dir, h);
    // 获得体量类型
    BuiltInCategory biCate = BuiltInCategory.OST_Mass;
    // 创建一个内建模型，类型为体量
    DirectShape ds = DirectShape.CreateElement(doc, new ElementId(biCate));
    // 内建模型中添加几何模型 Solid
    if (ds != null)
    {
        ds.AppendShape(new List<GeometryObject>() { solid });
    }
    return ds;
}
```

功能扩展

在实际项目应用中，最好可以按房间名称区分颜色，读者可以在本案例代码基础上尝试设置体量的颜色。提示：在生成 Solid 时，可以使用 **CreateExtrusionGeometry 的另一个重载**，在生成时设置材质。下面为示例的代码，其中材质需要在实际代码中设定。同时需考虑设了材质后体量就不透明了，**需要另外设置透明度**，请参考 2.10.4 的内容。

代码 2-35：设置 Solid 的材质

```
// 设置材质，为简化代码，取默认第一个
ElementId mtId = (new FilteredElementCollector(doc)).OfClass(typeof(Material)).
  FirstElementId();
// 设置图形样式（对结果的影响不明确），为简化代码，取默认第一个
ElementId gsId = (new FilteredElementCollector(doc)).OfClass(typeof(GraphicsStyle)).
```

```
    FirstElementId();
// 设置 Solid 选项，将材质设置进去
SolidOptions options = new SolidOptions(mtId, gsId);
// 生成带材质的 Solid
Solid solid = GeometryCreationUtilities.CreateExtrusionGeometry(cloops, dir, h, options);
```

2.9　共享参数

对 Revit 进行功能拓展时，常常需要对特定的构件类别添加自定义的参数，这就需要用到共享参数。共享参数对于 Revit 用户来说是一个较难理解的概念，本节介绍其基本用法，然后通过案例介绍如何用 Revit API 添加共享参数。

2.9.1　共享参数简介

共享参数是 Revit 特有的概念，它通过一个独立的 txt 文件进行参数定义，然后可以挂接到不同的族文件与项目文件中，**使该参数在不同族、不同文档之间互通互认**，从而实现参数值的统计、标记功能。

对于系统族来说，共享参数可以扩充构件的信息，比如墙体可以添加“施工日期”参数用于记录施工信息。对于可载入族来说，除了扩充构件信息的功能，更是对多个族的同类信息进行统计的必经之路。比如不同的窗族，都通过共享参数设置了“可开启面积”参数，就可以通过列表统计其“可开启面积”的参数值；如果不是通过共享参数来设置，即使每个族都有这个参数，则载入主文件后，列表统计时是无法添加此字段进行统计的。

共享参数位于 Revit 管理选项卡的设置面板中（图 2-57）。

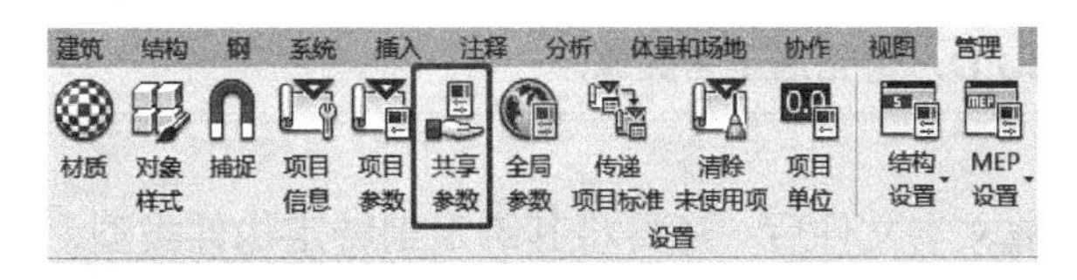

图 2-57　共享参数

在 Revit 中，共享参数的创建步骤为：

（1）创建共享参数文件。

（2）新建参数组。

（3）新建参数、名称和参数类型（图 2-58）。

创建完成后的共享参数文件如图 2-59 所示。该文件可以手动编辑，但最好不要编辑，以免不同版本分别载入时造成冲突。

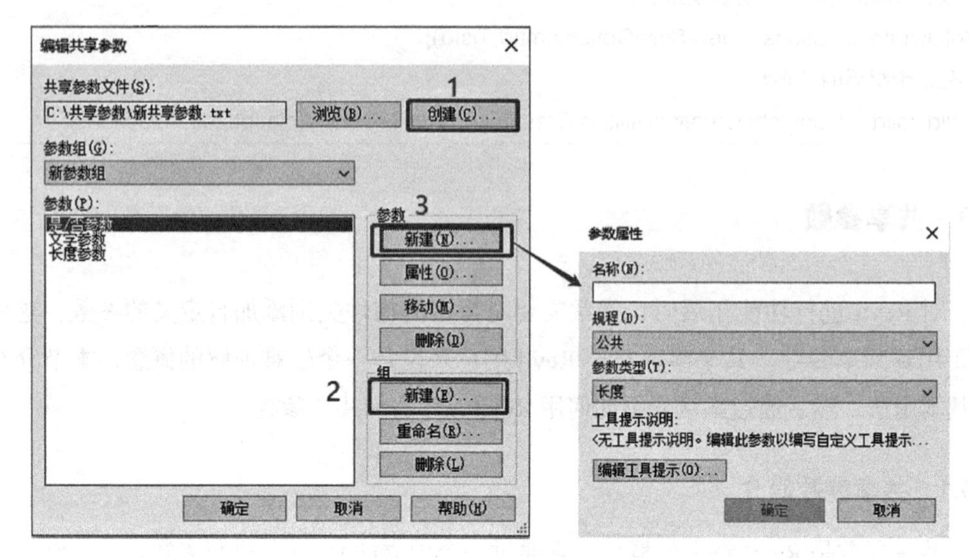

图 2-58　共享参数新建

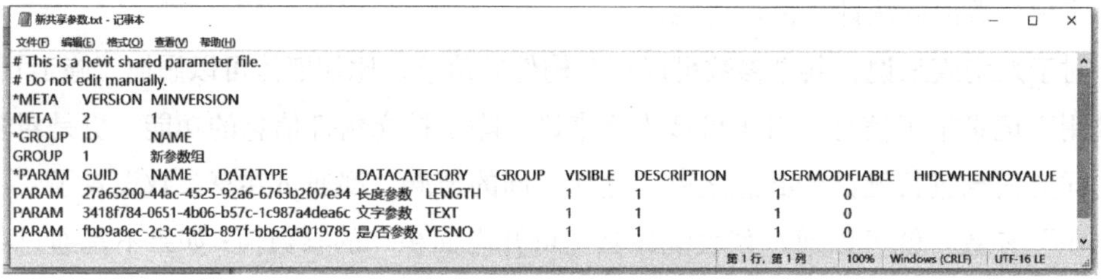

新共享参数.txt - 记事本

文件(F) 编辑(E) 格式(O) 查看(V) 帮助(H)

```
# This is a Revit shared parameter file.
# Do not edit manually.
*META	VERSION	MINVERSION
META	2	1
*GROUP	ID	NAME
GROUP	1	新参数组
*PARAM	GUID	NAME	DATATYPE	DATACATEGORY	GROUP	VISIBLE	DESCRIPTION	USERMODIFIABLE	HIDEWHENNOVALUE
PARAM	27a65200-44ac-4525-92a6-6763b2f07e34	长度参数	LENGTH		1	1		1	0
PARAM	3418f784-0651-4b06-b57c-1c987a4dea6c	文字参数	TEXT		1	1		1	0
PARAM	fbb9a8ec-2c3c-462b-897f-bb62da019785	是/否参数	YESNO		1	1		1	0
```

第 1 行，第 1 列　100%　Windows (CRLF)　UTF-16 LE

图 2-59　共享参数文件示例

提示：共享参数在 Revit 内部通过 GUID（而非名称）作为标记，即使是同样的参数名称，如果不是同一个 GUID，也无法正常共享。

创建了共享参数文本文件后，还要将其**绑定到特定构件类型**，下面介绍手动绑定的过程，理解了这个过程，才能理解下一小节通过 Revit API 绑定的操作。

在 Revit 中执行『管理→项目参数』命令，点击“添加”按钮，弹出如图 2-60 所示的设置框，选择“共享参数”类型，分别设定其分组方式、类型或实例参数、需绑定的类别，然后通过选择按钮，在弹窗中选择刚刚设定的参数。注意多个参数要重复添加。

完成之后的效果如图 2-61 所示，每一个机械设备的族实例，都自动添加了上述的两个参数。

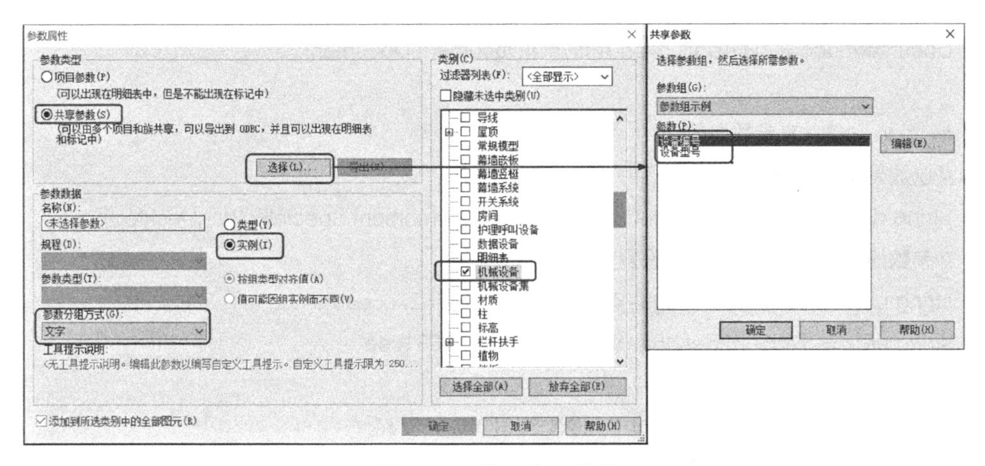

图 2-60　绑定共享参数

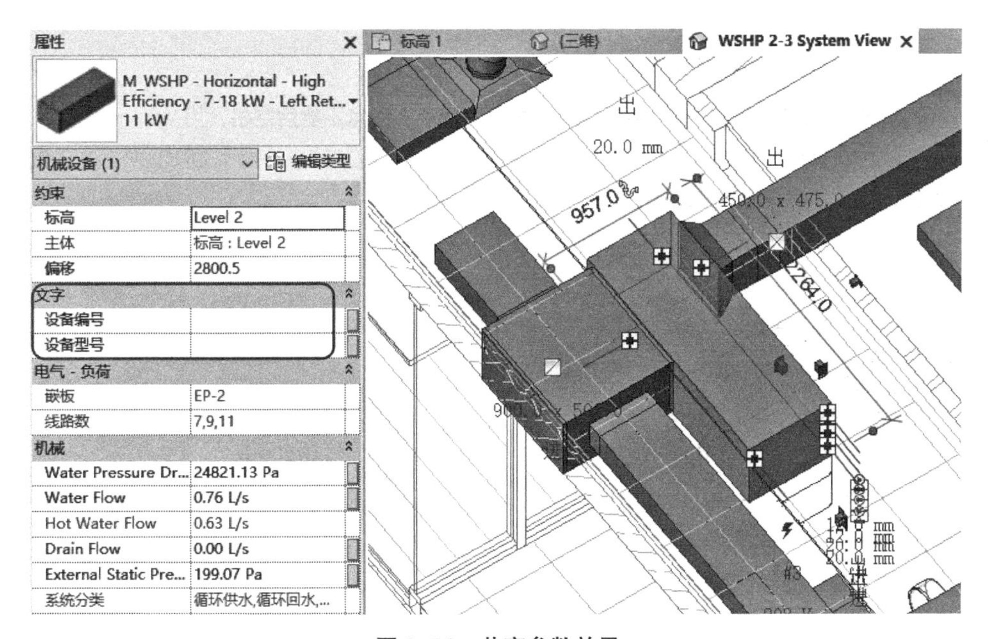

图 2-61　共享参数效果

2.9.2　共享参数开发示例

在 Revit API 中提供了共享参数的创建方法，创建步骤与手动操作相似，实现代码如下：

代码 2-36：创建并绑定共享参数

```
public Result Execute(ExternalCommandData cD, ref string ms, ElementSet set)
{
    Application rvtApp = cD.Application.Application;
    UIDocument uiDoc = cD.Application.ActiveUIDocument;
```

```
Document doc = cD.Application.ActiveUIDocument.Document;

#region 创建共享参数文件
// 以放到桌面为例
String desktop = Environment.GetFolderPath(Environment.SpecialFolder.Desktop);
// 参数的GUID，同项目建议设置为固定
string uid1 = "bc5506a3-aa99-4347-bea4-c368527c5ea9";
string uid2 = "74c6eb25-f2f6-457f-9afe-7d33f9631cee";
//META：版本早期版本
string txt = "*META	VERSION	MINVERSION" + "\r\n";
txt += "META	2	1" + "\r\n";
// 组：ID 名称
txt += "*GROUP	ID	NAME" + "\r\n";
txt += "GROUP	1	参数组示例" + "\r\n";
// 参数：ID 名称 数据类型 参数组 可见 说明 可否修改，注意不能用空格，用\t
txt += "*PARAM	GUID	NAME	DATATYPE	DATACATEGORY	GROUP	VISIBLE
DESCRIPTION	USERMODIFIABLE"
   + "\r\n";
txt += "PARAM" + "\t" + uid1 + "\t" + "设备型号" + "	TEXT		1	1		1" + "\r\n";
txt += "PARAM" + "\t" + uid2 + "\t" + "设备编号" + "	TEXT		1	1		1" + "\r\n";
String fName = desktop + "\\示例.txt";
// 保存参数文件
StreamWriter sw = new StreamWriter(fName, false, Encoding.Unicode);
sw.Write(txt);
sw.Close();
#endregion

#region 将共享参数设置到特定构件类别
// 设置参数文件读取路径
rvtApp.SharedParametersFilename = fName;
// 获得参数文件
DefinitionFile dFile = rvtApp.OpenSharedParameterFile();
// 获得参数组
DefinitionGroup dGroup = dFile.Groups.get_Item("参数组示例");
// 声明一个类别的集合
CategorySet cateSet = rvtApp.Create.NewCategorySet();
// 设置元素类型，以机电设备为例，可以添加多个
Category category = doc.Settings.Categories.get_Item(BuiltInCategory.
```

```
        OST_MechanicalEquipment);
    cateSet.Insert(category);
    // 绑定参数
    Binding binding = rvtApp.Create.NewInstanceBinding(cateSet);
    // 新建并启动事务
    Transaction trans = new Transaction(doc, " 共享参数示例 ");
    trans.Start();
    // 将参数绑定到元素属性内的文本组
    foreach (Definition df in dGroup.Definitions)
    {
        doc.ParameterBindings.Insert(df, binding, BuiltInParameterGroup.PG_TEXT);
    }
    // 提交事务
    trans.Commit();
    #endregion

    return Result.Succeeded;
}
```

注意：

（1）创建共享参数文本时，空格需用“\t”表达，不能直接使用空格键。

（2）行末用“\r\n”换行。

（3）整个参数文本里面涉及很多固定格式及空格，很容易出错，建议手动通过 Revit 建立此文件，再复制到代码中。

（4）如果不是由 Revit 生成的文本文件复制进来，GUID 可用 VisualStudio 提供的“创建 GUID”工具生成，这样可确保不重复。不能采用“复制现有 + 局部修改”的方式。

（5）案例代码是将共享参数文件保存到桌面，在实战中不建议这么做，应设好专门目录存放此文件。

2.10　视图相关开发

2.10.1　Revit 视图简介

视图是 Revit 模型显示和文档组织的基础，包括平面视面、立面视图、剖面视图、三维视图、详图、明细表视图等。通过 Revit API 可以对项目中的视图进行创建、修改、删除、跳转等一系列操作。

提示：除缩放、平移外，其他对视图的操作及视图构件可见性操作都需要开启事务。

在Revit API里视图均归入一个名为View的大类，每一个视图对象都是一个View，也就是ViewFamily的实例，其ViewType的枚举有22种，常用的11种如表2-20所示。

常用视图类型表 表2-20

ViewType	描述	ViewType	描述
AreaPlan	面积平面	FloorPlan	楼层平面
CeilingPlan	天花平面	Legend	图例视图
Detail	详图视图	Schedule	明细表
DraftingView	绘图视图	Section	剖面
DrawingSheet	图纸目录	ThreeD	3D视图
Elevation	立面		

同时View还有另一种分类方式，即按照如表2-21所示划分为7个类别：

视图分类表 表2-21

View类别	描述
View3D	3D视图，包括轴测图与透视图
ViewPlan	平面视图，包括平面图、天花平面图、区域平面图
ViewSection	剖面视图，包括剖面图、立面图（Revit立面图实质是剖面视图）
ViewDrafting	绘图视图
ViewSheet	图纸视图
ViewSchedule	明细表
PanelScheduleView	电气面板明细表，极少用到

提示：每一个View对象，都可以用as语句强制转换成这7个之一。这7个细分类别除了拥有View的通用属性外，各自还有其特有的属性，创建方法也各自不同，因此在开发中一般使用具体的View类别。

2.10.2 创建与设置视图

在Revit二次开发中，视图操作非常频繁，主要可分为两类操作：

（1）视图的创建与设置；

（2）视图中图元显示方式的设置。

本小节介绍第一类操作，后面的几个小节介绍第二类操作。

在 Revit API 中，针对不同的视图类型提供了不同的创建方法，常用的视图创建方法如表 2-22 所示。

常用视图创建方法表　　**表 2-22**

方法	说明
平面视图 ViewPlan.Create(Document doc,ElementId viewTypeId,ElementId levelId)	viewTypeId 为平面视图类型 ID、levelId 为标高 ID
三维视图 （1）View3D.CreatePerspective(Document doc,ElementId viewTypeId) （2）View3D.CreateIsometric(Document doc,ElementId viewTypeId)	（1）viewTypeId 为三维视图类型 ID （2）CreatePerspective 为透视图，CreateIsometric 为轴测图
剖面视图 ViewSection.CreateSection(Document doc,ElementId viewTypeId, BoundingBoxXYZ bBox)	viewTypeId 为平面视图类型 ID，bBox 为剖面框
绘图视图 ViewDrafting.Create(Document doc,ElementId viewTypeId)	viewTypeId 为平面视图类型 ID

1. 实践案例：平面视图创建

下面以平面视图为例，介绍如何新建视图并设置视图的各项属性：

代码 2-37：创建默认类型的平面视图

```
public Result Execute(ExternalCommandData cD, ref string ms, ElementSet set)
{
    UIDocument uiDoc = cD.Application.ActiveUIDocument;
    Document doc = cD.Application.ActiveUIDocument.Document;
    View activeView = uiDoc.ActiveView;
    // 获取默认建筑平面类型
    ElementTypeGroup typeGroup = ElementTypeGroup.ViewTypeFloorPlan;
    ElementId vId = doc.GetDefaultElementTypeId(typeGroup);
    // 新建并启动事务
    Transaction trans = new Transaction(doc, " 创建平面视图 ");
    trans.Start();
    // 创建平面视图
    ViewPlan viewPlan = ViewPlan.Create(doc, vId, activeView.GenLevel.Id);
    // 设置视图的名称，注意需规避同名视图，本案例忽略
    viewPlan.Name = activeView.GenLevel.Name + " 平面 ";
```

```
    //分别设置视图的详细程度、比例、显示模式、规程
    viewPlan.DetailLevel = ViewDetailLevel.Medium;
    viewPlan.Scale = 150;
    viewPlan.DisplayStyle = DisplayStyle.HLR; //HLR 为隐藏线
    viewPlan.Discipline = ViewDiscipline.Architectural;
    //设置视图范围，以设置剖切高度 1500 为例
    PlanViewRange pvr = viewPlan.GetViewRange();
    pvr.SetOffset(PlanViewPlane.CutPlane, 1500 / 304.8);
    viewPlan.SetViewRange(pvr);
    //提交事务
    trans.Commit();
    //将当前视图跳转到新建视图
    uiDoc.ActiveView = viewPlan;
    return Result.Succeeded;
}
```

这里有几个需要注意的地方：

（1）视图名称设置需**注意规避同名弹错**，案例中没有处理，实战时需先判断有无同名视图，如果有则需提供加后缀等处理方法。

（2）平面视图的视图范围属性通过 PlanViewRange 设置，这里面包含了多个设置，案例只设了其中一项。

（3）如果需要设为特定的视图类型，可通过名称遍历，参考代码如下：

代码 2-38：查找特定的平面视图类型

```
ViewFamilyType vfType = null;
FilteredElementCollector collectorview = new FilteredElementCollector(doc);
collectorview.OfClass(typeof(ViewFamilyType));
foreach (Element e in collectorview.ToElements())
{
    if ((e as ViewFamilyType).ViewFamily != ViewFamily.FloorPlan)
        continue;
    if (e.Name == "楼层平面")
    {
        vfType = e as ViewFamilyType;
        vId = vfType.Id;
    }
}
```

2. 实践案例：三维视图创建

在 Revit 中三维视图分为**透视图**和**轴测图**，两者使用的视图类型相同，绝大多数使用场景均为轴测图。三维视图的创建方法本身很简单，但还需要考虑设置其**剖面框范围**，下面以常用的“局部三维”为案例来说明，本案例由用户在平面视图框选矩形范围，然后生成该范围的三维视图。参考代码如下：

代码 2-39：框选创建三维视图

```
public Result Execute(ExternalCommandData cD, ref string ms, ElementSet set)
{
    UIDocument uiDoc = cD.Application.ActiveUIDocument;
    Document doc = cD.Application.ActiveUIDocument.Document;
    View activeView = uiDoc.ActiveView;

    #region 先设定一个剖切框范围
    // 由用户框选范围，此处略去用户取消操作的处理
    PickedBox pickedBox = null;
    pickedBox = uiDoc.Selection.PickBox(PickBoxStyle.Directional, " 框选范围 ");
    // 由于用户框选的方向无法确定，需求出矩形框的左下和右上角点
    XYZ pick1 = pickedBox.Min;
    XYZ pick2 = pickedBox.Max;
    double xmax = Math.Max(pick1.X, pick2.X);
    double ymax = Math.Max(pick1.Y, pick2.Y);
    double xmin = Math.Min(pick1.X, pick2.X);
    double ymin = Math.Min(pick1.Y, pick2.Y);
    // 本案例高度设为当前楼层开始，至 3000 高处
    // 用 View.GenLevel 获取楼层，前提是当前视图为平面视图，本案例未作严谨限制
    double zmin = activeView.GenLevel.Elevation;
    double zmax = zmin + 3000 / 304.8;
    XYZ min = new XYZ(xmin, ymin, zmin);
    XYZ max = new XYZ(xmax, ymax, zmax);

    // 构造一个 BoundingBox 作为范围框
    BoundingBoxXYZ boundingBox = new BoundingBoxXYZ();
    boundingBox.Min = min;
    boundingBox.Max = max;
    #endregion

    // 获取默认三维视图类型
    ElementTypeGroup typeGroup = ElementTypeGroup.ViewType3D;
```

```
    ElementId vId = doc.GetDefaultElementTypeId(typeGroup);

    // 新建并启动事务
    Transaction trans = new Transaction(doc, " 创建三维视图 ");
    trans.Start();
    // 创建轴测图
    View3D view3D = View3D.CreateIsometric(doc, vId);
    // 设置剖面框范围
    view3D.SetSectionBox(boundingBox);
    trans.Commit();
    // 将当前视图跳转到该平面
    uiDoc.ActiveView = view3D;
    return Result.Succeeded;
}
```

3. 实践案例：剖面视图创建

剖面的创建与平面、三维视图不同之处是**需设定剖切框 BoundingBox 作为输入条件**，且该 BoundingBox 还涉及与视图方向相关的坐标变换，因此比较复杂。

如图 2-62 所示，我们以平行于这个尖顶幕墙创建一个剖面为例，最终效果如（b）图所示。如果把这个剖面的剖切范围显示在 3D 视图中，就是左图的示意，实际上它是一个 BoundingBox，如果是在剖面视图里，其视线方向（屏幕往里）为 Z 方向[①]，屏幕上方为 Y 方向，按右手法则，其 X 方向为屏幕左方。按此转换到 3D 空间的坐标系中，即可得出这个剖面的原始 BoundingBox。

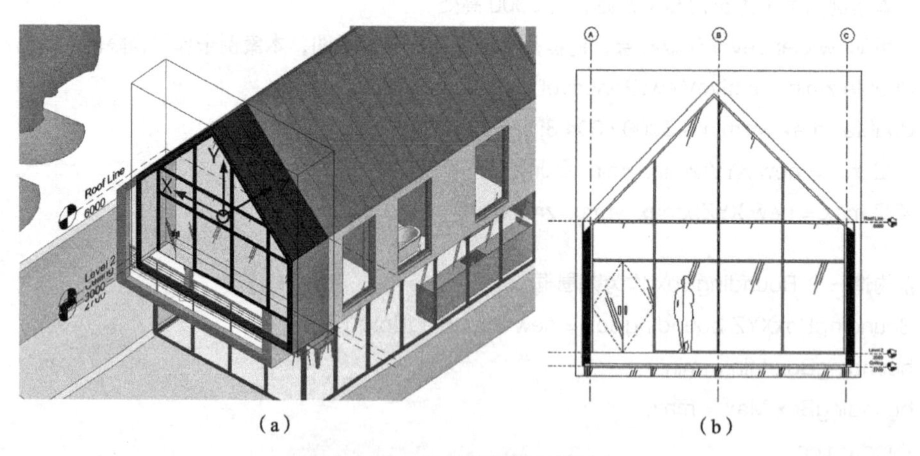

（a）（b）

图 2-62　基于墙创建剖面效果

① View 有一个属性 ViewDirection，从字面上看是视线方向，但其代表的却是"The direction towards the viewer."即视线方向的反方向，很容易混淆，需注意区分。

实现代码如下：

代码 2-40：拾取墙体创建平行剖面

```
public Result Execute(ExternalCommandData cD, ref string ms, ElementSet set)
{
    UIDocument uiDoc = cD.Application.ActiveUIDocument;
    Document doc = cD.Application.ActiveUIDocument.Document;
    View activeView = uiDoc.ActiveView;
    // 获取默认剖面类型
    ElementTypeGroup etGroup = ElementTypeGroup.ViewTypeSection;
    ElementId vId = doc.GetDefaultElementTypeId(etGroup);
    // 选择构件，此处忽略用户取消选择的处理
    Reference rf = uiDoc.Selection.PickObject(ObjectType.Element, " 选择构件 ");
    // 本案例以墙体为例，但未作类型限制，直接假设用户选取的是墙
    Wall wall = doc.GetElement(rf) as Wall;
    // 获得墙定位线
    Curve curve = (wall.Location as LocationCurve).Curve;
    XYZ wallDirection = curve.ComputeDerivatives(0.5, true).BasisX.Normalize();

    // 视图宽度，两侧往外扩展 500mm
    double length = curve.Length + 500 / 304.8;
    // 视图深度，设为 2000
    double deep = 2000 / 304.8;
    // 获得墙体的 BoundingBox，求中心点及总高度（包络框外扩 2000）
    BoundingBoxXYZ wallBox = wall.get_BoundingBox(activeView);
    XYZ center = (wallBox.Max + wallBox.Min) / 2;
    double h = wallBox.Max.Z - wallBox.Min.Z + 2000 / 304.8;

    // 构造剖面的 BoundingBox，设置其最大最小控制点
    BoundingBoxXYZ sectionBox = new BoundingBoxXYZ();
    sectionBox.Max = new XYZ(length / 2, h / 2, deep / 2);
    sectionBox.Min = new XYZ(-length / 2, -h / 2, -deep / 2);

    // 构造一个坐标转换器，按前面的分析设置其 XYZ 方向的值
    Transform transform = Transform.Identity;
    transform.Origin = center;
    transform.BasisX = -wallDirection;
    transform.BasisY = XYZ.BasisZ;
```

```
    //如果有两个方向已经确定，第三个方向一般用向量叉积计算，避免出错
    transform.BasisZ = (-wallDirection).CrossProduct(XYZ.BasisZ);
    //将坐标转换器应用到剖面的 BoundingBox
    sectionBox.Transform = transform;

    //新建并启动事务
    Transaction trans = new Transaction(doc, "创建剖面视图实例");
    trans.Start();
    //创建剖面视图
    ViewSection viewSection = ViewSection.CreateSection(doc, vId, sectionBox);
    //提交事务
    trans.Commit();
    //将当前视图跳转到剖面
    uiDoc.ActiveView = viewSection;
    return Result.Succeeded;
}
```

剖面的难点在于其**坐标系的转换（Transform）**较难理解，参见 2.3.4。读者可尝试修改 transform.BasisX、transform.BasisY 的方向，看看出来的效果。甚至可以做斜向的剖面出来，在做斜面构件定位时非常有用。

读者也可在上述代码基础上，将其改为“拾取面生成剖面”等更具实用性的插件。

2.10.3　视图元素显隐设置

Revit API 提供了在视图中对特定元素集合作出各种显示控制的方法，分为两类：

（1）对元素或类型进行**显示**、**隐藏**、**隔离**等显隐操作。

（2）对元素或类型的**透明度**、**线型**、**表面及剖面填充**等进行各种自定义设置。

这些方法都封装在 View 类中，本小节先介绍其中第 1 类显隐相关的操作，如表 2-23 所示。

构件在视图中的显隐相关方法　　**表 2-23**

方法	说明
HideCategoriesTemporary(ICollection<ElementId> eleIds)	临时隐藏多个类别
HideCategoryTemporary(ElementId eleId)	临时隐藏一个类别
HideElements(ICollection<ElementId> eleIdSet)	隐藏多个元素
HideElementsTemporary(ICollection<ElementId> eleIdSet)	临时隐藏多个元素
HideElementTemporary(ElementId eleId)	临时隐藏一个元素
UnhideElements(ICollection<ElementId> eleIdSet)	显示多个元素

续表

方法	说明
UnhideElement(ElementId eleId)	显示一个元素
IsolateCategoriesTemporary(ICollection<ElementId> eleIds)	临时隔离多个类别
IsolateCategoryTemporary(ElementId eleId)	临时隔离一个类别
IsolateElementsTemporary(ICollection<ElementId> eleIds)	临时隔离多个元素
IsolateElementTemporary(ElementId eleId)	临时隔离一个元素

这些方法的使用都很简单，这里举一个**隔离选择对象所属类型**的例子作示意，实现方法是先临时隔离，再将临时隔离状态应用到该视图。其运行结果就相当于在视图的可见性设置里，仅保留所选对象的类型打开，其余类型均关闭，如图 2-63 所示为选择了一个墙体和一个屋顶后运行程序的结果。

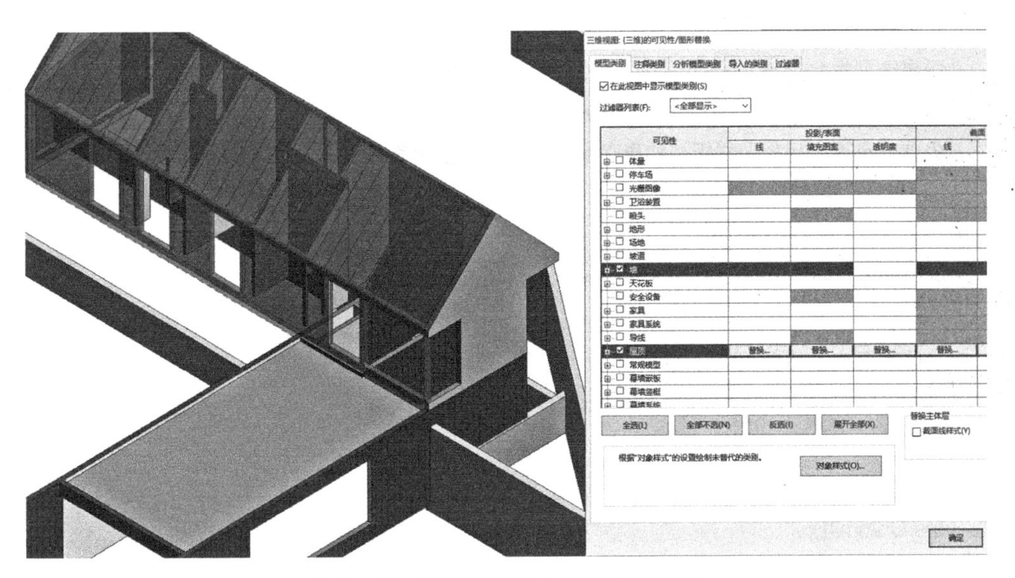

图 2–63　隔离选择对象所属类型示意

实现代码如下：

代码 2–41：隔离所选对象类别

```
public Result Execute(ExternalCommandData cD, ref string ms, ElementSet set)
{
    UIDocument uiDoc = cD.Application.ActiveUIDocument;
    Document doc = uiDoc.Document;
    View actView = uiDoc.ActiveView;
    // 获取当前选集
    ICollection<ElementId> elementIds = uiDoc.Selection.GetElementIds();
```

```
    //求所选图元所属类型集合
    List<ElementId> categorrIds = new List<ElementId>();
    foreach(ElementId id in elementIds)
    {
      ElementId categoryId = doc.GetElement(id).Category.Id;
      if (!categorrIds.Contains(categoryId))
      {
        categorrIds.Add(categoryId);
      }
    }

    //新建并启动事务
    Transaction trans = new Transaction(doc, "隔离元素");
    trans.Start();
    //隔离类型集合
    actView.IsolateCategoriesTemporary(categorrIds);
    //先判断是否应用视图样板，如果有视图样板，本案例直接设为"无"
    if (actView.ViewTemplateId != null)
    {
      actView.ViewTemplateId = ElementId.InvalidElementId;
    }
    //将临时隔离状态应用到视图
    actView.ConvertTemporaryHideIsolateToPermanent();

    //提交事务
    trans.Commit();
    return Result.Succeeded;
}
```

提示：这里需要注意的是视图样板的影响，如果当前视图应用了视图样板，而代码的操作与这个视图样板有冲突时，就无法进行下去，会被忽略或者弹错。本案例直接将视图样板设成“无”，实战时应根据情况予以提示或等用户决定处理。

2.10.4 自定义显示样式

Revit API 可对视图中的元素进行更复杂的显示设置，本小节先介绍如何**自定义显示样式**，后面两个小节再分别介绍如何将这个样式应用到**选定的元素**或者**特定条件过滤出来的元素**上。

自定义显示样式在 Revit API 里用『OverrideGraphicSettings』进行描述，包括投影 / 表面线型和填充样式、表面透明度、剖面线型和填充样式等参数进行设置。一个完整的 OverrideGraphicSettings 包含了 17 项设置，如表 2-24 所示，但不是每一项都需要设，不设定的项就按默认值。

自定义显示样式设置　　　　**表 2-24**

方法	说明
SetProjectionLinePatternId(ElementId linePatternId)	设置投影 / 表面线填充图案 ID
SetProjectionLineColor(Color color)	设置投影 / 表面线颜色
SetProjectionLineWeight(int lineWeight)	设置投影 / 表面线宽
SetSurfaceForegroundPatternColor(Color color)	设置投影 / 表面 - 前景填充颜色
SetSurfaceForegroundPatternId(ElementId patternId)	设置投影 / 表面 - 前景填充图案 ID
SetSurfaceForegroundPatternVisible(bool fillVisible)	设置投影 / 表面 - 前景可见性
SetSurfaceBackgroundPatternColor(Color color)	设置投影 / 表面 - 背景填充颜色
SetSurfaceBackgroundPatternId(ElementId patternId)	设置投影 / 表面 - 背景填充图案 ID
SetSurfaceBackgroundPatternVisible(bool fillVisible)	设置投影 / 表面 - 背景可见性
SetSurfaceTransparency(int transparency)	设置投影 / 表面 - 透明度
SetCutForegroundPatternColor(Color color)	设置截面 - 前景填充颜色
SetCutForegroundPatternId(ElementId patternId)	设置截面 - 前景填充图案 ID
SetCutForegroundPatternVisible(bool fillVisible)	设置截面 - 前景可见性
SetCutBackgroundPatternColor(Color color)	设置截面 - 背景填充颜色
SetCutBackgroundPatternId(ElementId patternId)	设置截面 - 背景填充图案 ID
SetCutBackgroundPatternVisible(bool fillVisible)	设置截面 - 背景可见性
SetHalftone(bool halftone)	设置半色调

表中各项可以跟 Revit 的可见性设置或视图过滤器设置里的各项相对应，如图 2-64 所示。

具体如何应用，详见下面两个小节的案例。

2.10.5　视图元素应用显示样式

本小节介绍如何将 2.10.4 介绍的**自定义显示样式**应用到当前视图中的**指定元素**或**指定类型**。主要通过『View.SetElementOverrides』『View.SetCategoryOverrides』两个方法来实现，下面通过案例展示其用法。

案例名为“**远距淡显**”，需求来自于建筑施工图中的立面图，如果建筑体量有前后区别，立面图中希望通过后面的体量适当设置灰度显示，以此拉开距离，使立面图更清晰直观，效果如图 2-65 所示。这个需求 Revit 在视图的“图形显示选项”中提供了“深度提示”设置，但这个设置比较随意，很难精确设定，因此通过插件来实现。

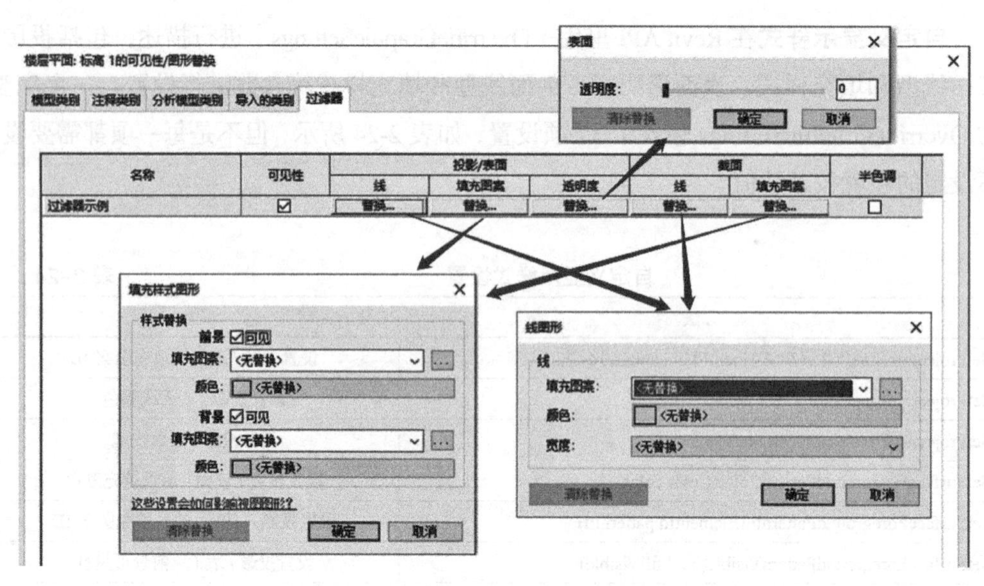

图 2-64　自定义显示样式的对应项

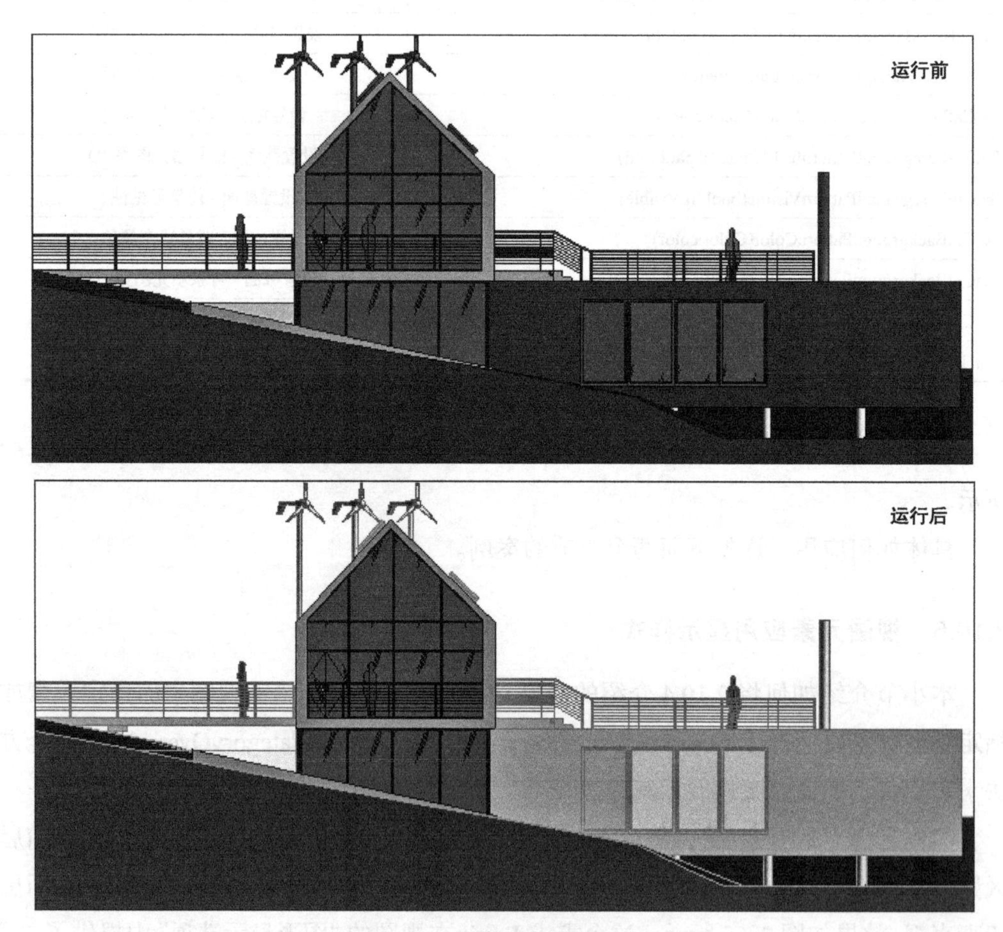

图 2-65　远距淡显效果示意

参考代码如下：

代码 2-42：远距淡显

```
public Result Execute(ExternalCommandData cD, ref string ms, ElementSet eSet)
{
    Application Revit = cD.Application.Application;
    UIDocument uiDoc = cD.Application.ActiveUIDocument;
    Document doc = cD.Application.ActiveUIDocument.Document;
    // 获得当前视图
    View activeView = doc.ActiveView;
    // 当前视图为非剖面视图时退出命令
    if (!(activeView is ViewSection))
    {
        MessageBox.Show( " 请在立面或剖面视图执行命令。" );
        return Result.Succeeded;
    }
    // 将当前视图转化为剖面视图
    ViewSection vs = activeView as ViewSection;
    // 建立剖面坐标系，用以计算视图中的图元与剖切面的距离
    // 注意 vs.ViewDirection 方向是从屏幕往用户看的方向
    Transform transform = null;
    transform = Transform.Identity;
    transform.Origin = vs.Origin;
    transform.BasisY = vs.UpDirection;
    transform.BasisZ = -vs.ViewDirection;
    // 如果有两个方向已经确定，第三个方向一般用向量叉积计算，避免出错
    transform.BasisX = transform.BasisY.CrossProduct(transform.BasisZ);

    // 淡显的临界距离，以 15m 为例，无需精确
    double distance = 15000 / 304.8;

    // 新建当前视图过滤器，获得视图中的元素
    FilteredElementCollector col = new FilteredElementCollector(doc, activeView.Id);
    IList<Element> elements = col.ToElements();
    // 记录需要淡显的颜色
    IList<Element> eleChangeColors = new List<Element>();
    // 遍历当前视图中元素，按 BoundingBox 中心距离计算
    foreach (Element e in elements)
    {
        // 部分元素没有 BoundingBox，通过 try-catch 规避
```

```
    try
    {
        BoundingBoxXYZ boundingBox = e.get_BoundingBox(activeView);
        XYZ center = (boundingBox.Max + boundingBox.Min) / 2;
        //center 在剖面坐标系中的 Z 坐标，就是其与剖面的距离
        if (transform.Inverse.OfPoint(center).Z > distance)
          eleChangeColors.Add(e);
    }
    catch
    { }
  }
  // 自定义显示样式设置
  OverrideGraphicSettings ogs = new OverrideGraphicSettings();
  // 设置 ogs 为半色调
  ogs.SetHalftone(true);
  // 设置 ogs 的投影线为细线
  ogs.SetProjectionLineWeight(1);

  // 为加大对比效果，将表面填充设为灰色实体填充
  FilteredElementCollector fillCollector = new FilteredElementCollector(doc);
  List<Element> fplist = fillCollector.OfClass(typeof(FillPatternElement)).ToList();
  // 用 Lambda 表达式求实体填充样式 ID
  ElementId solidId = fplist.FirstOrDefault(x => (x as FillPatternElement).
    GetFillPattern().IsSolidFill)?.Id;
  // 设置 ogs 的表面填充
  ogs.SetSurfaceForegroundPatternColor(new Color(128, 128, 128));
  ogs.SetSurfaceBackgroundPatternId(solidId);

  // 新建并开启事务
  Transaction trans = new Transaction(doc, " 远距淡显 ");
  trans.Start();
  // 遍历需要淡显的元素
  foreach (Element e in eleChangeColors)
  {
    // 用 ogs 覆盖该视图中的图元显示
    activeView.SetElementOverrides(e.Id, ogs);
  }
  // 提交事务
  trans.Commit();
  return Result.Succeeded;
}
```

注意『View.SetElementOverrides』方法仅对**对象个体**设置；如果是对象的集合，需通过循环进行遍历设置。

本案例计算图元到剖面的距离，使用了**坐标系转换**的方法，这是求点面距离常用方法，先确定相对坐标系的原点、XYZ 三轴方向中的至少两个（第三个可用叉积计算），然后通过『Transform.Inverse.OfPoint(p)』来求点 p 在相对坐标系中的坐标值，Z 坐标即为点面距离。注意其中的 Inverse 用法，参见 2.3.4 小节。

2.10.6　视图过滤器应用显示样式

Revit 提供了**过滤器**工具，用以根据图元属性或参数设置一个或多个组合的过滤条件，对图元进行快速的细分过滤。Revit 的视图设置里，可以添加预设的过滤器，对符合条件的图元进行统一的自定义设置。

过滤器可分为**基于规则的过滤器**和**选择过滤器**。项目中经常使用前者（图 2-66），该过滤器需要选择一个或多个类别，且这些类别的**公共参数**可用于定义过滤器规则。过滤器规则包括：等于、不等于、大于、大于或等于、小于、小于或等于、包含、不包含、开始部分是、开始部分不是、末尾是、末尾不是、有一个值、没有值。

图 2-66　基于规则的过滤器

在 Revit 中，过滤器可以通过左下角的“创建”图标创建，然后设置过滤器名称并选择定义规则，再设置过滤器类别和过滤器规则（图 2-67）。

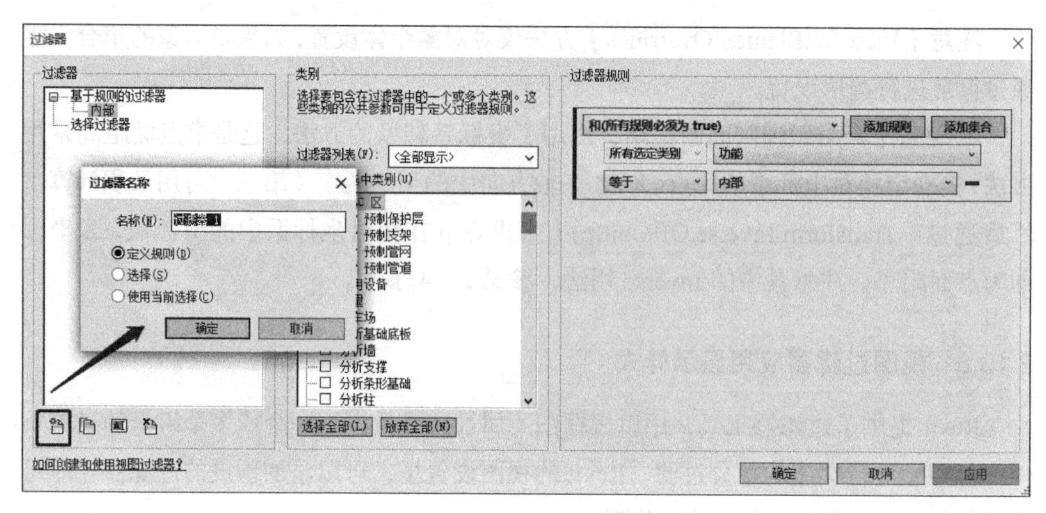

图 2-67　基于规则的过滤器创建

在 Revit API 中，针对不同的规则及参数类型，提供了多种规则创建方法，过滤器规则创建方法如表 2-25 所示。

基于规则的过滤器创建 API 方法　　表 2-25

方法	说明
等于	para 为参数 ID，valueID 为提供的 ID 值，valueInt 为整数值，valueDouble 为 double 型数值，epsilon 为公差，str 为字符串值，caseSensitive 为是否区分大小写
（1）CreateEqualsRule(ElementId para, ElementId valueID) （2）CreateEqualsRule(ElementId para, int valueInt) （3）CreateEqualsRule(ElementId para, double valueDouble, double epsilon) （4）CreateEqualsRule(ElementId para, string str, bool caseSensitive)	
不等于	para 为参数 ID，valueID 为提供的 ID 值，valueInt 为整数值，valueDouble 为 double 型数值，epsilon 为公差，str 为字符串值，caseSensitive 为是否区分大小写
（1）CreateNotEqualsRule(ElementId para, ElementId valueID) （2）CreateNotEqualsRule(ElementId para, int valueInt) （3）CreateNotEqualsRule(ElementId para, double valueDouble, double epsilon) （4）CreateNotEqualsRule(ElementId para, string str, bool caseSensitive)	
大于	para 为参数 ID，valueID 为提供的 ID 值，valueInt 为整数值，valueDouble 为 double 型数值，epsilon 为公差，str 为字符串值，caseSensitive 为是否区分大小写
（1）CreateGreaterRule(ElementId para, ElementId valueID) （2）CreateGreaterRule(ElementId para, int valueInt) （3）CreateGreaterRule(ElementId para, double valueDouble, double epsilon) （4）CreateGreaterRule(ElementId para, string str, bool caseSensitive)	
大于或等于	para 为参数 ID，valueID 为提供的 ID 值，valueInt 为整数值，valueDouble 为 double 型数值，epsilon 为公差，str 为字符串值，caseSensitive 为是否区分大小写
（1）CreateGreaterOrEqualRule(ElementId para, ElementId valueID) （2）CreateGreaterOrEqualRule(ElementId para, int valueInt) （3）CreateGreaterOrEqualRule(ElementId para, double valueDouble, double epsilon) （4）CreateGreaterOrEqualRule(ElementId para, string str, bool caseSensitive)	

续表

方法	说明
小于	para 为参数 ID，valueID 为提供的 ID 值，valueInt 为整数值，valueDouble 为 double 型数值，epsilon 为公差，str 为字符串值，caseSensitive 为是否区分大小写
（1）CreateLessRule(ElementId para, ElementId valueID) （2）CreateLessRule(ElementId para, int valueInt) （3）CreateLessRule(ElementId para, double valueDouble, double epsilon) （4）CreateLessRule(ElementId para, string str, bool caseSensitive)	
小于与等于	para 为参数 ID，valueID 为提供的 ID 值，valueInt 为整数值，valueDouble 为 double 型数值，epsilon 为公差，str 为字符串值，caseSensitive 为是否区分大小写
（1）CreateLessOrEqualRule(ElementId para, ElementId valueID) （2）CreateLessOrEqualRule(ElementId para, int valueInt) （3）CreateLessOrEqualRule(ElementId para, double valueDouble, double epsilon) （4）CreateLessOrEqualRule(ElementId para, string str, bool caseSensitive)	
包含	para 为参数 ID，str 为字符串值，caseSensitive 为是否区分大小写
CreateContainsRule(ElementId para,string str,bool caseSensitive)	
不包含	para 为参数 ID，str 为字符串值，caseSensitive 为是否区分大小写
CreateNotContainsRule(ElementId para,string str,bool caseSensitive)	
开始部分是	para 为参数 ID，str 为字符串值，caseSensitive 为是否区分大小写
CreateBeginsWithRule(ElementId para,string str,bool caseSensitive)	
开始部分不是	para 为参数 ID，str 为字符串值，caseSensitive 为是否区分大小写
CreateNotBeginsWithRule(ElementId para,string str,bool caseSensitive)	
末尾是	para 为参数 ID，str 为字符串值，caseSensitive 为是否区分大小写
CreateEndsWithRule(ElementId para,string str,bool caseSensitive)	
末尾不是	para 为参数 ID，str 为字符串值，caseSensitive 为是否区分大小写
CreateNotEndsWithRule(ElementId para,string str,bool caseSensitive)	
与全局参数关联	para 为参数 ID，vID 为关联的参数 ID
CreateIsAssociatedWithGlobalParameterRule(ElementId para,ElementId vID)	
与全局参数不关联	para 为参数 ID，vID 为不关联的参数 ID
CreateIsNotAssociatedWithGlobalParameterRule(ElementId para,ElementId value)	
是否支持共享参数	parameterName 为参数名称
CreateSharedParameterApplicableRule(string parameterName)	

下面以一个模型审核中应用的功能为例，示意如何在视图中添加过滤器并设置自定义显示样式。功能需求来自于土建模型深化过程中，对于超过 5m 的砌体墙需添加构造柱，这个程序的功能就是**自动将超过 5m 的墙体显示成红色**。

思路是通过 Revit API 新建过滤器并按墙体长度参数设置过滤规则，然后在视图中添加该过滤器并设置显示样式，实现效果如图 2-68 所示。

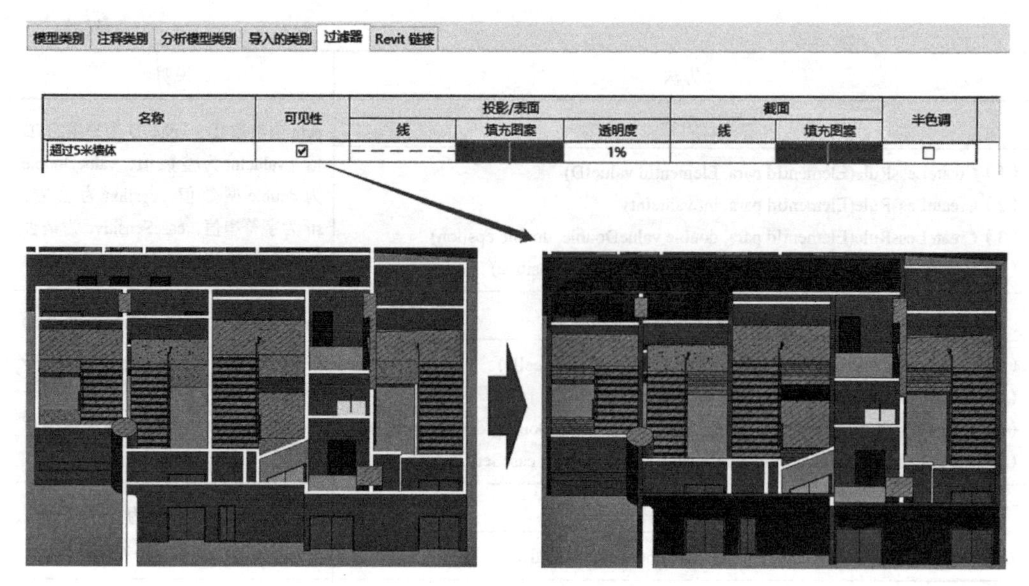

图 2–68　过滤器添加前后对比图

实现代码如下：

代码 2–43：超 5m 墙设红色

```
public Result Execute(ExternalCommandData cD, ref string ms, ElementSet set)
{
    UIDocument uiDoc = cD.Application.ActiveUIDocument;
    Document doc = uiDoc.Document;
    // 获得当前视图
    View activeView = doc.ActiveView;

    #region 自定义显示样式设置
    OverrideGraphicSettings ogs = new OverrideGraphicSettings();
    // 红色
    Color c = new Color(255, 0, 0);
    // 获得填充图案，以实体填充为例
    FilteredElementCollector fillCollector = new FilteredElementCollector(doc);
    List<Element> fplist = fillCollector.OfClass(typeof(FillPatternElement)).ToList();
    // 用 Lambda 表达式求实体填充
    ElementId solidId = fplist.FirstOrDefault(x => (x as FillPatternElement).
      GetFillPattern().IsSolidFill)?.Id;
    // 线填充图案，获得第一个图案为例
    FilteredElementCollector linePatternCollector = new FilteredElementCollector(doc);
    linePatternCollector.OfClass(typeof(LinePatternElement));
```

```
ElementId linePatternId = linePatternCollector.ToElementIds().ToList().First();
// 设置投影 / 表面线填充图案 ID
ogs.SetProjectionLinePatternId(linePatternId);
// 设置投影 / 表面线颜色
ogs.SetProjectionLineColor(c);
// 设置投影 / 表面线宽
ogs.SetProjectionLineWeight(1);
// 设置投影 / 表面 – 前景填充颜色
ogs.SetSurfaceForegroundPatternColor(c);
// 设置投影 / 表面 – 前景填充图案 ID
ogs.SetSurfaceForegroundPatternId(solidId);
// 设置投影 / 表面 – 前景可见性
ogs.SetSurfaceForegroundPatternVisible(true);
// 设置投影 / 表面 – 背景填充颜色
ogs.SetSurfaceBackgroundPatternColor(c);
// 设置投影 / 表面 – 背景填充图案 ID
ogs.SetSurfaceBackgroundPatternId(solidId);
// 设置投影 / 表面 – 背景可见性
ogs.SetSurfaceBackgroundPatternVisible(true);
// 设置投影 / 表面 – 透明度
ogs.SetSurfaceTransparency(1);
// 设置截面 – 前景填充颜色
ogs.SetCutForegroundPatternColor(c);
// 设置截面 – 前景填充图案 ID
ogs.SetCutForegroundPatternId(solidId);
// 设置截面 – 前景可见性
ogs.SetCutForegroundPatternVisible(true);
// 设置截面 – 背景填充颜色
ogs.SetCutBackgroundPatternColor(c);
// 设置截面 – 背景填充图案 ID
ogs.SetCutBackgroundPatternId(solidId);
// 设置截面 – 背景可见性
ogs.SetCutBackgroundPatternVisible(true);
// 设置半色调
ogs.SetHalftone(false);
#endregion

// 新建并启动事务
```

```
    Transaction trans = new Transaction(doc, "过滤器示例");
    trans.Start();

    #region 过滤器设置
    // 过滤类别集合
    ICollection<ElementId> cgIds = new List<ElementId>();
    // 添加墙类别
    cgIds.Add(doc.Settings.Categories.get_Item(BuiltInCategory.OST_Walls).Id);
    // 创建过滤器规则
    List<FilterRule> fRules = new List<FilterRule>();
    // 长度参数 ID
    ElementId lengthParaId = new ElementId(BuiltInParameter.CURVE_ELEM_LENGTH);
    // 墙体长度大于 5m 时，应设置构造柱
    double limit = 5000 / 304.8;
    fRules.Add(ParameterFilterRuleFactory.CreateGreaterRule(lengthParaId, limit, 0));
    // 创建名称为"超过 5m 墙体"的过滤器
    string str = "超过 5m 墙体";
    ParameterFilterElement pfElement = ParameterFilterElement.Create(doc, str, cgIds);
    // 绑定过滤规则
    pfElement.SetElementFilter(new ElementParameterFilter(fRules));
    #endregion

    #region 将自定义显示样式应用于视图过滤器
    // 视图添加过滤器
    activeView.AddFilter(pfElement.Id);
    // 视图设置过滤器可见性（是否打开）
    activeView.SetFilterVisibility(pfElement.Id, true);
    // 自定义显示样式覆盖原有设置
    activeView.SetFilterOverrides(pfElement.Id, ogs);
    #endregion

    // 提交事务
    trans.Commit();
    return Result.Succeeded;
}
```

类似的功能可以继续扩展，只要是**可以通过现有参数判断的规则**，均可以通过这种方式对图元进行亮显，辅助模型的审查。**其优点是速度快，而且即时反映，不需要**

重复运行命令，也不需要用到自动更新插件。比如上面的案例，当墙体拆分为 5m 以下的墙体时，红色就自动消失，这是过滤器的优势。

对于更复杂的条件，不一定能通过过滤器设置出来，这时就需要用到**模型动态更新**（DMU）机制，详见 2.16 节的介绍。

2.11　注释类图元相关开发

在 Revit 中，常用的**注释类图元**包括尺寸标注、详图线、文字、标记、注释符号等对象，如图 2-69 所示。注释类图元具有以下特点：

（1）注释类图元没有模型实体，只有二维表达。

（2）部分注释类图元如尺寸标注、标记，是与构件相关联的，不能独立存在；另一部分注释类图元如文字、注释符号等则没有主体，是独立的二维图元。

（3）是视图专有的，仅显示在其所在的视图中。

（4）可以从视图复制到视图，但在某个视图中对其所作的更改，不会传输到其他视图。

图 2–69　Revit 常用注释类图元

2.11.1　尺寸标注

在项目出图过程中，**尺寸标注**是必需的步骤，工作量大且烦琐，在 Revit 中如何快速标注是 BIM 设计人员非常关注的问题。Revit 中常见的尺寸标注功能有对齐标注，角度标注，半径标注，直径尺寸标注，弧长尺寸标注等，Revit API 中提供了多种尺寸标注的方法（表 2-26），可根据图纸要求研发快速标注软件，提高尺寸标注效率。

尺寸标注方法　　　　**表 2–26**

方法	说明
线性	（1）view 为标注视图，line 为尺寸线，references 为对象集合，dimType 为标注类型 （2）可用于标注长度、半径、直径
Dimension.NewDimension(View view, Line line, ReferenceArray references) Dimension.NewDimension(View view, Line line, ReferenceArray references, DimensionType dimType)	
角度	（1）view 为标注视图，arc 为标注圆弧，references 为参照集，dimType 为标注类型 （2）用于标注长度，弧长
AngularDimension.Create(Document d, View view, Arc arc, IList<Reference> references, DimensionType dType)	

续表

方法	说明
高程	
NewSpotCoordinate(View v, Reference refer, XYZ ogn, XYZ bend, XYZ end, XYZ rPt, bool hLine)	（1）View 为标注视图，refer 为对象，ogn 为标注点，bend 为折弯点，end 为终点，rPt 为标记放置点，hLine 为是否有引线 （2）用于标注高程点、高程点坐标、高程点坡度

实践案例：轴网标注

利用 Revit API 实现选择多根轴网，对轴网间距进行批量标注，实现效果如图 2-70 所示。

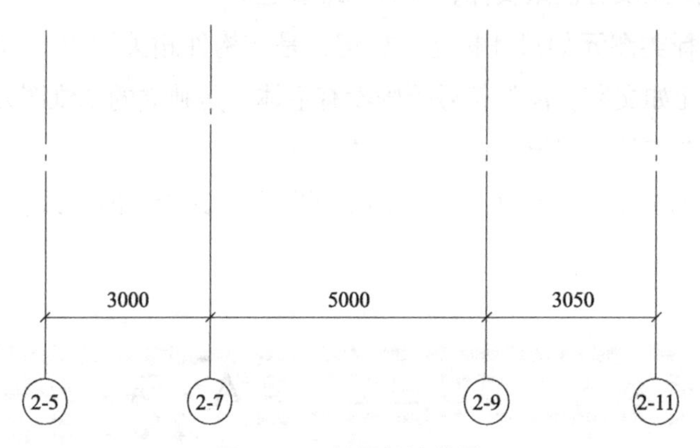

图 2–70　轴网标注效果

实现代码如下：

代码 2–44：轴网尺寸标注

```
public Result Execute(ExternalCommandData cD, refstring ms, ElementSet set)
{
    UIDocumentuidoc = cD.Application.ActiveUIDocument;
    Document doc = uidoc.Document;
    // 选择轴网，GridSelectionFilter 的定义略去
    GridSelectionFilter gridFilter = new GridSelectionFilter();
    IList<Reference> rfList = uidoc.Selection.PickObjects(ObjectType.Element, gridFilter," 选择
    轴网 " );
    // 选择标注放置点，为避免捕捉干扰，设为无捕捉
    ObjectSnapTypes osType = ObjectSnapTypes.None;
    XYZ pickPoint = uidoc.Selection.PickPoint(osType, " 选择放置点 ");
    // 标注引用集合
    ReferenceArray rfArray = new ReferenceArray();
```

```
    foreach (Reference refer in rfList)
    {
        Grid grid = doc.GetElement(refer) as Grid;
        rfArray.Append(refer);
    }
    // 任意取一条轴网定位线，通过拾取点作其垂线，以此作为尺寸标注线
    Grid tmpGrid = doc.GetElement(rfList.First()) as Grid;
    Line tempLine = tmpGrid.Curve as Line;
    // 将直线无线延长，保证放置点能投影到线上
    tempLine.MakeUnbound();
    // 把点的 Z 坐标变成 0，因为轴网的定位线在标高 0 平面上
    pickPoint = new XYZ(pickPoint.X, pickPoint.Y, 0);
    // 获得投影点
    XYZ targetPoint = tempLine.Project(pickPoint).XYZPoint;
    // 两点确定标注方向向量，并将其转换成单位向量
    XYZ direction = (targetPoint – pickPoint).Normalize();
    // 创建标注线
    Line dimLine = Line.CreateUnbound(pickPoint, direction);
    // 标注所在的视图 ( 平面视图 )
    Autodesk.Revit.DB.View activeView = doc.ActiveView;
    // 新建并启动事务
    Transaction transaction = new Transaction(doc, " 轴网标注 " );
    transaction.Start();
    // 创建标注
    Dimension dim = doc.Create.NewDimension(activeView, dimLine, rfArray);
    // 提交事务
    transaction.Commit();
    return Result.Succeeded;
}
```

需注意以下几点：

（1）获得投影点时，线段需使用 **MakeUnbound** 方法进行延伸，否则投影点可能会取到线段的端点。

（2）计算标注方向时，需将放置点的 Z 值转换为 0，因为轴网定位线的标高在 0 平面上。

（3）尺寸标注最关键是获得标注对象的 **Reference**。如果是 Revit 本身的尺寸标注动作，标注时拾取的面、线、点，即是该尺寸标注的对象的 Reference；当通过 Revit API

编写程序来标注时，就需要先找到需要标注的面、线或点，并获取其 Reference，才能标注出来。

2.11.2 详图线

Revit 中常用详图功能有详图线、填充区域和云线批注功能，Revit API 也提供了多种详图的创建方法（表 2-27），可以通过研发相关功能，实现自动绘制节点图、大样图、展开图等，可以有效提升出图效率。

详图创建方法 **表 2-27**

方法	说明
详图线	（1）View 为视图，geometryCurve 为曲线，geometry CurveArray 为曲线数组 （2）用于绘制详图线
NewDetailCurve(View view, Curve geometryCurve) NewDetailCurveArray(View view, CurveArray geometryCurveArray)	
云线批注	（1）View 为视图，revisionId 为修订 ID，curves 为云线中曲线数组 （2）可用于模型检查，把有问题的位置用云线批注出来
RevisionCloud.Create(Document doc,View v,ElementId revisionId, IList<Curve> curves)	
填充区域	（1）vId 为视图 ID，tId 为填充类型 ID，curveLoops 为边界曲线组 （2）可用于绘制填充区域、填充图例等
FilledRegion.Create(Document doc,ElementId tId,ElementId vId, IList<CurveLoop>curveLoops)	

下面以一个结构专业的 **S 筋大样**为例，介绍详图线的生成方法。这个需求来源是当结构节点没有建立钢筋实体模型，又要出节点大样时，就需要手动绘制钢筋的形状。由于涉及端部的弯折，所以手动绘制效率很低，尤其是其中的 S 筋，很难定位。本程序通过两次点击，确定 S 筋的两端弯折圆弧的中心，然后通过几何计算自动生成 S 筋形状的详图线，同时将线型设为宽线。如图 2-71 所示，（a）图为显示线宽的模式，（b）图为不显示线宽的模式，可以看到整个大样由 5 段详图线构成。

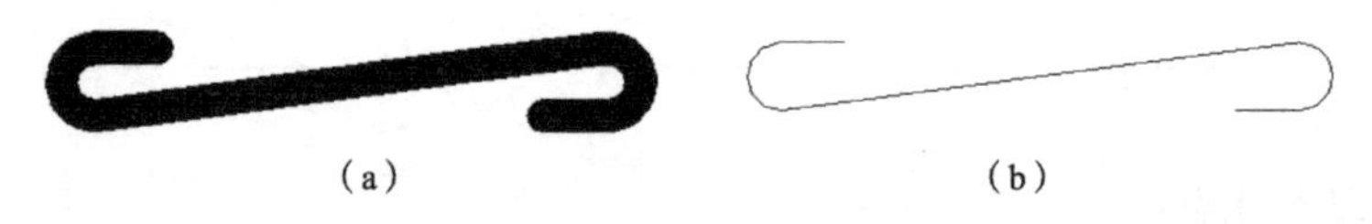

（a）　　　　（b）

图 2-71　S 筋大样示意

实现代码如下：

代码 2-45：S 筋大样

```
public Result Execute(ExternalCommandData cD, ref string ms, ElementSet set)
{
```

```
UIDocument uidoc = cD.Application.ActiveUIDocument;
Document doc = cD.Application.ActiveUIDocument.Document;
Autodesk.Revit.DB.View view = doc.ActiveView;
// 平面视图或绘图视图执行本命令
if (!(view is ViewPlan) && !(view is ViewDrafting))
   return Result.Succeeded;

// 新建并启动事务
Transaction transaction = new Transaction(doc, "S 筋大样 " );
transaction.Start();

#region 求名为 " 宽线 5mm" 的线样式
// 新建收集器，过滤出所有线样式
FilteredElementCollector gStyleCol = new FilteredElementCollector(doc);
gStyleCol.OfClass(typeof(GraphicsStyle));
// 转换为线样式集合
ICollection<Element> gStyles = gStyleCol.ToElements();
// 查找名为 " 宽线 5 号 " 的线样式
GraphicsStyle gStyle = gStyles.FirstOrDefault(m => m.Name == " 宽线 5 号 " ) as
   GraphicsStyle;
// 如果没有该样式，则新建一个
if(gStyle == null)
{
   // 取得 " 线样式 " 的类别 Category
   Category gsCategory = doc.Settings.Categories.
      get_Item(BuiltInCategory.OST_Lines);
   // 新建子类别
   Category subCat = doc.Settings.Categories.NewSubcategory(gsCategory,
      " 宽线 5 号 " );
   // 设置线宽为 5 号线（注意 5 号线并非指 5mm）
   subCat.SetLineWeight(5, GraphicsStyleType.Projection);
   // 重新查找名为 " 宽线 5 号 " 的线样式
   gStyleCol = new FilteredElementCollector(doc);
   gStyleCol.OfClass(typeof(GraphicsStyle));
   gStyles = gStyleCol.ToElements();
   gStyle = gStyles.FirstOrDefault(m => m.Name == " 宽线 5 号 " ) as GraphicsStyle;
}
#endregion
```

```
XYZ point1 = null;
XYZ point2 = null;

try
{
  // 选择第一个点
  point1 = uidoc.Selection.PickPoint( " 点选起点 " );

  // 选择第二个点
  point2 = uidoc.Selection.PickPoint( " 点选终点 " );
}
catch
{ }
// 当选择点为空时，结束命令
if (point1 == null || point2 == null)
{
  return Result.Succeeded;
}

#region 计算钢筋形状
// 弯钩端部延伸
double extend = 100 / 304.8;
// 弯钩半径
double r = 50 / 304.8;
// 计算角度
double arc = Math.Acos(r / 2 / point1.DistanceTo(point2));
// 计算 S 筋的控制点
XYZ offset1 = anticlockwise(point1, point2, r, Math.PI * 2 - arc);
XYZ offset2 = anticlockwise(point2, point1, r, Math.PI - arc);
XYZ offset3 = anticlockwise(point1, point2, r, Math.PI - arc);
XYZ offset4 = anticlockwise(point2, point1, r, Math.PI * 2 - arc);
XYZ offset5 = offset3 + (offset4 - offset3) / (offset4.DistanceTo(offset3)) * extend;
XYZ offset6 = offset2 + (offset1 - offset2) / (offset1.DistanceTo(offset2)) * extend;
// 计算圆弧的 X 方向和 Y 方向
XYZ xAxis = (offset1 - point1) / offset1.DistanceTo(point1);
XYZ yAxis = new XYZ(-xAxis.Y, xAxis.X, xAxis.Z);
XYZ xAxis1 = (offset4 - point2) / offset4.DistanceTo(point2);
XYZ yAxis1 = new XYZ(-xAxis1.Y, xAxis1.X, xAxis1.Z);
```

```
    //计算S筋控制线
    Line line1 = Line.CreateBound(offset1, offset4);
    Line line2 = Line.CreateBound(offset3, offset5);
    Line line3 = Line.CreateBound(offset2, offset6);
    //计算S筋的半圆
    Arc arc1 = Arc.Create(point1, r, Math.PI, 2 * Math.PI, xAxis, yAxis);
    Arc arc2 = Arc.Create(point2, r, Math.PI, 2 * Math.PI, xAxis1, yAxis1);
    //绘制S筋详图线
    DetailCurve dc1 = doc.Create.NewDetailCurve(view, line1);
    DetailCurve dc2 = doc.Create.NewDetailCurve(view, line2);
    DetailCurve dc3 = doc.Create.NewDetailCurve(view, line3);
    DetailCurve darc1 = doc.Create.NewDetailCurve(view, arc1);
    DetailCurve darc2 = doc.Create.NewDetailCurve(view, arc2);
    #endregion

    //设置S筋样式
    dc1.LineStyle = gStyle;
    dc2.LineStyle = gStyle;
    dc3.LineStyle = gStyle;
    darc1.LineStyle = gStyle;
    darc2.LineStyle = gStyle;
    //提交事务
    transaction.Commit();
    return Result.Succeeded;
}

//求点p绕点orign逆时针转angle（弧度）后的坐标
public XYZ anticlockwise(XYZ orign, XYZ p, double d, double angle)
{
    XYZ p1 = orign + d * ((p - orign).Normalize());
    double dX = p1.X - orign.X;
    double dY = p1.Y - orign.Y;
    double newX = dX * Math.Cos(angle) - dY * Math.Sin(angle) + orign.X;
    double newY = dX * Math.Sin(angle) - dY * Math.Cos(angle) + orign.Y;
    XYZ end = new XYZ(newX, newY, orign.Z);
    return end;
}
```

这个程序有两个难点需要展开一下：

（1）**线样式 GraphicsStyle** 的确定。由于程序要求使用特定的线样式以便辨识及统一修改，但文档中是否有这个样式并不知道，所以要先查找，如果没有则需新建。上面的代码展示了如何新建线样式：找到线样式的所属类别『BuiltInCategory.OST_Lines』，然后用『NewSubcategory』新建子类别，设置线宽（还可以设线的颜色）。**然而这个子类别并不能直接转换为 GraphicsStyle**，需重新用类别 + 名称过滤的方式找出来。

（2）根据用户点选的两点，计算 5 根线的定位，需要有一定的几何与三角函数计算能力，本案例只展示过程，不作计算的解析。

（3）注意 Curve（包含 Line 和 Arc 等）是**抽象的几何图元**，只用来计算，不显示在视图中，详 2.3.4。如何将 Curve 转化为 DetailCurve 详见本案例代码。

2.11.3　文字

Revit 的文字是系统族，在 API 中称为 TextNote，**其字高、字体、颜色等均由文字类型（TextNoteType）确定**。如果没有理想的文字类型，可先用现有的类型，通过『TextNoteType.Duplicate』复制一个，再进行设置。

在 Revit API 中提供了四种新建文字注释的方法，如表 2-28 所示，其中**指定文字宽度将自动换行**，否则不换行。

文字注释方法　　　　表 2-28

方法	说明
指文字类型	vId 为视图 ID，p 为文字放置点，t 为文字内容，tId 为文字类型
TextNote.Create(Document doc, ElementId vId, XYZ p, string t, ElementId tId)	
指定文字属性	vId 为视图 ID，p 为文字放置点，t 为文字内容，os 为文字属性选项，包含对齐方式，角度等
TextNote.Create(Document doc, ElementId vId, XYZ p, string t, TextNoteOptions os)	
指定文字宽度和类型	vId 为视图 ID，p 为文字放置点，w 为文字宽度，t 为文字内容，tId 为文字类型
TextNote.Create(Document doc, ElementId vId, XYZ p, double w, string t, ElementId tId)	
指定文字宽度和属性	vId 为视图 ID，p 为文字放置点，w 为文字宽度，t 为文字内容，os 为文字属性选项，包含对齐方式，角度等
TextNote.Create(Document doc, ElementId vId, XYZ p, double w, string t, TextNoteOptions os)	

实践案例：文字与边框示例

创建文字的 API 很简单，下面以默认样式为例，展示上面的其中三种方法，同时介绍如何通过 BoundingBox 取得文字的边框，案例中通过详图线把边框画出来，实现效果如图 2-72 所示。

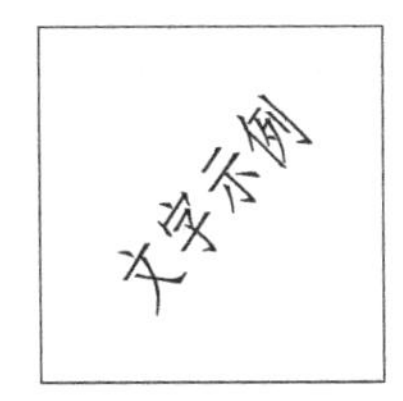

文字示例

文字
示例

图 2-72　文字与边框示例效果

代码 2-46：文字示例

```
public Result Execute(ExternalCommandData cD, ref string ms, ElementSet set)
{
    UIDocument uiDoc = cD.Application.ActiveUIDocument;
    Document doc = uiDoc.Document;
    View activeView = doc.ActiveView;
    // 如果是剖面等视图，画轮廓线时需要坐标转换。为简化代码限制在平面视图运行
    if (!(activeView is ViewPlan))
    {
        MessageBox.Show(" 请在平面视图运行 ");
        return Result.Succeeded;
    }
    // 获得默认文字类型
    ElementId tId = doc.GetDefaultElementTypeId(ElementTypeGroup.TextNoteType);
    string str = “文字示例”；
    // 拾取点，此处忽略用户取消拾取的处理
    XYZ p = uiDoc.Selection.PickPoint(ObjectSnapTypes.None);
    // 新建文字属性选项
    TextNoteOptions opts = new TextNoteOptions(tId);
    // 水平对齐方式，左对齐为例
    opts.HorizontalAlignment = HorizontalTextAlignment.Left;
    // 角度，以 45° 为例
    opts.Rotation = 45 * Math.PI / 180;
    // 新建并启动事务
    Transaction transaction = new Transaction(doc, " 文字示例 ");
    transaction.Start();
    // 新建文字注释方法 1
    TextNote tn1 = TextNote.Create(doc, activeView.Id, p, str, opts);
```

```
    //新建文字注释方法 2
    XYZ delta = new XYZ(10, 0, 0);
    TextNote tn2 = TextNote.Create(doc, activeView.Id, p + delta, str, tId);
    //新建文字注释方法 3，宽度限定为 10mm
    TextNote tn3 = TextNote.Create(doc, activeView.Id, p + delta * 2, 10/304.8, str, tId);
    //提交事务
    transaction.Commit();
    //新建并启动新的事务
    Transaction transaction2 = new Transaction(doc, "yy" );
    transaction2.Start();
    //用详图线画出文字的范围框
    BoundingBoxRectangle(activeView, tn1.get_BoundingBox(activeView));
    BoundingBoxRectangle(activeView, tn2.get_BoundingBox(activeView));
    BoundingBoxRectangle(activeView, tn3.get_BoundingBox(activeView));
    //提交事务
    transaction2.Commit();
    return Result.Succeeded;
}

public List<DetailLine> BoundingBoxRectangle(View view, BoundingBoxXYZ box)
{
    List<DetailLine> detailLines = new List<DetailLine>();
    //取得 BoundingBox 的 4 个角点
    XYZ p1 = new XYZ(box.Min.X, box.Min.Y, 0);
    XYZ p2 = new XYZ(box.Max.X, box.Min.Y, 0);
    XYZ p3 = new XYZ(box.Max.X, box.Max.Y, 0);
    XYZ p4 = new XYZ(box.Min.X, box.Max.Y, 0);
    //连直线
    Line line1 = Line.CreateBound(p1, p2);
    Line line2 = Line.CreateBound(p2, p3);
    Line line3 = Line.CreateBound(p3, p4);
    Line line4 = Line.CreateBound(p4, p1);
    //转换成详图线
    DetailCurve detailCurve1 = view.Document.Create.NewDetailCurve(view, line1);
    DetailCurve detailCurve2 = view.Document.Create.NewDetailCurve(view, line2);
    DetailCurve detailCurve3 = view.Document.Create.NewDetailCurve(view, line3);
    DetailCurve detailCurve4 = view.Document.Create.NewDetailCurve(view, line4);
    //加入集合
```

```
    detailLines.Add(detailCurve1 as DetailLine);
    detailLines.Add(detailCurve2 as DetailLine);
    detailLines.Add(detailCurve3 as DetailLine);
    detailLines.Add(detailCurve4 as DetailLine);
    return detailLines;
}
```

提示：在提取新创建文字的边框之前，需先提交创建文字的事务。

2.11.4　标记

Revit 的标记是与主体构件相关联的，标记的内容和样式在标记族里面设定，标记族需预先载入。如果需要标记自定义的参数，需使用共享参数（详 2.9 节）。在 Revit 中包含**类型标记、房间标记、面积标记和空间标记**，其中类型标记最为常用，可用于标记门、窗、墙、楼板、结构柱、梁、管线等。在 Revit API 中提供了四种标记注释的方法，如表 2-29 所示。

标记注释方法　　　　表 2–29

方法	说明
类型标记	（1）vId 为视图 ID，symId 为标记族 ID，refer 为标记对象，addline 为是否有引线，tagMode 为标记模式，tagOrientation 为标记方向，pnt 为标记放置点 （2）可用于标记门、窗、墙、楼板、结构柱、梁、管线等
（1）IndependentTag.Create(Document doc,ElementId symId,ElementId vId,Reference refer,bool addLine,TagOrientation tagOrientation,XYZ pnt) （2）IndependentTag.Create(Document doc,ElementId vId,Reference refer,bool addLine,TagMode tagMode,TagOrientation tagOrientation,XYZ pnt)	
房间标记	roomId 为房间 ID，point 为放置坐标，viewId 为视图 ID
NewRoomTag(LinkElementId roomId,UV point,ElementId viewId)	
面积标记	areaView 为视图平面，room 为房间的面积，point 为放置坐标
NewAreaTag(ViewPlan areaView,Area room,UV point)	
空间标记	space 为空间，point 为放置坐标，view 为视图
NewSpaceTag(Space space,UV point,View view)	

实践案例：桩标记

Revit 的标记功能对于很多类别的构件来说，都不太符合我们的表达习惯，尤其是有引线的标记，引线的角度、长度难以统一调节，同时标记的端点只能吸附在构件的四边中点，图面效果欠佳。通过 Revit API 编写批量标记的功能，设定统一的标记及其引线的样式，可有效提高工作效率，图面效果也整齐美观。

这里以桩基础的标记为例，实现批量标记，同时标记的端点位于桩基础中心，引线的角度、长度统一，效果如图 2-73 所示。案例中的标记族只简单标注了桩直径，可以根据需要改成其他样式。

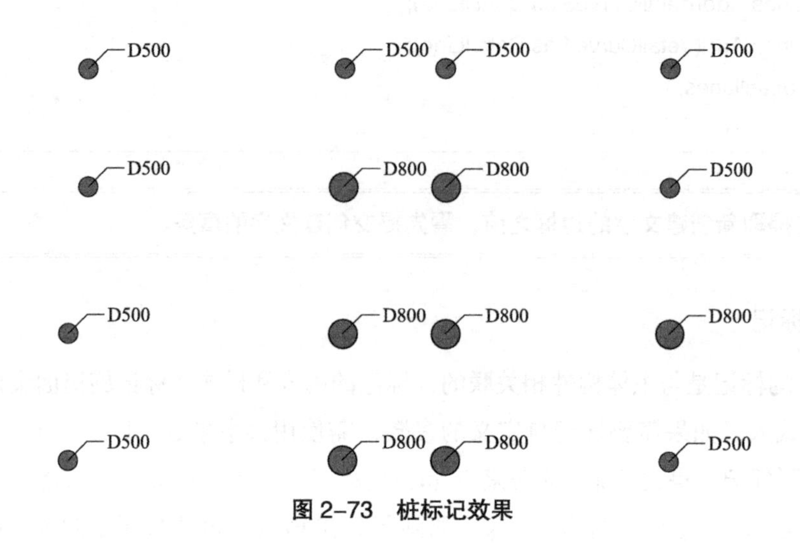

图 2–73　桩标记效果

实现代码如下：

代码 2–47：标记示例

```
public Result Execute(ExternalCommandData cD, ref string ms, ElementSet set)
{
    UIDocument uiDoc = cD.Application.ActiveUIDocument;
    Autodesk.Revit.DB.Document doc = uiDoc.Document;
    ElementId vID = doc.ActiveView.Id;
    FoundationFilter filter = new FoundationFilter();
    // 选择桩基础，此处略去用户中断选择处理
    List<Reference> rs = uiDoc.Selection.PickObjects(ObjectType.Element, filter).ToList();
    // 标记类型
    // 包括 TM_ADDBY_CATEGORY 类别，TM_ADDBY_MULTICATEGORY 多类别，
    //TM_ADDBY_MATERIAL 材质
    TagMode tMode = TagMode.TM_ADDBY_CATEGORY;
    // 标记方向，Horizontal 水平，Vertical 垂直
    TagOrientation tOrn = TagOrientation.Horizontal;
    Transaction transaction = new Transaction(doc, " 桩标记 ");
    transaction.Start();
    foreach (Reference re in rs)
    {
      // 获得桩的放置点（单桩的中心点）作为桩标记的标注点
```

```
        XYZ p = (doc.GetElement(re).Location as LocationPoint).Point;
        // 放置标记 ,false 表示没有引线
        IndependentTag tag = IndependentTag.Create(doc, vID, re, true, tMode, tOrn, p);
        // 设置标记移动距离为 500mm
        double distance = 500 / 304.8;
        // 设置标记的引线类型为自由端点，否则无法将标记端点放到桩的中心
        tag.LeaderEndCondition = LeaderEndCondition.Free;
        // 设置引线末端（标注点）位置
        tag.LeaderEnd = p;
        // 设置引线转折点位置，为右上方 45°
        tag.LeaderElbow = p + new XYZ(1, 1, 0) * distance;
        // 设置引线文字位置，为转折点水平往右 2 个 distance 单位
        tag.TagHeadPosition = p + new XYZ(3, 1, 0) * distance;
    }
    transaction.Commit();
    return Result.Succeeded;
}

// 桩基础选择过滤器
public class FoundationFilter : ISelectionFilter
{
    public bool AllowElement(Element elem)
    {
        // 通过 Category 的 ID 是否等于结构基础 BuiltInCategory 的 ID 判断
        Categories categories = elem.Document.Settings.Categories;
        if (elem is FamilyInstance&&elem.Category.Id ==
            categories.get_Item(BuiltInCategory.OST_StructuralFoundation).Id)
        {
            return true;
        }
        return false;
    }
    public bool AllowReference(Reference reference, XYZ position)
    {
        return true;
    }
}
```

提示：注意上面的代码并没有设定标记的族与类型，IndependentTag.Create 方法是直接按 Revit 上次使用的或者（假如没有上次使用过）默认的标记族来创建。如果需使用特定的标记族或者类型，可先通过过滤查找获得这个类型的 ID，然后在创建后用 tag.ChangeTypeId(ID) 方法来设定。

本案例的关键在于设定每个标记的标注点、转折点及文字的坐标。可参考本案例进行**多管标注**功能的编写。多管标注实质是多个标记依次排列，引线重叠在一起，使其图面效果整齐美观，效果如图 2-74 所示，其关键在于确定每个标记的位置，行距跟标记字高有关，字高需进入标记族才能可靠的获取，如果要求不需要太严谨，可以直接按习惯设一个固定值。

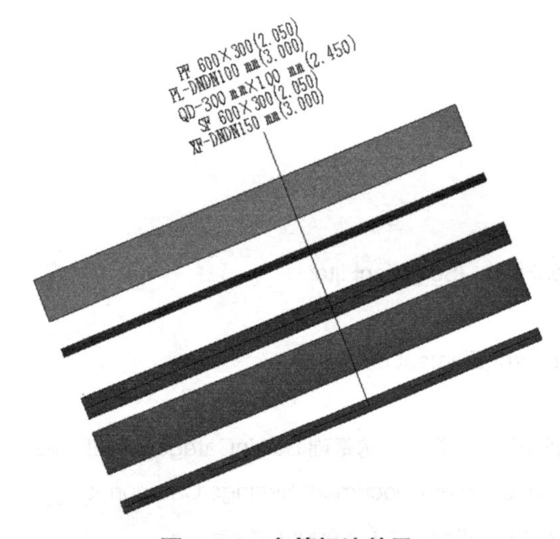

图 2–74　多管标注效果

2.11.5　综合案例：尺寸避让

截至 2021 版，Revit 都没有提供尺寸标注的自动避让功能，出图中经常会遇到标注十分密集的情况，导致标注文字相互覆盖，需要调整标注文字位置。由于手动调整标注文字操作烦琐，而且标注文字的位置不好控制，因此我们通过 Revit 二次开发实现标注文字避让功能。实现效果如图 2-75 所示。

图 2–75　尺寸避让效果

实现代码如下：

代码 2-48：尺寸避让

```
public Result Execute(ExternalCommandData cD, ref string ms, ElementSet set)
{
    UIDocument uiDoc = cD.Application.ActiveUIDocument;
    Document doc = uiDoc.Document;
    View activeView = uiDoc.ActiveView;
    // 创建选择过滤器，此处忽略定义过程
    DimSelectionFilter df = new DimSelectionFilter();
    // 选择尺寸，此处忽略用户取消选择处理
    List<Reference> rfs = uiDoc.Selection.PickObjects(ObjectType.Element, df).ToList();

    // 构造尺寸文字结构体集合，用以存储所选尺寸各个文字的信息
    List<TextStruct> tStructs = new List<TextStruct>();
    foreach (Reference rf in rfs)
    {
            // 关键步骤 1：获得标注文字的包围框
            Dimension dim = doc.GetElement(rf) as Dimension;
            if (dim.Segments.IsEmpty)
            {
              tStructs.Add(GetTextStruct(doc, dim, null, true));
            }
            else
            {
            foreach (DimensionSegment dSeg in dim.Segments)
            {
              tStructs.Add(GetTextStruct(doc, dim, dSeg, false));
            }
        }
    }

    // 新建并启动事务
    Transaction trans = new Transaction(doc, " 标注文字避让 ");
    trans.Start();

    // 遍历找出相交的尺寸文字
    for (int i = 0; i <tStructs.Count – 1; i++)
```

```
    {
        for (int j = i + 1; j <tStructs.Count; j++)
        {
            // 关键步骤 2：检测文字的范围框是否有相交
            if (IsIntersect(tStructs[i], tStructs[j]))
            {
                // 如果相交则移动尺寸文字，注意需重新定义该结构体
                if (tStructs[j].isDim)  // 单段尺寸
                {
                    Dimension dim = tStructs[j].dim;
                    // 注意 1.05 系数是避免移动之后刚好边界重叠，导致再次碰撞
                    dim.TextPosition += tStructs[j].dirY * tStructs[j].height * 1.05;
                    tStructs[j] = GetTextStruct(doc, dim, null, true);
                }
                else  // 尺寸段
                {
                    Dimension dim = tStructs[j].dim;
                    DimensionSegment dimSeg = tStructs[j].dSeg;
                    dimSeg.TextPosition += tStructs[j].dirY * tStructs[j].height * 1.05;
                    tStructs[j] = GetTextStruct(doc, dim, dimSeg, false);
                }
            }
        }
    }

    trans.Commit();
    return Autodesk.Revit.UI.Result.Succeeded;
}

// 尺寸文字结构体，用以存储获得的文字信息
struct TextStruct
{
    public Dimension dim;  // 文字所属尺寸
    public double length;// 文字长度
    public double height;// 文字高度
    public XYZ dirX; // 文字 X 方向
    public XYZ dirY; // 文字 Y 方向
    public List<Line> lines;  // 文字范围框
```

```
    public boolisDim; // 是否单段尺寸
    public DimensionSegmentdSeg;// 文字所属尺寸段
}
```

关键步骤 1：获得标注文字的包围框

在 Revit API 中，无法直接计算标注文字是否重叠，案例通过获得文字的包围框，然后利用 Intersect 方法来检测文字包围框之间是否相交，如果文字包围框相交，则标注文字出现重叠，获得的文字包围框示意图如图 2-76 所示。

图 2-76 尺寸文字包围框示意图

实现代码如下：

代码 2-49：将尺寸文字及其包围框记录为结构体

```
private TextStruct GetTextStruct(Document doc, Dimension dim, DimensionSegment dSeg,
    bool isDim)
{
    Curve cCurve = dim.Curve;
    // 标注文字位置
    XYZ textPoint;
    // 引线终点
    XYZ leaderPoint;

    if (isDim)  // 单段尺寸
    {
        textPoint = dim.TextPosition;
        leaderPoint = dim.LeaderEndPosition;
    }
    else// 尺寸段
    {
        textPoint = dSeg.TextPosition;
        leaderPoint = dSeg.LeaderEndPosition;
    }
```

```
    // 标注文字位置投影到标注线上
    XYZ textPointProject = cCurve.Project(textPoint).XYZPoint;
    // 引线终点投影到标注线上
    XYZ leaderPointProject = cCurve.Project(leaderPoint).XYZPoint;
    // 获得文字的 Y 坐标系
    Line lineY = Line.CreateBound(textPointProject, textPoint);
    XYZ dirY = lineY.Direction;
    // 获得文字的 X 坐标系
    Line lineX = Line.CreateBound(leaderPointProject, textPointProject);
    XYZ dirX = lineX.Direction;
    // 获得文字高度
    Line projectLine = Line.CreateBound(leaderPointProject, leaderPoint
    double height = (projectLine.Length – lineY.Length) * 2;
    // 获得文字长度
    double lgh = (lineX.Length) * 2;
    // 计算标注文字范围框
    XYZ p1 = textPoint + dirX * lgh / 2;
    XYZ p2 = p1 + dirY * height;
    XYZ p3 = p2 + –dirX * lgh;
    XYZ p4 = p3 – dirY * height;
    // 存储范围框
    List<Line> lines = new List<Line>();
    lines.Add(Line.CreateBound(p1, p2));
    lines.Add(Line.CreateBound(p2, p3));
    lines.Add(Line.CreateBound(p3, p4));
    lines.Add(Line.CreateBound(p4, p1));
    // 存储标注文字信息
    TextStruct tStruct = new TextStruct();
    tStruct.dim = dim;
    tStruct.length = lgh;
    tStruct.height = height;
    tStruct.dirX = dirX;
    tStruct.dirY = dirY;
    tStruct.lines = lines;
    tStruct.isDim = isDim;
    tStruct.dSeg = dSeg;
    return tStruct;
}
```

关键步骤 2：检测文字的包围框是否相交

该步骤用于检测两文字包围框是否相交，通过对两个文字的包围框边线进行 Intersect 检测，当出现相交时，返回 true，标注文字包围框相交示意如图 2-77 所示。

图 2-77　标注文字包围框相交示意

实现代码如下：

代码 2-50：检测文字的包围框是否相交

```
private bool IsIntersect(TextStruct text1, TextStruct text2)
{
    // 遍历标注文字范围框，相交时则标注出现重叠
    foreach (Line line1 in text1.lines)
    {
        foreach (Line line2 in text2.lines)
        {
            // 交点数组
            IntersectionResultArray result = new IntersectionResultArray();
            // 枚举，用于判断相交类型
            SetComparisonResult setResult = line1.Intersect(line2, out result);
            //Disjoint 为不相交
            if (SetComparisonResult.Disjoint != setResult)
            {
                if (result != null)
                {
                    return true;
                }
            }
        }
    }
    return false;
}
```

本案例上面的代码实际上作了相当程度的简化，在实战中需考虑更多的情形，比如连续多个密集尺寸，需要同一个文字连续避让两次；或者上下交错避让；也可能端部并非往上避让而是往侧面避让等，需要继续完善。

2.12 机电相关开发

Revit 的机电统称为 MEP，分别代表**设备** Mechanical、**电气** Electrical、**管道** Plumbing，在 Revit API 开发应用中，机电相关的研发需求非常多，例如管线变高、管线翻弯、管线分段、喷淋自动建模等，这些应用能够有效减少设计人员的多余操作，提高工作效率，深受BIM设计人员的欢迎。但其相关API相比土建构件来说更复杂一些，其涉及两个专业概念：1 是 **MEP 系统**，2 是**连接件**，这对机电的开发提出更大的挑战，因此本节先分别介绍这两个概念，再结合案例介绍 MEP 的相关开发。

2.12.1 MEP 系统

在 Revit 中 **MEP 系统是一组相互之间以逻辑连接的方式连接在一起的管段、管件、附件及设备组合**。例如室内消火栓系统就包含了消防水箱、消防给水管、管件、阀门、消防箱等设备，在 Revit 中连续按“Tab”键直至预选状态为虚线框架显示时，即可选中该管道系统，如图 2-78 所示。

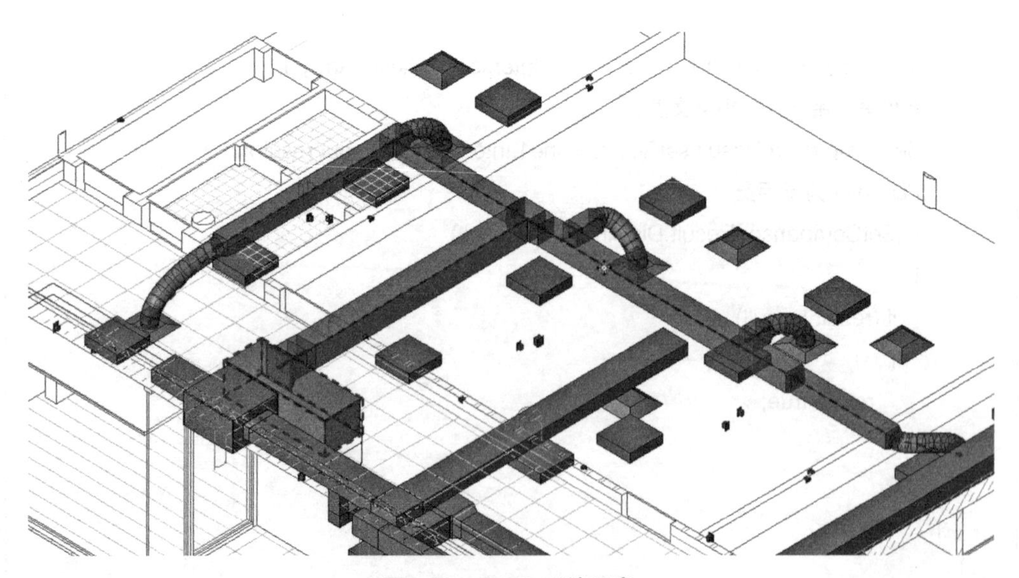

图 2-78 MEP 系统示意

MEP 系统主要分为**风管系统**和**管道系统**，它们的特点如下：

（1）风管系统：该系统是 Revit 为了便于对暖通空调管网的流量和大小进行计算而

设置的一个逻辑概念。每根风管都归属于某个风管系统中，只有同一个系统类型中的风管才能相互连接，保证了不同用途的风管不会冲突，当风管末端与机械设备连接到风管时也会连接到该风管的系统。

（2）管道系统：该系统是 Revit 为了便于对设备及管道的流量和大小进行计算而设置的一个逻辑概念。同风管系统一样，也能避免不同用途的管道发生冲突，当卫浴装置和喷头连接到管道时也会连接到该管道的系统，除此之外，运用系统检查还可以显示水流方向以及各个卫浴装置间连接方式。

2.12.2　连接件

在 Revit 中连接件是 MEP 的关键，**所有管道、风管和桥架与其各自的配件、末端、设备之间的连接都是通过连接件来实现**，缺少连接件，管段之间无法连接，也无法形成系统。连接件对于管道、风管、桥架这三类系统族来说，原生存在于构件端部，如图 2-79 所示；对于各种三通、弯头、喷头、风口等可载入族来说，连接件定义在族里面；构件之间就通过各自的连接件进行一对一、点对点的连接。

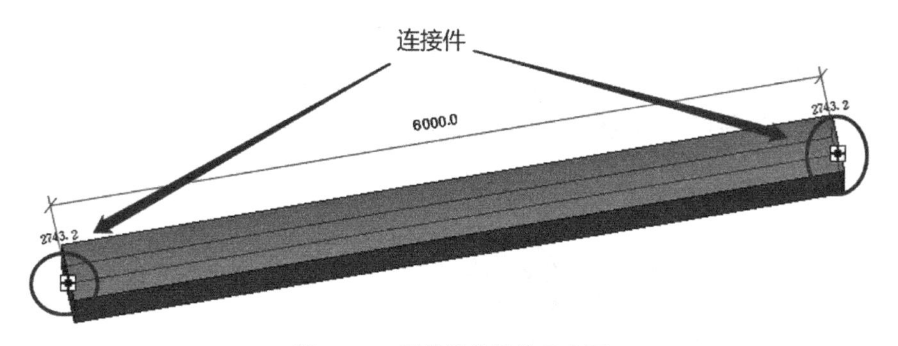

图 2-79　风管的连接件示意图

在 Revit API 中，不同连接对应不同的方法，主要通过连接件 Connector 与管段进行连接，连接方法如表 2-30 所示。

连接方法汇总表　　表 2-30

方法	说明
弯头 NewElbowFitting(Connector connector1,Connector connector2)	（1）弯头管件族要求连接的管线之间的夹角介于 90° ~ 175° 之间，否则无法创建。 （2）创建管件之前必须先配置好管件的对应参数，否则无法创建
三通 NewTeeFitting(Connector con1, Connector con2,Connector con3)	（1）当一组平行的管垂直于第三根管，连接件顺序为先连接共线的 Connector，垂直管最后连接。 （2）创建管件之前必须先配置好管件的对应参数，否则无法创建。 （3）连接前尽量使平行管共线，因为不共线的管道连接时有可能出现不精确或空间不足导致失败

续表

方法	说明
四通 NewCrossFitting(Connector con1,Connector con2,Connector con3,Connector con4)	（1）两组平行管互相垂直才能创建，方法中 con1 和 con2 共线，con3 和 con4 共线。 （2）创建管件之前必须先配置好管件的对应参数，否则无法创建。 （3）连接前尽量使平行管共线，避免因可能出现的不精确或空间不足导致失败
过渡件 NewTransitionFitting(Connector con1,Connector con2)	（1）用于共线不同尺寸的管线连接和平行的管线连接。 （2）连接件必须是相邻的两个连接件，且连接件之间必须有足够空间用于管件连接。 （3）创建管件之前必须先配置好管件的对应参数，否则无法创建
连接头 NewUnionFitting(Connector con1,Connector con2)	（1）用于共线的管道连接和平行且尺寸不相同的管线连接。 （2）连接件必须是相邻的两个连接件，且连接件之间必须有足够空间用于管件连接。 （3）创建管件之前必须先配置好管件的对应参数，否则无法创建

在 Revit API 中，通过连接件 Connector 实现管段的连接，对于风管、管道和桥架的连接件集合可以通过其 ConnectorManagers 属性中的 Connectors 属性获取，例如获得风管的连接件，实现代码为『duct.ConnectorManager.Connectors』。

对于管件、附件、机械设备、卫浴装置等元素，在 Revit 中它们都属于 FamilyInstance 类型，其连接件可以通过 MEPModel 属性中的『ConnectorManagers.Connectors』获取，例如获得四通中与管道相连接的连接件，可先获得管道连接点和四通的所有连接件，再遍历获得与管道最近的连接件，实现效果如图 2-80 所示。

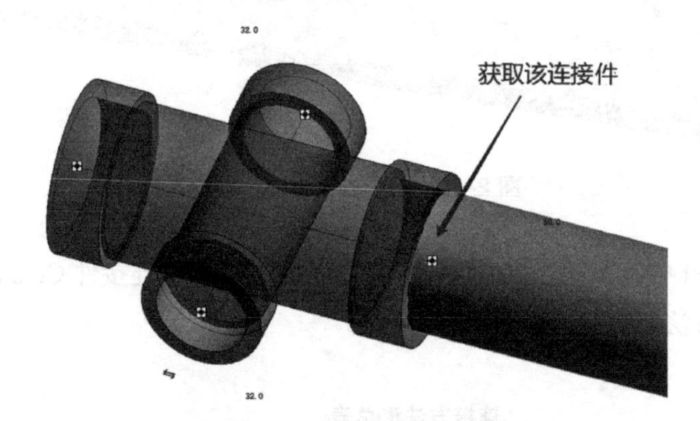

图 2-80　四通连接件示意图

其中根据点获取构件连接件的代码如下：

代码 2-51：获取构件位于指定点处的连接件

```
public Connector ConnectorAtPoint(Element e, XYZ point)
{
    ConnectorSet connectorSet = null;
```

```
    // 风管的连接件集合
    if (e is Duct)
      connectorSet = (e as Duct).ConnectorManager.Connectors;
    // 管道的连接件集合
    if (e is Pipe)
      connectorSet = (e as Pipe).ConnectorManager.Connectors;
    // 桥架的连接件集合
    if (e is CableTray)
    connectorSet = (e as CableTray).ConnectorManager.Connectors;
    // 管件等可载入族的连接件集合
    if (e is FamilyInstance)
    {
      FamilyInstance fi = e as FamilyInstance;
      connectorSet = fi.MEPModel.ConnectorManager.Connectors;
    }
    // 遍历连接件集合
    foreach (Connector connector in connectorSet)
    {
      // 如果连接件的中心和目标点相距很小时视为目标连接件
      if (connector.Origin.DistanceTo(point) < 1 / 304.8)
      {
        // 返回该连接件
        return connector;
      }
    }
    // 如果没有匹配到，返回 null
    return null;
}
```

实践案例：创建弯头

在 Revit 二次开发中，自动创建管线之间的管件是机电开发必须掌握的方法，通过该方法可实现自动绘制喷淋、管线翻弯、管线连接等一系列功能。下面以上面的代码为基础，实现选择两根风管自动创建弯头。实现效果如图 2-81 所示。

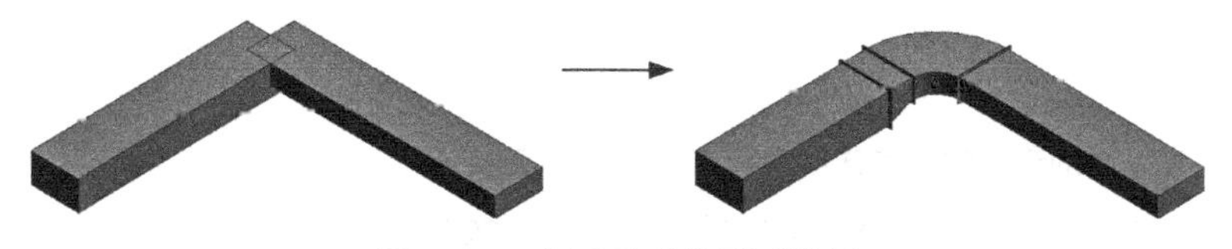

图 2-81　创建弯头前后对比图

实现代码如下：

代码 2-52：选择风管生成弯头

```
public Result Execute(ExternalCommandData cD, ref string ms, ElementSet set)
{
    UIDocument uidoc = cD.Application.ActiveUIDocument;
    Document doc = uidoc.Document;
    // 选择风管，此处略去过滤选择及用户取消选择处理
    Reference refer1 = uidoc.Selection.PickObject(ObjectType.Element, “风管 1”);
    Reference refer2 = uidoc.Selection.PickObject(ObjectType.Element, “风管 2”);
    // 获取风管对象
    Duct duct1 = duct1 = doc.GetElement(refer1) as Duct;
    Duct duct2 = duct2 = doc.GetElement(refer2) as Duct;
    // 获得风管定位线
    Line line1 = (duct1.Location as LocationCurve).Curve as Line;
    Line line2 = (duct2.Location as LocationCurve).Curve as Line;
    // 获得风管端点集合
    List<XYZ> ps1 = new List<XYZ> { line1.GetEndPoint(0), line1.GetEndPoint(1)
    List<XYZ> ps2 = new List<XYZ> { line2.GetEndPoint(0), line2.GetEndPoint(1)
    // 求最相近的两个端点
    // 预设一个大数，然后遍历找最小的距离
    double distance = int.MaxValue;
    XYZ origin1 = null;
    XYZ origin2 = null;
    foreach (XYZ xyz1 in ps1)
    {
      foreach (XYZ xyz2 in ps2)
      {
        if (xyz1.DistanceTo(xyz2) < distance)
        {
          origin1 = xyz1;
          origin2 = xyz2;
          distance = xyz1.DistanceTo(xyz2);
        }
      }
    }
    // 获得匹配风管的连接件，方法参考前文连接件获取
    Connector connector1 = ConnectorAtPoint(duct1, origin1);
```

```
    Connector connector2 = ConnectorAtPoint(duct2, origin2);
    // 创建并启动事务
    Transaction trans = new Transaction(doc, " 创建弯头 ");
    trans.Start();
    // 创建弯头，为避免创建失败而弹错，通过 try-catch 预先规避
    try
    {
        doc.Create.NewElbowFitting(connector1, connector2);
    }
    catch
    {
        MessageBox.Show( " 弯头创建失败，请手动连接 " );
    }
    // 提交事务
    trans.Commit();
    return Result.Succeeded;
}
```

注意 connector1、connector2 后来的位置与原来的位置是不一样的，这是 Revit 自动处理的结果。

另外，对比代码『doc.Create.NewElbowFitting(connector1, connector2)』与图 2-81 的区别，会发现图示案例中除了生成弯头，还生成了一个大小头。这也是 Revit 根据风管类型设置自动连接的机制。

2.12.3　管线相关开发

在 Revit 中，管线可分为**管道 Pipe**、**风管 Duct**、**桥架 CableTray**，三者统称为 **MEPCurve**，其中风管按类型可分别为一般风管、软风管、风管占位符；按截面形状可分为矩形风管、椭圆形风管和圆形风管；管道可分为一般管道、软管和管道占位符。Revit API 针对不同类型有相应的创建方法，各种方法如表 2-31 所示。

1. 实践案例：创建矩形风管

Revit API 在创建常规风管时，需要注意指定的是**风管系统类型**，而不是指定哪一个**风管系统**。

提示：创建一根风管时，Revit 将自动根据风管系统类型创建一个风管系统，只有当该风管与其他风管连接时才会与连接风管并入同一个系统，无法使用代码预先控制。

管线创建方法汇总表　　表 2-31

方法	说明
风管	（1）sysTypeId 为风管系统 ID、dTypeId 为风管类型 ID，levelId 为所在标高 ID，con1、con2 为连接件，point1、point2 为连接点 （2）通过两个 Connector、一个点和 Connector、两个点创建风管
（1）Duct.Create(Document doc, ElementId dTypeId, ElementId levelId, Connector con1, Connector con2) （2）Duct.Create(Document doc, ElementId dTypeId, ElementId levelId, Connector con1, XYZ point1) （3）Duct.Create(Document doc, ElementId sysTypeId, ElementId dTypeId, ElementId levelId, XYZ point1, XYZ point2)	
软风管	（1）sysTypeId 为风管系统 ID，dTypeId 为风管类型 ID，levelId 为所在标高 ID，points 为控制点集，startTangent 和开始点的切线方向，endTangent 为结束点的切线方向 （2）通过多个点创建软风管，其中第二个方法需要起始点和终点的切线 Tangent 方向
（1）FlexDuct.Create(Document doc, ElementId sysTypeId, ElementId dTypeId, ElementIdlevelId, IList<XYZ> points) （2）FlexDuct.Create(Document doc, ElementId sysTypeId, ElementId dTypeId, ElementId levelId, XYZ startTangent, XYZ endTangent, IList <XYZ> points)	
风管占位符	（1）sysTypeId 为风管系统 ID，dTypeId 为风管类型 ID，levelId 为所在标高 ID，point1、point2 为连接点 （2）通过两个点创建风管占位符
Duct.CreatePlaceholder(Document doc, ElementId sysTypeId, ElementId dTypeId, ElementId levelId, XYZ point1, XYZ point2)	
管道	（1）sysTypeId 为管道系统 ID、pTypeId 为管道类型 ID，levelId 为所在标高 ID，con1、con2 为连接件，point1、point2 为连接点 （2）通过两个 Connector、一个点和 Connector、两个点创建风管
（1）Pipe.Create(Document doc, ElementId pTypeId, ElementId levelId, Connector con1, Connector con2) （2）Pipe.Create(Document doc, ElementId pTypeId, ElementId levelId, Connector con1, XYZ point1) （3）Pipe.Create(Document doc, ElementId sysTypeId, ElementId pTypeId, ElementId levelId, XYZ point1, XYZ point2)	
软管	（1）sTypeId 为管道系统 ID、pTypeId 为管道类型 ID，levelId 为所在标高 ID，points 为控制点集，startTangent 为开始点的切线方向，endTangent 为结束点的切线方向 （2）通过多个点创建软管，其中第二个方法需要起始点和终点的切线 Tangent 方向
（1）FlexPipe.Create(Document doc, ElementId sTypeId, ElementId pTypeId, ElementId levelId, IList<XYZ> points) （2）FlexPipe.Create(Document doc, ElementId sTypeId, ElementId pTypeId, ElementId levelId, XYZ startTangent, XYZ endTangent, IList<XYZ> points	
桥架	（1）cType 为桥架类型 ID，levelId 为所在标高 ID，point1、point2 为连接点 （2）通过两个点创建桥架
CableTray.Create(Document doc, ElementId cType, XYZ point1, XYZ point2, ElementIdlevelId)	

另外风管的起点和终点没有特别的限制，可以创建水平风管，斜风管，竖直风管，Revit 会将风管定位线端点中的较低点与指定标高的高程进行相减得到风管基于该标高的偏移量，实现效果如图 2-82 所示。

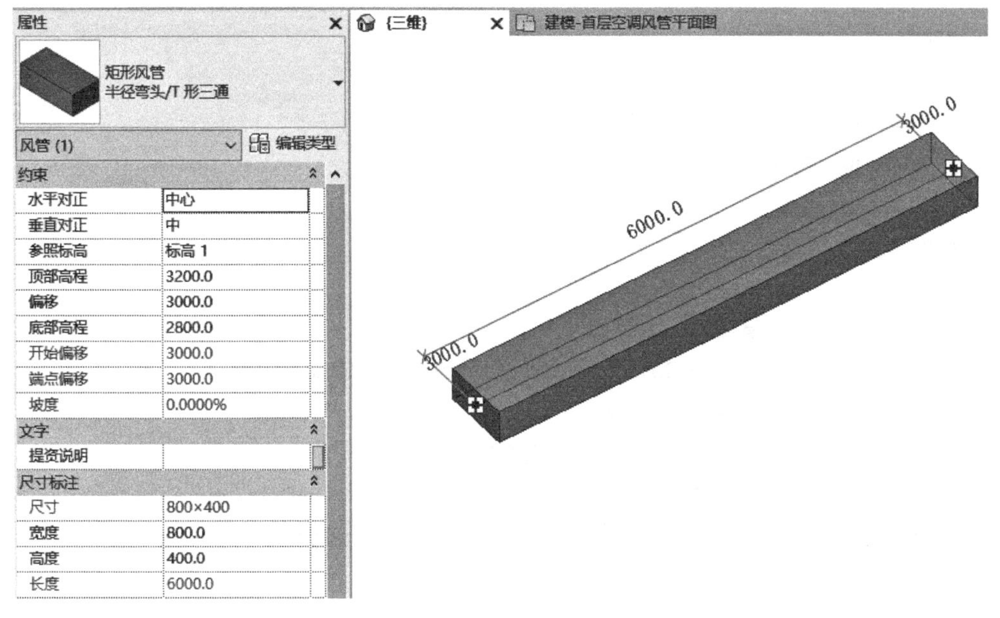

图 2-82　创建风管效果

实现代码如下：

代码 2-53：创建风管

```
public Result Execute(ExternalCommandData cD, ref string ms, ElementSet set)
{
    UIDocument uidoc = cD.Application.ActiveUIDocument;
    Document doc = uidoc.Document;
    // 单位转换系数，1mm 转换为 Revit 内部单位
    double s = UnitUtils.ConvertToInternalUnits(1, DisplayUnitType.DUT_MILLIMETERS);

    #region 选定指定名称的系统类型
    MechanicalSystemType mechSysType = null;
    // 新建类型收集器，过滤出所有系统类型
    FilteredElementCollector typeCol = new FilteredElementCollector(doc);
    typeCol.OfClass(typeof(MechanicalSystemType));
    // 转化为 List，查找特定名称的系统类型
    IList<Element> msTypes = typeCol.ToElements();
    try
    {
        mechSysType = msTypes.First(m => m.Name == "H- 新风 -XF" ) as
        MechanicalSystemType;
    }
```

```
    catch
    {
        MessageBox.Show( " 没有找到指定的风管系统类型。" );
        return Result.Succeeded;
    }
    #endregion

    #region 选择矩形风管类型
    FilteredElementCollector dtCollector= new FilteredElementCollector(doc);
    dtCollector.OfClass(typeof(DuctType));
    // 获得风管类型，找出第一个矩形形状的风管类型
    List<DuctType> dts = dtCollector.ToList().ConvertAll(m => m asDuctType);
    DuctType ductType = dts.Find(m => m.Shape == ConnectorProfileType.Rectangular);
    #endregion

    // 当前视图标高（需确定当前视图为平面视图，此处忽略）
    Level level = doc.ActiveView.GenLevel;
    // 风管端点，案例以长度为 6m 的风管为例
    XYZ p1 = new XYZ(0, 0, level.Elevation + 3000 * s);
    XYZ p2 = new XYZ(6000 * s, 0, level.Elevation + 3000 * s);
    // 新建并启动事务
    Transaction trans = new Transaction(doc, " 创建风管 ");
    trans.Start();
    // 创建风管
    Duct duct = Duct.Create(doc, mechSysType.Id, ductType.Id, level.Id, p1, p2);
    duct.get_Parameter(BuiltInParameter.RBS_CURVE_WIDTH_PARAM).Set(800 * s);
    duct.get_Parameter(BuiltInParameter.RBS_CURVE_HEIGHT_PARAM).Set(400 * s);
    // 提交事务
    trans.Commit();
    return Result.Succeeded;
}
```

注意风管在创建时并没有尺寸设置的输入条件，需在创建完成后再设定。管道、桥架亦如此。RBS_CURVE_WIDTH_PARAM、RBS_CURVE_HEIGHT_PARAM 这两个内建参数适用于矩形风管和桥架；管道的公称直径对应的内建参数为 RBS_PIPE_DIAMETER_PARAM；圆形风管的直径对应的内建参数为 RBS_CURVE_DIAMETER_PARAM。

提示：如果采用输入两个 Connector 或 Connector+ 端点的方式创建风管，则自动继承 Connector 的尺寸，无需再设风管的尺寸。

2. 实践案例：创建软风管

软风管 FlexDuct 是特殊的风管，通过 SPLine 定位。使用 Revit API 创建软风管，实现效果如图 2-83 所示，其中需要注意控制点中的切向角度夹角不能太大，否则软风管无法正确显示。

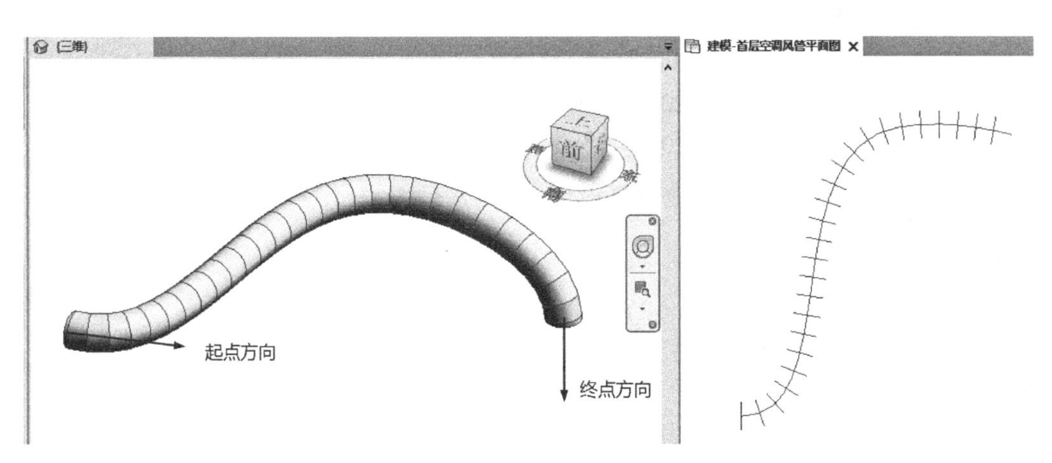

图 2-83　创建软风管效果

实现代码如下：

代码 2-54：创建软风管

```
public Result Execute(ExternalCommandData cD, ref string ms, ElementSet set)
{
    UIDocument uidoc = cD.Application.ActiveUIDocument;
    Document doc = uidoc.Document;
    // 单位转换系数，1mm 转换为 Revit 内部单位
    double s = UnitUtils.ConvertToInternalUnits(1, DisplayUnitType.DUT_MILLIMETERS);
    // 新建类型收集器，过滤出所有系统类型
    FilteredElementCollector typeCol = new FilteredElementCollector(doc);
    typeCol.OfClass(typeof(MechanicalSystemType));
    // 获得风管系统类型，以默认为例
    MechanicalSystemType msType = typeCol.First() as MechanicalSystemType;

    #region 选择圆形软风管类型
```

```
    FilteredElementCollector fdtCollector = new FilteredElementCollector(doc);
    fdtCollector.OfClass(typeof(FlexDuctType));
    // 获得风管类型，找出第一个圆形形状的软风管类型
    List<FlexDuctType> fdts = fdtCollector.ToList().ConvertAll(m => m as FlexDuctType);
    FlexDuctType fdt = fdts.Find(m => m.Shape == ConnectorProfileType.Round);
    #endregion

    // 当前视图标高（需确定当前视图为平面视图，此处忽略）
    Level level = doc.ActiveView.GenLevel;
    // 软风管控制点示例
    XYZ p1 = new XYZ(0, 0, level.Elevation + 3000 * s);
    XYZ p2 = new XYZ(1000 * s, 2000 * s, level.Elevation + 3000 * s);
    XYZ p3 = new XYZ(2000 * s, 2000 * s, level.Elevation + 2500 * s);
    List<XYZ> points = new List<XYZ> { p1, p2, p3 };
    // 起点方向，以 X 方向为例
    XYZ startDir = XYZ.BasisX;
    // 终点方向，以竖直向下为例
    XYZ endDir = -XYZ.BasisZ;
    // 创建并启动事务
    Transaction trans = new Transaction(doc, "创建软风管");
    trans.Start();
    // 创建软风管，设置直径
    FlexDuctf Duct = FlexDuct.Create(doc, msType.Id, fdt.Id, level.Id, startDir, endDir,
    points);
    fDuct.get_Parameter(BuiltInParameter.RBS_CURVE_DIAMETER_PARAM).Set(200 * s);
    // 提交事务
    trans.Commit();
    return Result.Succeeded;
}
```

注意软风管生成的两种方式，一种没有两端控制方向，另一种则有两端控制方向。由于软风管往往用于主管连接风口末端，方向多数从水平转为向下，因此多数采用第二种方式，即本例所示的方式。

管道、桥架的创建方式与风管是类似的，其中桥架由于没有系统，其创建的方法也只有一种，即通过两端定位，因此最为简单，不再赘述。

更进一步的开发实践，涉及管线与管件之间的连接，详见接下来的两个综合案例。

2.12.4　综合案例：管线打断

在 Revit 中打断管线，需要在打断位置旁边进行第二次打断，然后删除中间一小截管及两个接头，才能实现打断①，虽然不至于很影响工作效率，但确实颇为不便。通过 Revit API，可利用程序执行上述的手动操作，实现一键打断管线，主程序代码如下：

代码 2-55：管线打断

```
public Result Execute(ExternalCommandData cD, ref string ms, ElementSet set)
{
    UIDocument uidoc = cD.Application.ActiveUIDocument;
    Document doc = uidoc.Document;
    MEPCurveSelectionFilter filter = new MEPCurveSelectionFilter();
    // 选取需打断的管线，点选位置即为断点，此处忽略取消处理
    Reference refer = uidoc.Selection.PickObject(ObjectType.Element, filter, " 点选管线 ");
    XYZ pickPoint = refer.GlobalPoint;
    // 获取选中的管线对象
    MEPCurve mepCurve = doc.GetElement(refer) as MEPCurve;
    // 获取原来的定位线、端点
    Line line = (mepCurve.Location as LocationCurve).Curve as Line;
    XYZ p1 = line.GetEndPoint(0);
    XYZ p2 = line.GetEndPoint(1);
    // 获取管道起终点的连接件
    ConnectorSet conSet = mepCurve.ConnectorManager.Connectors;
    Connector conStart = ConnectorAtPoint (conSet, p1);
    Connector conEnd = ConnectorAtPoint (conSet, p2);
    // 关键步骤 1：获得与指定连接件相连的连接件
    Connector fittingConStart = GetConToConector(conStart);
    Connector fittingConEnd = GetConToConector(conEnd);
    // 将拾取点投影到管线定位线上获取投影点
    XYZ newPoint = line.Project(pickPoint).XYZPoint;
    // 将线以投影点为界分成两段新定位线
    Line line1 = Line.CreateBound(newPoint, p1);
    Line line2 = Line.CreateBound(newPoint, p2);
    // 新建并开启事务
    Transaction transaction = new Transaction(doc, " 管线打断 ");
```

① 只打断一次时，Revit 会自动生成接头配件，并没有真正断开。

```
    transaction.Start();
    // 关键步骤 2：复制管线，并将其定位线设为新定位线
    MEPCurve mepCurve1 = CopyMEPToLine (doc, mepCurve, line1);
    MEPCurve mepCurve2 = CopyMEPToLine (doc, mepCurve, line2);
    // 删除原来的管线
    doc.Delete(mepCurve.Id);
    // 关键步骤 3：恢复原有连接
    // 获取新管线在原两端点处的 Connector
    ConnectorSet newConSet1 = mepCurve1.ConnectorManager.Connectors;
    ConnectorSet newConSet2 = mepCurve2.ConnectorManager.Connectors;
    Connector newConStart = ConnectorAtPoint(newConSet1, p1);
    Connector newConEnd = ConnectorAtPoint(newConSet2, p2);
    // 恢复与原管件的连接
    newConStart.ConnectTo(fittingConStart);
    newConEnd.ConnectTo(fittingConEnd);
    // 提交事务
    transaction.Commit();
    return Result.Succeeded;
}

// 选择过滤器，注意排除隔热层
public class MEPCurveSelectionFilter : ISelectionFilter
{
    public bool AllowElement(Element elem)
    {
        // 排除管线之外的构件，排除隔热层
        if (elem is MEPCurve&& !(elem is InsulationLiningBase))
            return true;
        else
            return false;
    }
    public bool AllowReference(Reference reference, XYZ position)
    {
        return true;
    }
}
// 获取指定点处的连接件
public Connector ConnectorAtPoint(ConnectorSetconSet, XYZ point)
```

```
{
    //遍历连接件集合
    foreach (Connector connector in conSet)
    {
        //距离容差设为 1mm
        if (connector.Origin.DistanceTo(point) < 1 / 304.8)
        {
            //返回该连接件
            return connector;
        }
    }
    //如果没有匹配到，返回 null
    return null;
}
```

提示：Revit 开发中会遇到很多“打断”的操作，但 Revit API 没有提供直接打断构件的方法，一般均按本案例所示，原位复制原有构件、分别设置其定位线，通过这样实现打断的效果。

但需特别注意以下两点：

（1）与原有构件连接的其他构件，连接关系是否受影响、如何恢复；

（2）原有构件是否有某些属性需要重新赋予新的构件。

关键步骤 1：获取与管线相连的管件连接件

打断管线前需要保存**与管线相连的管件的连接件**（图 2-84），否则打断后的管线与管件是分离的，无法连成系统。

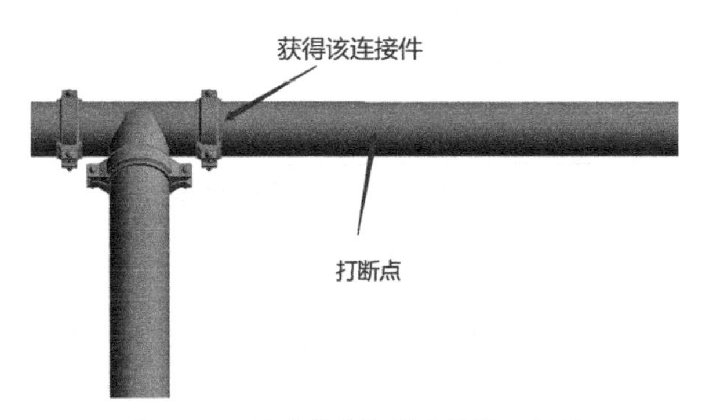

图 2-84　需事前获取的连接件示意图

实现代码如下：

代码 2-56：获取与管线相连的管件连接件

```
public Connector GetConToConector(Connector conector)
{
    foreach (Connector con in conector.AllRefs)
    {
        // 仅选择管件
        if (con.Owner is FamilyInstance)
        {
            return con;
        }
    }
    return null;
}
```

关键步骤 2：复制管线并设定新的定位线

首先复制两根管线，然后根据打断点调整两根管的 LocationCurve，实现效果如图 2-85 所示。

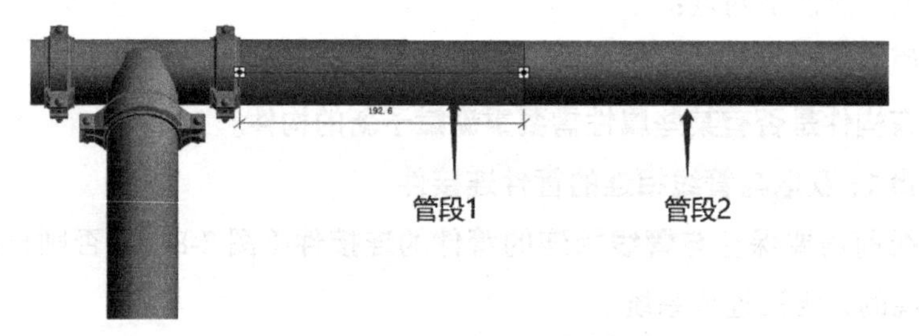

图 2-85　打断后的管线示意图

代码 2-57：复制管线至新定位线

```
public MEPCurve CopyMEPToLine(Document doc, MEPCurve mepCurve, Line line)
{
    // 原位复制一份
    ElementId copyId = ElementTransformUtils.CopyElement(doc, mepCurve.Id,
      XYZ.Zero).First();
    // 获得复制的对象
    MEPCurve mepCurveNew = doc.GetElement(copyId) as MEPCurve;
```

```
    // 设置新对象的定位线
    (mepCurveNew.Location as LocationCurve).Curve = line;
    return mepCurveNew;
}
```

关键步骤 3：恢复原有连接

获取复制出来的新管线的连接件，与之前记录的管件连接件进行连接，实现效果如图 2-86 所示，代码见主程序。

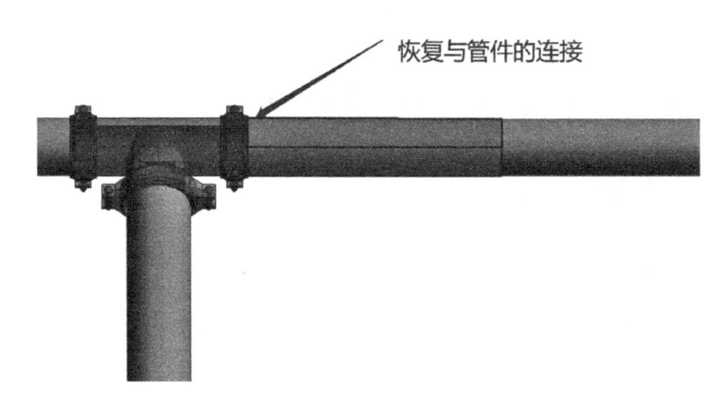

图 2-86　管线恢复连接示意图

2.12.5　综合案例：管道翻弯避让

管线翻弯与避让是机电开发的常见需求，手动操作非常烦琐，而通过 Revit API 开发则可以轻易实现一键翻弯避让，极大提高效率。目前已有很多基于 Revit 二次开发的商业软件提供了这个功能，我们本小节介绍如何自己写一个管线翻弯避让的功能出来。为简化叙述，本案例仅考虑管道与风管的碰撞，读者可尝试将其扩展到各种类别的管线碰撞。

如图 2-87 所示，是一个典型的风管与管道碰撞的部位，有两根管道与风管碰撞，

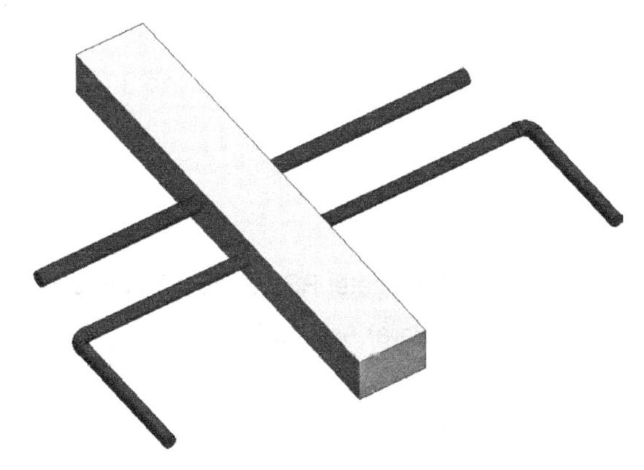

图 2-87　矩形风管和管道碰撞示意图

注意其中一根的两端是通过弯头与其他管道相连接的，**在翻弯之后，需要还原这个连接关系**。我们的思路是选择保持不动的风管，然后查找与它碰撞的管线，求出断点位置，然后设定翻弯避让的路径，再依次按新的路径新建管道，将原管道删除，最后将与原管道两端相连的管件，重新与新管道相连。

实现代码如下：

代码 2-58：管道翻弯避让

```
public Result Execute(ExternalCommandData cD, ref string ms, ElementSet set)
{
   UIDocument uidoc = cD.Application.ActiveUIDocument;
   Document doc = uidoc.Document;
   // 预设集合，记录后面要删除的构件
   List<ElementId> elementsToDel = new List<ElementId>();
   // 选择风管，此处忽略用户中断选择的处理
   Reference rfDuct = uidoc.Selection.PickObject(ObjectType.Element, " 选择风管 ");
   // 获得风管及其定位线
   Duct duct = doc.GetElement(rfDuct) as Duct;
   Line ductLine = (duct.Location as LocationCurve).Curve as Line;
   // 收集所有管道
   FilteredElementCollector pipeCol = new FilteredElementCollector(doc);
   pipeCol.OfClass(typeof(Pipe));
   // 获取与风管相交的管线
   ElementIntersectsElementFilter filter = new ElementIntersectsElementFilter(duct);
   IList<Element> intersectPipes = pipeCol.WherePasses(filter).ToElements();
   // 新建并启动事务
   Transaction transaction = new Transaction(doc, " 管线翻弯避让 ");
   transaction.Start();
   foreach (Element e in intersectPipes)
   {
     Pipe pipe = e as Pipe;
     List<Pipe> newPipes = new List<Pipe>();
     // 获取管道的尺寸
     BuiltInParameter bPara = BuiltInParameter.RBS_PIPE_DIAMETER_PARAM;
     double d = pipe.get_Parameter(bPara).AsDouble();
     // 获取管道的系统类型
     ElementId sTypeId = pipe.MEPSystem.GetTypeId();
     PipingSystemType sysType = doc.GetElement(sTypeId) as PipingSystemType;
```

```
// 获取管道类型
PipeType pType = doc.GetElement(pipe.GetTypeId()) as PipeType;
ElementId pTypeId = pType.Id;
// 获取管道标高
ElementId levelId = pipe.ReferenceLevel.Id;
// 获取管道定位线
Line pipeLine = (pipe.Location as LocationCurve).Curve as Line;
XYZ pStart = pipeLine.GetEndPoint(0);
XYZ pEnd = pipeLine.GetEndPoint(1);
// 获取管道起终点的连接件
Connector conStart = ConnectorAtPoint(pipe, pStart);
Connector conEnd = ConnectorAtPoint(pipe, pEnd);
// 获取与管道起终点相连的管件的连接件（可能为 null）
Connector fittingConStart = GetConToConector(conStart);
Connector fittingConEnd = GetConToConector(conEnd);
// 先取消原管道两端的连接，以便新管道与之连接
if(fittingConStart != null)
  conStart.DisconnectFrom(fittingConStart);
if (fittingConEnd != null)
  conEnd.DisconnectFrom(fittingConEnd);
// 将原管道存入待删除集合
elementsToDel.Add(pipe.Id);

// 关键步骤 1：获得风管和管线的交点
XYZ intersectPoint = GetIntersectPoint(pipeLine, ductLine);
if (intersectPoint == null)
  continue;
// 关键步骤 2：获得翻弯后 6 个管道控制点，依次存入集合
List<XYZ> points = GetPipePoints(pipeLine, duct, d, intersectPoint);
// 关键步骤 3：依次生成 5 个新管道
for (int i = 0; i < points.Count - 1; i++)
{
    Pipe newPipe = Pipe.Create(doc, sTypeId, pTypeId, levelId, points[i],
      points[i + 1]);
    // 设置新管道尺寸

newPipe.get_Parameter(BuiltInParameter.RBS_PIPE_DIAMETER_PARAM).
      Set(d);
```

```
        // 把新管道添加到集合中
        newPipes.Add(newPipe);
    }
    // 关键步骤 4：连接新生成管道
    CreateConnector(doc, points, newPipes);
    // 关键步骤 5：恢复原两端连接
    // 获取新管线在原两端点处的 Connector
    Connector newConStart = ConnectorAtPoint(newPipes.First(), pStart);
    Connector newConEnd = ConnectorAtPoint(newPipes.Last(), pEnd);
    // 恢复与原管件的连接
    if (fittingConStart != null)
      newConStart.ConnectTo(fittingConStart);
    if (fittingConEnd != null)
      newConEnd.ConnectTo(fittingConEnd);
    }
    // 删掉原管道
    doc.Delete(elementsToDel);
    // 提交事务
    transaction.Commit();
    return Result.Succeeded;
}
```

关键步骤 1：获得风管和管道的交点

求风管与管道的交点时，可以利用风管和管道 LocationCurve 投影到同一平面上，然后利用 Intersect 方法求交点，如果没有投影到同一平面，则无法获得交点坐标。如图 2-88 所示。

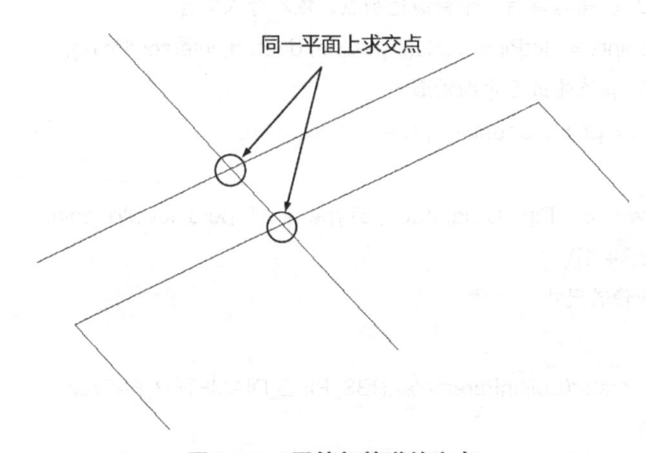

图 2-88　风管与管道的交点

实现代码如下：

代码 2-59：子程序 – 获得风管和管道定位线的平面交点

```
private XYZ GetIntersectPoint(Line pLine, Line dLine)
{
    XYZ intersectPoint = null;
    // 获取风管和管线的定位线的端点
    XYZ ductStart = dLine.GetEndPoint(0); ;
    XYZ ductEnd = dLine.GetEndPoint(1);
    XYZ pipeStart = pLine.GetEndPoint(0);
    // 把风管定位线投影到与管线定位线同一平面上
    ductStart = new XYZ(ductStart.X, ductStart.Y, pipeStart.Z);
    ductEnd = new XYZ(ductEnd.X, ductEnd.Y, pipeStart.Z);
    dLine = Line.CreateBound(ductStart, ductEnd);
    // 找到交点
    IntersectionResultArray iResArr = new IntersectionResultArray();
    SetComparisonResult result = dLine.Intersect(pLine, out iResArr);
    if (result != SetComparisonResult.Disjoint)
    {
        intersectPoint = iResArr.get_Item(0).XYZPoint;
    }
    // 返回交点
    return intersectPoint;
}
```

关键步骤 2：获得翻弯后管道控制点

利用风管与管道的交点，结合风管的宽度、高度参数，计算出翻弯后管线控制点，便于后续创建管道。其中注意获得的控制点应按顺序存储，否则创建弯头时很难获得管道的连接件 Connector，翻弯后管道控制点如图 2-89 所示。

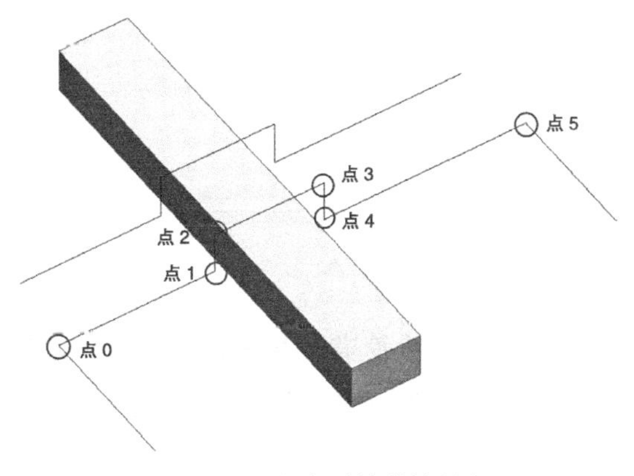

图 2-89　翻弯后管道控制点

实现代码如下：

代码 2-60：子程序 – 翻弯后新管道控制点

```
private List<XYZ> GetPipePoints(Line pLine, Duct duct, double d, XYZ iPoint)
{
    // 记录控制点集
    List<XYZ> pipePoints = new List<XYZ>();
    // 收集风管的宽度和高度，案例只考虑矩形风管，未考虑保温层
    double dh, dw;
    dw = duct.get_Parameter(BuiltInParameter.RBS_CURVE_WIDTH_PARAM).AsDouble();
    dh = duct.get_Parameter(BuiltInParameter.RBS_CURVE_HEIGHT_PARAM).AsDouble();
    // 得到管线的方向
    XYZ pipeDir = pLine.Direction;
    // 得到管线端点在水平方向上移动的距离
    double horDou = dw / 2 + d + 100 / 304.8;
    // 得到管线端点在竖直方向上移动的距离
    double verDou = dh / 2 + d + 100 / 304.8;
    // 得到新平行管线定位线的定位点
    XYZ p1 = pLine.GetEndPoint(0);
    XYZ p2 = iPoint.Add(-pipeDir * horDou);
    XYZ p3 = new XYZ(p2.X, p2.Y, p2.Z + verDou);
    XYZ p6 = pLine.GetEndPoint(1);
    XYZ p5 = iPoint.Add(pipeDir * horDou);
    XYZ p4 = new XYZ(p5.X, p5.Y, p5.Z + verDou);
    // 添加到集合中
    pipePoints.Add(p1);
    pipePoints.Add(p2);
    pipePoints.Add(p3);
    pipePoints.Add(p4);
    pipePoints.Add(p5);
    pipePoints.Add(p6);
    return pipePoints;
}
```

关键步骤 3：创建管道

通过管线控制点集合，依次创建管道，并根据原有管道的系统类型、管线类型、标高和直径等参数设置新创建的管道，创建后效果如图 2-90 所示。

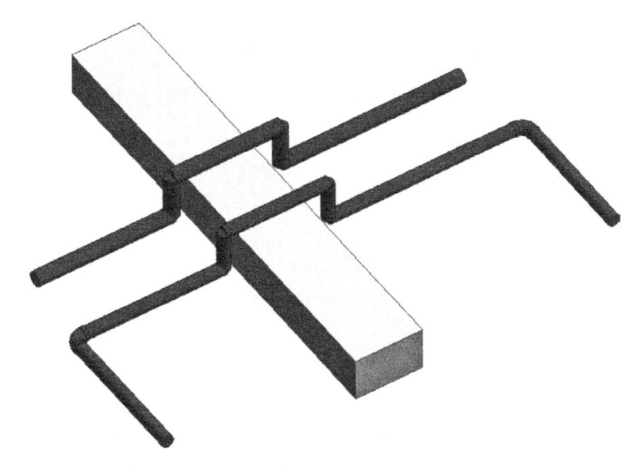

图 2-90　创建管道后效果

关键步骤 4：连接管线

首先遍历生成后的管道，通过自定义方法 ConnectorAtPoint 获得管道间的连接件，然后在两根管线中间创建弯头，连接两根管线，实现效果如图 2-91 所示，此时尚未恢复两端的原始连接。

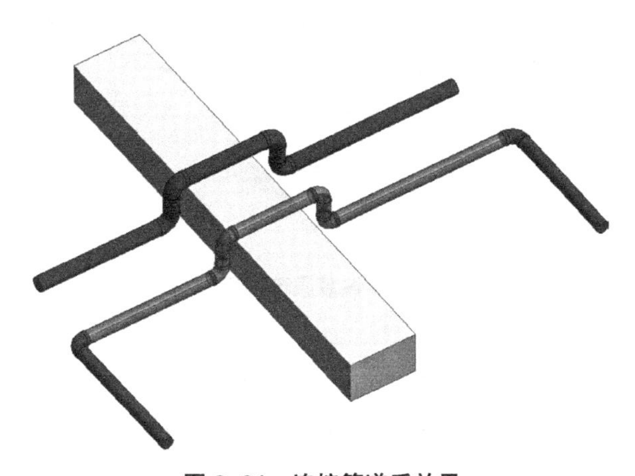

图 2-91　连接管道后效果

实现代码如下：

代码 2-61：子程序 – 连接新生成管道

```
private void CreateConnector(Document doc, List<XYZ> points, List<Pipe> pipes)
{
    for (int i = 0; i < pipes.Count – 1; i++)
    {
        // 获得匹配的连接件
```

```
        Connector con1 = ConnectorAtPoint(pipes[i], points[i + 1]);
        Connector con2 = ConnectorAtPoint(pipes[i + 1], points[i + 1]);
        // 创建弯头
        doc.Create.NewElbowFitting(con1, con2);
    }
}
```

关键步骤 5：恢复原两端连接

跟上一个管线打断的案例一样，最后要恢复原有的连接。因此在前面我们已经将原来两端连接的弯头 Connector 记录下来，只需用 ConnectorAtPoint 函数求出两个端点处的新管道 Connector，分别连接即可，最终效果如图 2-92 所示。

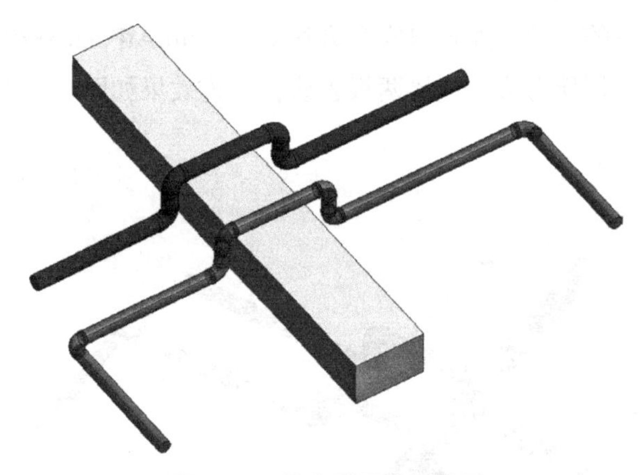

图 2–92　恢复原连接后效果

应用拓展：篇幅所限，本案例仅展示了管道避让风管的情形。其他更多的翻弯避让情况，请读者自行尝试。还可以拓展至更大范围的自动检测及避让。

2.13　族文档相关开发

Revit API 提供了接口进行**族文档**的相关操作，包括新建族、在族里面进行建模或添加注释图元、添加参数、设置族类型、将族载入项目文档等，可以实现通过程序直接创建族或者编辑族的功能。

实战中用程序创建族的需求经常出现在**非常规且唯一**的形体上。一个典型的案例就是轨道交通的建模，比如地铁的区间轨道相关构件，由于路线弯曲起伏，还要考虑转弯处的超高，每一段的形体都不一样，但都可以通过放样等方式创建，这时候就需要通过族文档的开发，逐段生成族文件，再载入项目文档并精确定位。如图 2-93 所示，

地铁隧道区间里的钢轨、道床、接触网等线性构件，即通过族文档开发实现[①]。由于该程序比较庞大且应用面较窄，本书仅提供思路：读取路线的定位数据，按构件预制长度分段，然后每段新建一个常规模型族，按截面沿路径放样生成，对于道床等两端截面可能有旋转角度的形体，则需要用到多截面的放样或放样融合。

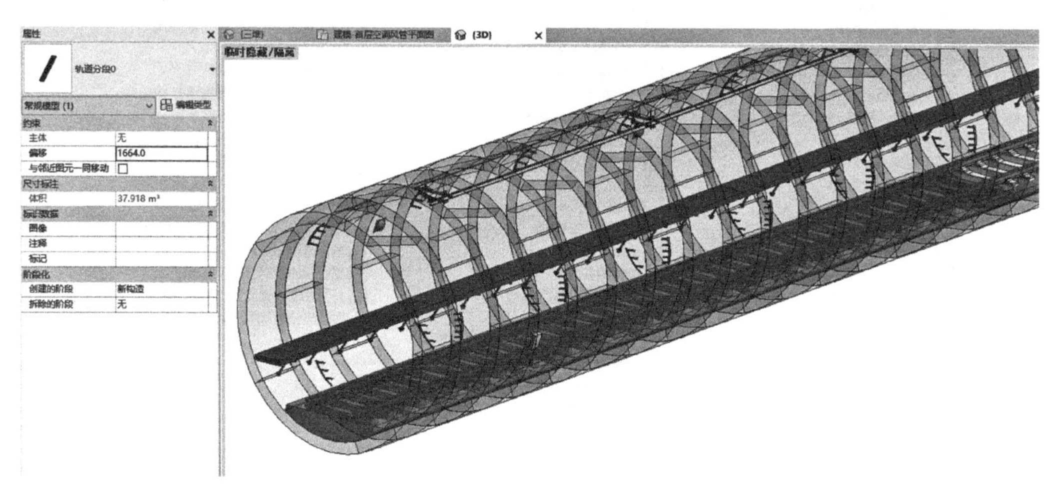

图 2-93　轨道构件建模可通过族文档开发实现

2.13.1　族文件简介

在 Reivt 中各种类型的可载入族都是基于其对应的族样板创建出来的。Revit 中文版自带的族样板如图 2-94 所示，总共有数十个，用户可以根据不同的项目应用需求，创建各种类型的族。

在 Revit API 里，**族文档也是 Document**，可通过『Document.IsFamilyDocument』来判断 Document 是族文档还是普通项目文档。在项目文档中，如需编辑特定族，可通过『Document.EditFamily(family)』在后台打开族文件，编辑完后通过『Document.LoadFamily』加载回来。

Revit API 通过『Application.NewFamilyDocument』直接新建族文档。首先要找到 Revit 自带的族样板文件，可参考以下代码获取 Revit 设置中的样板目录，然后直接按文件名选用。

```
Autodesk.Revit.ApplicationServices.Application Revit = cD.Application.Application;
string templateFileName = Revit.FamilyTemplatePath + "\\公制常规模型 .rft" ;
Document familyDocument = Revit.NewFamilyDocument(templateFileName);
```

① 实际项目中也有很多技术人员采用 Dynamo 的做法，或者 Dynamo+ 自适应族的做法。直接用 Dynamo 创建族再载入，跟用 Revit API 的技术路线其实是一样的；如果用自适应族，数量一多可能造成模型操作非常缓慢，因此需慎重使用。

图 2–94　族文件样板

但显然这是不保险的，因为用户使用环境比较复杂，不一定有完整安装族样板文件夹，语言版本也不明确，因此如果是制作通用型插件，最好的办法就是将用到的样板文件拷贝一份，制作插件安装包时将其打包进去，然后在代码中通过反射获取其实际目录，详见 2.8.4 小节里的提示。

提示：注意新建的族文档不会出现在 Revit 前台窗口，所有的运算处理都在后台进行。

在 Revit 族文件的操作界面中，工具选项卡包括创建、插入、注释、视图、管理等选项卡，其功能与项目文件中的功能基本相同，其中**形状**面板是其特有的，包含拉伸、融合、旋转、放样、放样融合和空心形状等（图 2-95），通过此功能可以绘制各种形状的模型，适应各种族的需求。这些功能都可以通过 Revit API 实现，详见 2.13.2。

2.13.2　创建形状

对于族文档的开发，Revit API 提供了 FamilyCreate 接口，里面包含创建各种形状的方法，包括 NewExtrusion、NewBlend、NewRevolution、NewSweep、NewSweptBlend

图 2-95　族文件选项卡

等方法，常用的创建形状方法如表 2-32 所示。

创建形状方法　　　　表 2-32

方法	说明
拉伸	（1）solid 为是否实体，curves 为拉伸轮廓，plane 为拉伸平面，end 为拉伸长度 （2）拉伸轮廓可包含多个封闭的回路
NewExtrusion(bool solid, CurveArrArray curves, SketchPlane plane, double end)	
融合	solid 为是否实体，top 为顶轮廓，bot 为底轮廓，plane 为拉伸平面
NewBlend(bool solid, CurveArray top, CurveArray bot, SketchPlane plane)	
旋转	（1）solid 为是否实体，curves 为轮廓，plane 为草图平面，axis 为旋转轴，sAngle 为开始角度，eAngle 为结束角度 （2）角度为弧度，例如 90° 为 Math.PI/2
NewRevolution(bool solid, CurveArrArray curves, SketchPlane plane, Line axis, double sAngle, double eAngle)	
放样	（1）solid 为是否实体，path 为放样路径，plane 为路径所在平面，profile 为放样轮廓（应位于 XY 平面），index 为路径索引，location 为剖面位置（起点或终点） （2）放样路径 path 应连续且不能交叉
NewSweep(bool solid, CurveArray path, SketchPlane plane, SweepProfile profile, int index, ProfilePlaneLocation location)	
融合放样	solid 为是否实体，path 为放样路径，plane 为平面，bot 为底轮廓，top 为顶轮廓
NewSweptBlend(bool solid, Curve path, SketchPlane plane, SweepProfile bot, SweepProfile top)	

2.13.3　综合案例：万能窗

本小节通过制作一个**万能窗族**作为示例，介绍族文档开发的完整过程，以及拉伸、放样等几种形体创建的方法。这里所谓万能窗，是指任意形状、任意分格的窗，并不考虑形状、分格的参数变化，因此并非真的“万能”，更多的是适用于特殊形状窗的快速建模。如图 2-96 所示，本程序要求用户先用详图线画出窗的外轮廓形状和内部分格线，执行命令后，分别选择外轮廓线、窗棂线，程序自动在后台新建窗族，生成窗框、窗棂实体，同时设定材质参数，再载入项目文档中。整个过程比手动制作族的效率有极大的提升。

由于涉及过程中的文档切换、坐标转换、不同形状的创建方式各不相同等因素，程序比较复杂，本书已作了一定程度的精简，实战中需完善的部分详见代码的注释以及后面的提示。

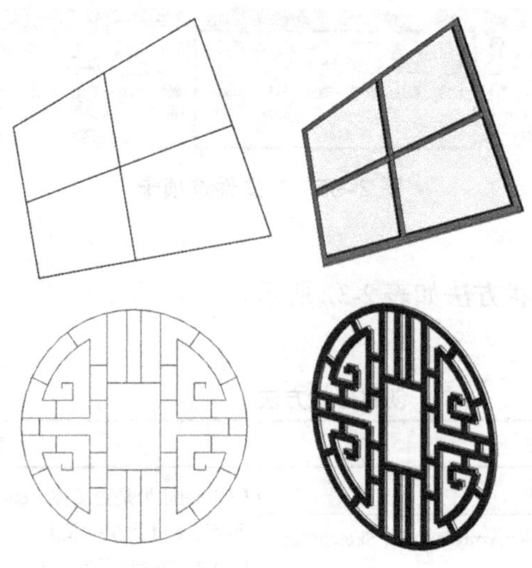

图 2-96　万能窗效果示意

实现代码如下：

代码 2-62：万能窗

```
public Result Execute(ExternalCommandData cD, ref string ms, ElementSet set)
{
    UIDocument uiDoc = cD.Application.ActiveUIDocument;
    Document doc = uiDoc.Document;
    Autodesk.Revit.ApplicationServices.Application Revit = cD.Application.Application;
    Autodesk.Revit.DB.View activeView = doc.ActiveView;
    // 单位转换系数，1mm 转换为 Revit 内部单位
    double s = UnitUtils.ConvertToInternalUnits(1, DisplayUnitType.DUT_MILLIMETERS);

    #region 用户在项目文档里选择窗框及窗棂详图线
    // 选择窗框线，此处忽略用户取消选择的处理。为简化代码，要求用户按顺序选择
    // 选择过滤器请参考 2.5.2 自行设置
    DetailCurveSelectionFilter dcFilter = new DetailCurveSelectionFilter();
    string tips1 = " 按顺序选择窗外框线 ";
    IList<Reference> refersBorder = uiDoc.Selection.PickObjects(ObjectType.Element,
      dcFilter, tips1);
    // 记录外框线，同时求中心点，本案例取所有外框线中点的平均值作为中心点
    List<Curve> borderCurves = new List<Curve>();
    XYZ total = XYZ.Zero;
    foreach (Reference refer in refersBorder)
    {
```

```
  DetailCurve detailCurve = doc.GetElement(refer) as DetailCurve;
  Curve curve = detailCurve.GeometryCurve;
  borderCurves.Add(curve);
  total += curve.Evaluate(0.5, true);
}
XYZ center = total / borderCurves.Count;
// 求外框线的总高度，注意是求 Y 坐标的最大差值
double maxZ = borderCurves.Max(m => m.GetEndPoint(0).Y);
double minZ = borderCurves.Min(m => m.GetEndPoint(0).Y);
double height = maxZ - minZ;
// 将外框线从中心点平移至原点，以便在族文档中定位
List <Curve> borderCurvesToOrigin = new List<Curve>();
// 构造一个相对坐标系，原点设为 -center，XYZ 三轴不变
Transform tfToOrigin = null;
tfToOrigin = Transform.Identity;
tfToOrigin.Origin = -center;
foreach (Curve c in borderCurves)
{
  // 用 CreateTransformed 实现平移
  borderCurvesToOrigin.Add(c.CreateTransformed(tfToOrigin));
}

string tips2 = " 选择窗棂线 ";
IList<Reference> refersInner = uiDoc.Selection.PickObjects(ObjectType.Element,
  dcFilter, tips2);
// 记录窗棂线，直接按前面求出的 Transform 平移至原点附近
List<Curve> innerCurvesToOrigin = new List<Curve>();
foreach (Reference refer in refersInner)
{
  DetailCurve detailCurve = doc.GetElement(refer) as DetailCurve;
  Curve c = (detailCurve.GeometryCurve).CreateTransformed(tfToOrigin);
  innerCurvesToOrigin.Add(c);
}
#endregion

#region 新建公制窗族文件
// 此处假设用户有 Revit 自带公制窗族样板文件
string templateFileName = Revit.FamilyTemplatePath + "\\ 公制窗 .rft";
```

```
// 新建族文档，记录其“创建”类与“管理”类备用
Document familyDoc = Revit.NewFamilyDocument(templateFileName);
Autodesk.Revit.Creation.FamilyItemFactory factory = familyDoc.FamilyCreate;
FamilyManager fm = familyDoc.FamilyManager;
// 记录“材质”参数分类与“材质”参数类型备用
BuiltInParameterGroup pgMt = BuiltInParameterGroup.PG_MATERIALS;
ParameterType ptMt = ParameterType.Material;

// 在族文档中新建并开启事务
Transaction transFamilyDoc = new Transaction(familyDoc, " 族制作 ");
transFamilyDoc.Start();
// 添加两个类型参数。false 为类型参数，true 为实例参数
FamilyParameter paraMtBorder = fm.AddParameter( " 窗框材质 ", pgMt, ptMt, false);
FamilyParameter paraMtGlass = fm.AddParameter( " 玻璃材质 ", pgMt, ptMt, false);
#endregion

#region 将平面的线转换为立面的线，以适应窗族的需要
// 建立坐标转换
Transform transform = null;
transform = Transform.Identity;
// 窗族默认距离楼层线高 800，这里 Origin 代表了未来窗族放置时的定位点
transform.Origin = new XYZ(0, 0, height / 2 + 800 * s);
transform.BasisX = XYZ.BasisX;  //X 轴不变
transform.BasisY = XYZ.BasisZ; // 将 Y 轴设为向上，则坐标系就绕 X 轴转了 90°
transform.BasisZ = (transform.BasisX).CrossProduct(transform.BasisY);

// 将原水平面的外框线，转为竖向的线，存为 CurveArray 和 CurveLoop
CurveArray caBorder = new CurveArray();
CurveLoop clBorder = new CurveLoop();
foreach (Curve curve in borderCurvesToOrigin)
{
  //CurveArray 和 CurveLoop 实质是一样的集合，供不同的方法调用
  caBorder.Append(curve.CreateTransformed(transform));
  clBorder.Append(curve.CreateTransformed(transform));
}

// 将原水平面的窗棂线，转为竖向的线，存为集合
List<Curve> curvesInner = new List<Curve>();
```

```
foreach (Curve curve in innerCurvesToOrigin)
{
  curvesInner.Add(curve.CreateTransformed(transform));
}
#endregion

#region 洞口处理
// 找族样板里面的墙
FilteredElementCollector wallCollector = new FilteredElementCollector(familyDoc);
IList<Element> walls = wallCollector.OfClass(typeof(Wall)).ToElements();
Wall wall = walls[0] as Wall;
// 为了适应更大的窗，将墙加高至 10m
wall.get_Parameter(BuiltInParameter.WALL_USER_HEIGHT_PARAM).Set(10000 * s);

// 删原有窗洞口
FilteredElementCollector collector = new FilteredElementCollector(familyDoc);
ICollection<ElementId> openings = collector.OfClass(typeof(Opening)).
  ToElementIds();
familyDoc.Delete(openings);
// 按外框线重新开窗洞口
Opening newOpening = null;
try
{
  newOpening = factory.NewOpening(wall, caBorder);
  newOpening.IsTransparentInElevation = true;
}
catch
{ }

if (newOpening == null)
{
  MessageBox.Show( " 无法开窗洞口，窗族创建失败，请重新选择线条。");
  familyDoc.Close(false);
  return Result.Succeeded;
}
#endregion

#region 窗框拉伸
```

```
// 先求外框线往里偏移 80mm 所得的线集合
//CurveLoop 可使用 CreateViaOffset 进行偏移
CurveLoop offsetLoop = CurveLoop.CreateViaOffset(clBorder, 80 * s, -XYZ.BasisY);

// 窗框拉伸，用外框线、偏移线形成环状，直接拉伸为外框
CurveArrArray caaBorder = new CurveArrArray();
caaBorder.Append(caBorder);
CurveArray caBorderOffset = new CurveArray();
foreach (Curve c in offsetLoop)
{
  caBorderOffset.Append(c);
}
caaBorder.Append(caBorderOffset);

// 设定拉伸的基准工作面，本例设为 XZ 竖向平面往外偏 40mm
Plane planeBorder = Plane.CreateByNormalAndOrigin(XYZ.BasisY,new XYZ(0, -40 * s, 0));
SketchPlane spBorder = SketchPlane.Create(familyDoc, planeBorder);
// 拉伸 80mm，使其正好居中
Extrusion extBorder = factory.NewExtrusion(true, caaBorder, spBorder, 80 * s);
// 关联至窗框材质
fm.AssociateElementParameterToFamilyParameter(extBorder.
  LookupParameter(" 材质 "), paraMtBorder
#endregion

#region 玻璃拉伸
// 直接用外框线偏移后的内环线进行拉伸
CurveArrArray caaOffset = new CurveArrArray();
CurveArray caOffset = new CurveArray();
foreach (Curve c in offsetLoop)
{
  caOffset.Append(c);
}
caaOffset.Append(caOffset);
// 设定拉伸的基准工作面，本例玻璃为居中 10mm
Plane planeGlass = Plane.CreateByNormalAndOrigin(XYZ.BasisY, new XYZ(0, -5 * s, 0));
SketchPlane spGlass = SketchPlane.Create(familyDoc, planeGlass);
// 拉伸 10mm
Extrusion extGlass = factory.NewExtrusion(true, caaOffset, spGlass, 10 * s);
```

```
// 关联至玻璃材质
fm.AssociateElementParameterToFamilyParameter(extGlass.
  LookupParameter( " 材质 " ), paraMtGlass);
#endregion

#region 窗棂放样
// 窗棂只有单线，因此用放样制作，先确定轮廓线，本例为 60 × 60 的矩形
XYZ p1 = new XYZ(–30 * s, –30 * s, 0);
XYZ p2 = new XYZ(30 * s, –30 * s, 0);
XYZ p3 = new XYZ(30 * s, 30 * s, 0);
XYZ p4 = new XYZ(–30 * s, 30 * s, 0);
Line line1 = Line.CreateBound(p1, p2);
Line line2 = Line.CreateBound(p2, p3);
Line line3 = Line.CreateBound(p3, p4);
Line line4 = Line.CreateBound(p4, p1);
// 将矩形存为 CurveArrArray，再转化为放样轮廓
CurveArrArray arrarr = new CurveArrArray();
CurveArray arr = new CurveArray();
arr.Append(line1);
arr.Append(line2);
arr.Append(line3);
arr.Append(line4);
arrarr.Append(arr);
// 注意放样轮廓必须放在 XY 水平面上，无需转换到路径的局部坐标系里
SweepProfile profile = familyDoc.Application.Create.NewCurveLoopsProfile(arrarr);

// 逐个窗棂线进行放样
foreach (Curve c in curvesInner)
{
  // 窗棂线存为放样路径 CurveArray
  CurveArray curvesPath = new CurveArray();
  curvesPath.Append(c);
  // 确定路径所在的工作平面，即前 / 后中心平面
  Plane planeXZ = Plane.CreateByNormalAndOrigin(XYZ.BasisY, XYZ.Zero);
  SketchPlane spXZ = SketchPlane.Create(familyDoc, planeXZ);
  // 调用前面设定的轮廓进行放样
  Sweep sweep = factory.NewSweep(true, curvesPath, spXZ, profile,
    0, ProfilePlaneLocation.Start);
```

```
        // 关联至窗框材质
        fm.AssociateElementParameterToFamilyParameter(sweep.
          LookupParameter( " 材质 " ), paraMtBorder);
    }
    #endregion

    // 提交族文档的事务
    transFamilyDoc.Commit();

    // 将族先保存至临时文件夹。此处忽略已有同名文件且无法删除的处理
    string tmp_fName = System.IO.Path.GetTempPath() + "\\" + " 万能窗 .rfa";
    if (File.Exists(tmpfName))
      File.Delete(tmpfName);
    familyDoc.SaveAs(tmpfName);
    // 加载至项目文档
    familyDoc.LoadFamily(doc);
    // 关闭族文档文件
    familyDoc.Close(false);
    // 删除临时族文件
    File.Delete(tmpfName);

    MessageBox.Show( " 窗族 ' 万能窗 ' 创建并加载完毕，请用 Revit 的窗命令进行放置。");
    return Result.Succeeded;
}
```

如前所述，篇幅所限，本案例代码仅将主干列出，实战中还需要考虑以下因素，读者可自行尝试在此基础上进行完善，使其真正成为实用型插件。

（1）窗框、窗梃、玻璃的尺寸、材质，应提供窗体给用户设置；族名也应该由用户设定。

（2）本案例选择窗外框线时，如果没有按顺序，或者没有闭合，均会导致无法生成拉伸实体而弹错，需加以规避。没有闭合的应弹窗提示；选择时应不限定顺序，由程序自动重新整理首尾相连的顺序。

（3）案例没有考虑平面表达，也没有考虑形体的可见性设置。

（4）程序中的坐标变换比较复杂，这是窗族的制作方法导致的。不同的族样板，工作平面不一样，需根据实际情况仔细设置。

（5）族文档中的几何形状创建方法比较复杂，每一类的输入条件均不一样，稍有差池则无法生成，需仔细查阅 Revit API.chm 帮助文档，里面有很多注意事项。比如

放样的轮廓定义，一般直觉会按照 Revit 手动创建族的时候，在路径的局部坐标系里面画轮廓，但 NewSwept 方法则规定：The profile must lie in the XY plane, and it will be transformed to the profile plane automatically。意思是：轮廓必须在 XY 平面中定义，本方法会自动将其转换至实际放样的轮廓所在平面。

提示：Revit API 还提供了另一个创建形状的接口：『GeometryCreationUtilities』，同样包含创建拉伸、放样、旋转、融合等各种形状的方法，其结果与本案例所使用的 FamilyItemFactory.NewSweep 等的结果虽然几何形状一样，但其结果不是生成实体构件，只是生成一个几何形体，需通过『FreeFormElement.Create』才能将其变成实体构件。其好处是可以通过『BooleanOperationsUtils.ExecuteBooleanOperation』进行形体之间的布尔运算，可以创建出更灵活的造型。

2.14 钢筋相关开发

2.14.1 Revit 钢筋简介

在 Revit 中，**钢筋（Rebar）**位于 Revit 结构选项卡的钢筋面板中（图 2-97），钢筋是特殊的族，项目中使用 Revit 钢筋前，需要载入钢筋族，并了解钢筋类型、弯钩类型、钢筋形状三个基本概念。

图 2-97 Revit 钢筋面板位置

1. 钢筋类型 RebarBarTyp

钢筋类型是一个系统族，用户可以自己添加和新建新的类型，定义自己需要的钢筋类型，钢筋类型是用于描述钢筋的基本类型信息，包含直径、材质、弯曲角度等参数（表 2-33），参数设置界面如图 2-98 所示。

钢筋类型参数　　表 2-33

参数名称	说明
材质	钢筋材质，在“材质”对话框中选择材质
钢筋直径	钢筋类型的直径
标准弯曲直径	钢筋类型的非弯钩弯曲直径，该参数不影响钢筋形状

续表

参数名称	说明
标准弯钩弯曲直径	钢筋类型的弯钩弯曲直径，该参数不影响钢筋形状
镫筋 / 箍筋直径	标准弯曲或镫筋 / 箍筋的钢筋弯曲直径，该参数定义了选定弯曲类型的半径
弯钩长度	设置基于特定钢筋类型的弯钩
最大弯曲半径	设置钢筋明细表的“最大弯曲半径”，其目的是平衡场地中由于弯曲直径较大而弯曲的钢筋

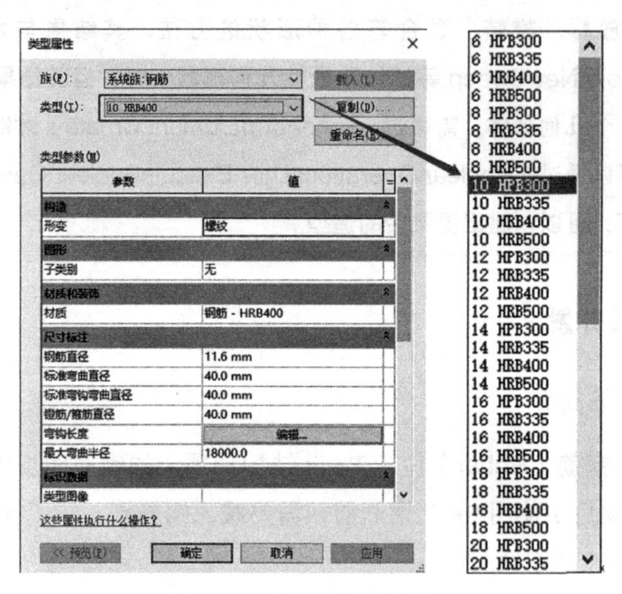

图 2-98　钢筋类型参数界面

2. 弯钩类型 RebarHookType

用于定义弯头的类型，由于弯钩类型属于预定值，默认包含标准、镫筋 / 箍筋和抗震镫筋 / 箍筋三大类，其角度及长度可自由设置（图 2-99），设置效果如图 2-100 所示。

图 2-99　弯钩类型参数

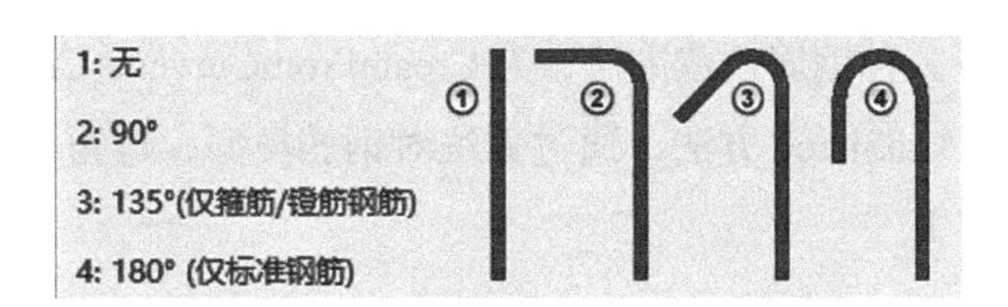

图 2-100　钢筋起点 / 终点弯勾示意图

3. 钢筋形状 RebarShape

钢筋形状用于指定钢筋的外形轮廓，可以通过加载文档中默认的钢筋形状，也可以自己创建钢筋形状，其形状如图 2-101 所示。

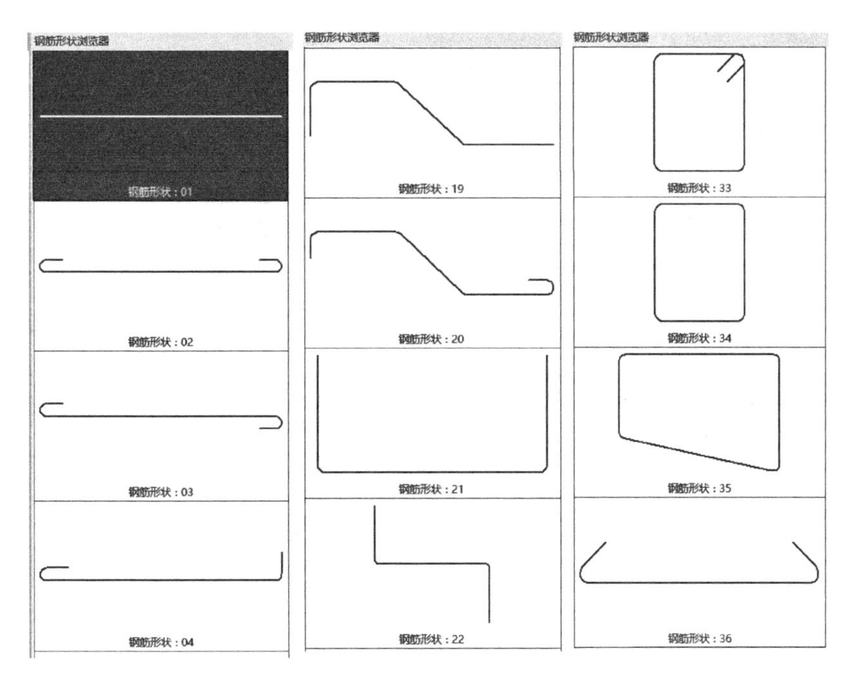

图 2-101　Revit 中的钢筋形状示例

2.14.2　创建钢筋

Revit 的钢筋创建基于平面，分为“当前工作平面”“近保护层参照”和“远保护层参照”；放置方向又分“平行于工作平面”“平行于保护层”和“垂直于保护层”三种形式（图 2-102）。

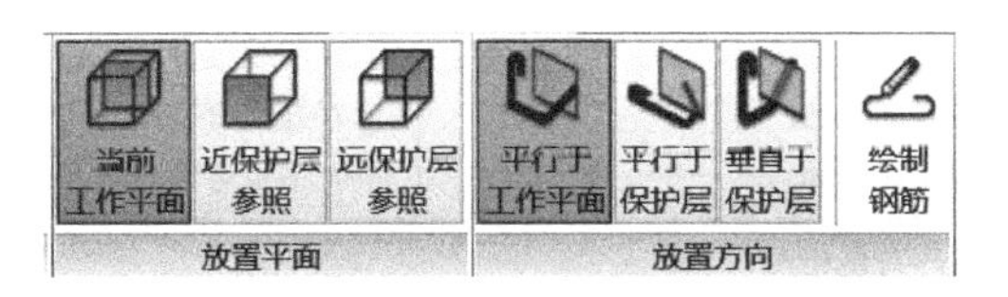

图 2-102　“放置平面”和“放置方向”

Revit API 提供了三种钢筋创建方法，为 CreateFromCurves、CreateFromRebarShape 和 CreateFromCurvesAndShape 方法，通过方法对钢筋类型、弯钩类型、钢筋形状等参数进行设置（表 2-34）。

钢筋创建方法　　表 2-34

基于曲线	
CreateFromCurves(Document doc,	// 文档
RebarStyle style,	// 钢筋风格
RebarBarType barType,	// 钢筋类型
RebarHookType startHook,	// 开始弯钩类型
RebarHookType endHook,	// 结束弯钩类型
Element host,	// 主体
XYZ norm,	// 平面方向
IList<Curve> curves,	// 曲线集合
RebarHookOrientation startHookOrient,	// 开始弯钩方向
RebarHookOrientation endHookOrient,	// 结束弯钩方向
bool useExistingShapeIfPossible,	// 是否尝试匹配形状
bool createNewShape)	// 是否新建议形状
注：（1）curves 中的线必须按顺序首尾相连 （2）该方法会自动创建大量的钢筋形状	
基于形状	
CreateFromRebarShape(Document doc,	// 文档
RebarShape rebarShape,	// 钢筋形状
RebarBarType barType,	// 钢筋类型
Element host,	// 主体
XYZ origin,	// 钢筋放置点
XYZ xVec,	// 钢筋 X 轴方向
XYZ yVec)	// 钢筋 Y 轴方向
注：（1）创建前必须选定适合钢筋形状 （2）origin, xVec, yVec 三个参数设置插入点，以及约束条件 （3）需要配合 ScaleToBox 方法，将钢筋放置在包围盒内	
基于曲线和形状	
CreateFromCurvesAndShape(Document doc,	// 文档
RebarShape rebarShape,	// 钢筋形状
RebarBarType barType,	// 钢筋类型
RebarHookType startHook,	// 开始弯钩类型
RebarHookType endHook,	// 结束弯钩类型
Element host,	// 主体
XYZ norm,	// 平面方向
IList<Curve> curves,	// 曲线集合
RebarHookOrientation startHookOrient,	// 开始弯钩方向
RebarHookOrientation endHookOrient)	// 结束弯钩方向
注：（1）curves 中的线必须按顺序首尾相连 （2）curves 数量必须与钢筋形状的数量一致	

通过以上的 Revit API 方法，可以实现钢筋参数化自动绘制，例如梁箍筋，由于在 Revit 中绘制箍筋需要设置保护层、箍筋形状、尺寸大小等，手动操作非常烦琐，而通过 Revit API 可实现一键生成梁箍筋模型，极大提高工作效率，实现效果如图 2-103 所示。为简化代码，本案例未考虑箍筋的加密区。

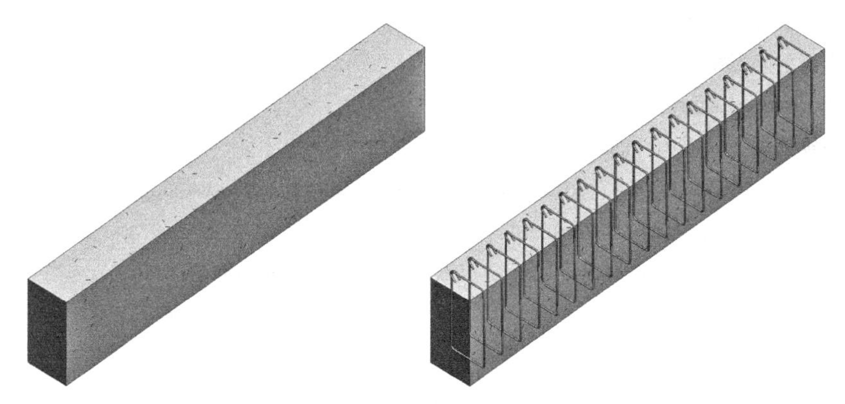

图 2-103 梁箍筋创建效果示例

实现代码如下：

代码 2-63：创建梁箍筋

```
public Result Execute(ExternalCommandData cD, ref string ms, ElementSet set)
{
    Application Revit = cD.Application.Application;
    UIDocument uiDoc = cD.Application.ActiveUIDocument;
    Document doc = uiDoc.Document;
    // 获得当前视图，此处忽略当前视图不是 3D 视图的处理
    View3D v3d = doc.ActiveView as View3D;
    // 选择梁，此处忽略用户取消选择的处理
    Reference refer = uiDoc.Selection.PickObject(ObjectType.Element, " 选择梁 ");
    Element e = doc.GetElement(refer);
    FamilyInstance beam = doc.GetElement(refer) as FamilyInstance;
    // 获得梁控制线
    Curve beamCurve = (beam.Location as LocationCurve).Curve;
    // 获得梁原始几何体包围框
    Options options = Revit.Create.NewGeometryOptions();
    GeometryElement geoEle = beam.GetOriginalGeometry(options);
    BoundingBoxXYZ boundingBox = geoEle.GetBoundingBox();
    // 获得梁的长、宽、高，由于梁是可载入族，用 b、h 等参数不可靠
```

```
// 建议通过包围框获得梁的宽和高
double beamLength = beamCurve.Length;
double width = (boundingBox.Max.Y – boundingBox.Min.Y);
double height = boundingBox.Max.Z – boundingBox.Min.Z;
// 箍筋排布间距，案例以 200mm 为例
double space = 200 / 304.8;
// 获得梁的坐标系
Transform tf = beam.GetTransform();
// 获得钢筋类型，以 10 HRB400 为例
FilteredElementCollector rbTypeCol = new FilteredElementCollector(doc);
rbTypeCol.OfClass(typeof(RebarBarType));
IEnumerable<RebarBarType> rTypes = from elem in rbTypeCol
                                   let r = elem as RebarBarType
                                   where r.Name == "10 HRB400"
                                   select r;
RebarBarTyper Type = rTypes.First();
// 钢筋弯钩，以标准 –135° 为例
FilteredElementCollector rhTypeCol = new FilteredElementCollector(doc);
rhTypeCol.OfClass(typeof(RebarHookType));

IEnumerable<RebarHookType>rhTypes;
rhTypes = from elem in rhTypeCol
          lettmp = elem as RebarHookType
          where tmp.Name.Contains(" 标准 –135° ")
          select tmp;
RebarHookType rhType = rhTypes.First();
// 平面方向
XYZ normal = tf.BasisX;
// 创建事务并启动事务
Transaction trans = new Transaction(doc, " 钢筋 "); trans.Start();
// 箍筋中心离梁边距离，保护层以 25mm 为例，注意包含箍筋半径
double depth = 25 / 304.8 + rType.BarDiameter / 2;
// 本案例忽略钢筋加密区
int num = (int)Math.Ceiling(beamLength / space);
for (int i = 1; i <= num; i++)
{
  // 每个箍筋放置位置
  double setSpace = –beamLength / 2 + (i – 1) * space;
```

```
        // 获得箍筋控制点
        XYZ p1, p2, p3, p4;
        p1 = tf.OfPoint(new XYZ(setSpace, width / 2 – depth, height / 2 – depth));
        p2 = tf.OfPoint(new XYZ(setSpace, width / 2 – depth, –height / 2 + depth));
        p3 = tf.OfPoint(new XYZ(setSpace, –width / 2 + depth, –height / 2 + depth));
        p4 = tf.OfPoint(new XYZ(setSpace, –width / 2 + depth, height / 2 – depth));
        // 按顺序首尾连接曲线
        IList<Curve> curves = new List<Curve>();
        curves.Add(Line.CreateBound(p1, p2));
        curves.Add(Line.CreateBound(p2, p3));
        curves.Add(Line.CreateBound(p3, p4));
        curves.Add(Line.CreateBound(p4, p1));
        // 创建钢筋 , 该方法会创建很多钢筋形状
        Rebar rb = Rebar.CreateFromCurves(doc, RebarStyle.Standard, rType, rhType,
                rhType, beam, normal, curves, RebarHookOrientation.Right,
                RebarHookOrientation.Right, true, true);
        // 作为实体查看，false 时钢筋以线的形式表示
        rb.SetSolidInView(v3d, true);
        // 清晰的视图设置
        rb.SetUnobscuredInView(v3d, true);
    }
    trans.Commit();
    return Result.Succeeded;
}
```

2.14.3　综合案例：结构柱钢筋

在施工 BIM 应用过程中，结构钢筋碰撞复核的应用价值逐步得到施工单位的认可，但由于结构钢筋形式复杂多变，钢筋建模非常耗时，例如结构柱中包含纵筋、角筋、*b* 边一侧中部筋、*h* 边一侧中部筋、外箍筋、内箍筋等，在 Revit 中手动绘制需要设置放置平面和放置方向，间距难于控制，操作非常烦琐。

由于钢筋都是按照相关规范进行排布，且具有一定的规律性，例如结构柱中的角筋大小型号相同，分布在结构柱四个角位置，中部筋大小型号相同，平均分布在角筋中间等。因此，可以通过 Reivt API 提供的钢筋创建方法，实现钢筋自动绘制，实现效果如图 2-104 所示。

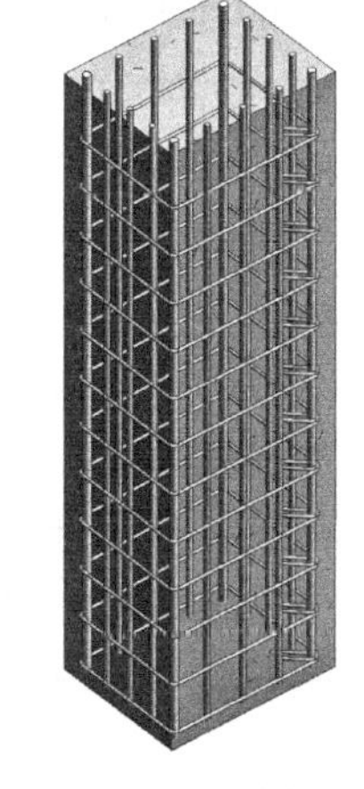

图 2–104　结构柱钢筋创建效果示例

实现代码如下：

代码 2-64：结构柱钢筋

```
public Result Execute(ExternalCommandData cD, ref string ms, ElementSet set)
{
    Application Revit = cD.Application.Application;
    UIDocument uidoc = cD.Application.ActiveUIDocument;
    Document doc = uidoc.Document;
    // 获得当前视图，此处忽略当前视图不是 3D 视图的处理
    View3D v3d = doc.ActiveView as View3D;
    // 选择结构柱，此处忽略用户取消选择的处理
    Reference refer = uidoc.Selection.PickObject(ObjectType.Element, " 选择柱 ");
    // 获得结构柱的相关参数，并保存在结构体中
    FamilyInstance column = doc.GetElement(refer) as FamilyInstance;

    // 获得结构柱、b、h、高、Transform、控制线、底部中心点等
    // 通过柱原始几何体包围框求 b/h
    Options options = Revit.Create.NewGeometryOptions();
    GeometryElement geoEle = column.GetOriginalGeometry(options);
    BoundingBoxXYZ boundingBox = geoEle.GetBoundingBox();
    ColumnInfo columnInfo = new ColumnInfo();
    columnInfo.ele = column;
    columnInfo.curve = column.GetAnalyticalModel().GetCurve();
    columnInfo.b = boundingBox.Max.X – boundingBox.Min.X;
    columnInfo.h = boundingBox.Max.Y – boundingBox.Min.Y;
    columnInfo.height = columnInfo.curve.Length;
    columnInfo.tf = column.GetTransform();
    columnInfo.protect = 25 / 304.8;
    if (columnInfo.curve.GetEndPoint(0).Z >columnInfo.curve.GetEndPoint(1).Z)
      columnInfo.origin = columnInfo.curve.GetEndPoint(1);
    else
      columnInfo.origin = columnInfo.curve.GetEndPoint(0);
    // 外箍筋类型，案例不考虑内箍筋
    FilteredElementCollector rbTypesColGJ = new FilteredElementCollector(doc);
    rbTypesColGJ.OfClass(typeof(RebarBarType));
    IEnumerable<RebarBarType> rbTypesGJ = from elem in rbTypesColGJ
                                          let barType = elem as RebarBarType
                                          where barType.Name == "10 HRB400"
```

```
                                        select barType;
RebarBarType rbTypeGJ = rbTypesGJ.First();
// 外箍筋形状
FilteredElementCollector rShapesColGJ = new FilteredElementCollector(doc);
rShapesColGJ.OfClass(typeof(RebarShape));
IEnumerable<RebarShape> rShapesGJ = from elem in rShapesColGJ
                                    let barshape = elem as RebarShape
                                    where barshape.Name == "33"
                                    select barshape;
// 当前文档可能没有载入所需的钢筋形状或钢筋类型，应加以规避处理
// 以此为例，其余略过
if (rShapesGJ.Count() == 0)
{
  MessageBox.Show( " 请先加载 33 号钢筋形状。" );
  return Result.Succeeded;
}
RebarShape rShapeGJ = rShapesGJ.First();
// 角筋类型
FilteredElementCollector rbTypeColJJ = new FilteredElementCollector(doc);
rbTypeColJJ.OfClass(typeof(RebarBarType));
IEnumerable<RebarBarType> rTypesJJ = from elem in rbTypeColJJ
                                     let barType = elem as RebarBarType
                                     where barType.Name == "28 HRB400"
                                     select barType;
RebarBa rTyperTypeJJ = rTypesJJ.First();
// 角筋、中部筋形状，案例不考虑钢筋弯钩
FilteredElementCollector rShapeCol01 = new FilteredElementCollector(doc);
rShapeCol01.OfClass(typeof(RebarShape));
IEnumerable<RebarShape> rShapes01 = from elem in rShapeCol01
                                    let barshape = elem as RebarShape
                                    where barshape.Name == "01"
                                    select barshape;
RebarShape rShape01 = rShapes01.First();
// 中部筋类型
FilteredElementCollector rbTypeZ = new FilteredElementCollector(doc);
rbTypeZ.OfClass(typeof(RebarBarType));
IEnumerable<RebarBarType> rTypesZ = from elem in rbTypeZ
                                    let barType = elem as RebarBarType
```

```
                                        where barType.Name == "20 HRB400"
                                        select barType;
    RebarBarType rTypeZ = rTypesZ.First();
    XYZ normal_waigujin = columnInfo.tf.BasisZ;

    // 创建并开启事务
    Transaction trans = new Transaction(doc, " 结构柱钢筋 "); trans.Start();
    // 关键步骤 1：创建结构柱箍筋
    CreateGJ(doc, columnInfo, v3d, rbTypeGJ, rShapeGJ);
    // 关键步骤 2：创建角筋
    CreateJJ(doc, columnInfo, v3d, rTypeJJ, rShape01, rbTypeGJ);
    // 关键步骤 3：创建中部筋
    CreateZb(doc, columnInfo, v3d, rTypeZ, rShape01, rbTypeGJ);
    // 提交事务
    trans.Commit();
    return Result.Succeeded;
}

// 结构柱参数结构体
public struct ColumnInfo
{
    public Element ele;          // 结构柱
    public Curve curve;          // 结构柱控制线
    public Transform tf;         // 结构柱坐标系
    public double protect;       // 保护层
    public XYZ origin;           // 柱底中点坐标
    public double b;             // 柱 b 长
    public double h;             // 柱 h 长
    public double height;        // 柱高
}
```

关键步骤 1：外箍筋创建

首先要计算外箍筋数量，外箍筋中心离柱边距离，然后计算出箍筋控制线，再根据箍筋形状创建钢筋。其中保护层以 25mm 为例，注意钢筋控制点需要根据结构柱的坐标系进行转换，否则钢筋将不在结构柱内，实现效果如图 2-105 所示。

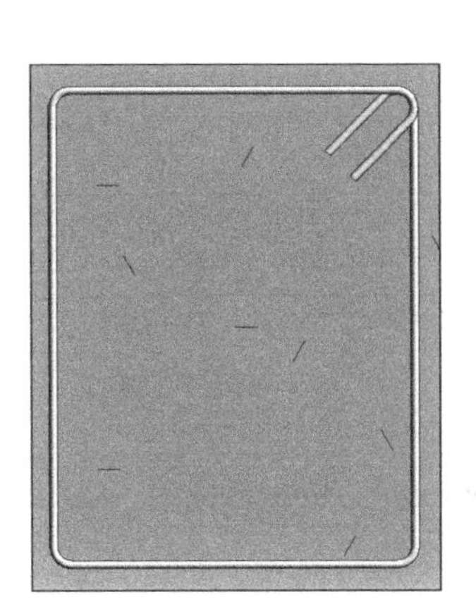
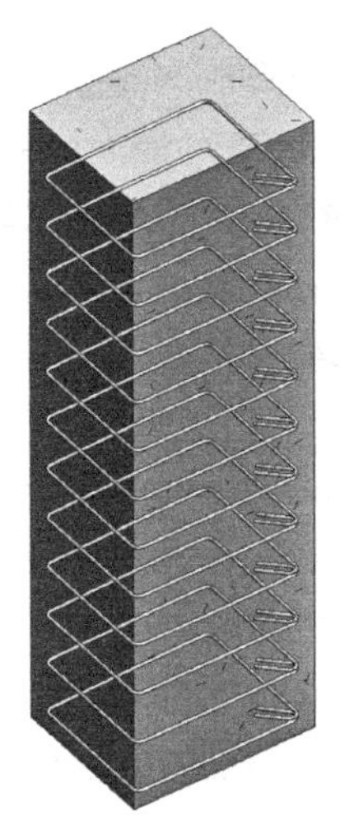

图 2–105　结构柱箍筋创建效果

实现代码如下：

代码 2–65：创建箍筋

```
public void CreateGJ(Document doc, ColumnInfo cInfo, View3D v3d, RebarBarType rbType,
  RebarShape rShape)
{
   // 箍筋排布间距，案例以 200mm 为例
   double space = 200 / 304.8;
   // 外箍筋数量
   int num = (int)(cInfo.height / space);
   // 箍筋中心离柱边距离，保护层以 25mm 为例，注意包含箍筋半径
   double ct = cInfo.protect + rbType.BarDiameter / 2;
   for (int i = 0; i < num; i++)
   {
      double depth = ct + i * space;// 外箍筋位置
      // 结构柱底部中心点
      XYZ origin = cInfo.tf.Inverse.OfPoint(cInfo.origin);
      // 获得箍筋控制点
      XYZ delta1 = new XYZ(-cInfo.b / 2 + ct, -cInfo.h / 2 + ct, depth);
      XYZ delta2 = new XYZ(-cInfo.b / 2 + ct, cInfo.h / 2 - ct, depth);
      XYZ delta3 = new XYZ(cInfo.b / 2 - ct, cInfo.h / 2 - ct, depth);
      XYZ delta4 = new XYZ(cInfo.b / 2 - ct, -cInfo.h / 2 + ct, depth);
      XYZ p1 = cInfo.tf.OfPoint(origin + delta1);
      XYZ p2 = cInfo.tf.OfPoint(origin + delta2);
```

```
        XYZ p3 = cInfo.tf.OfPoint(origin + delta3);
        XYZ p4 = cInfo.tf.OfPoint(origin + delta4);
        // 钢筋形状放置方向，以 p1 为放置点
        XYZ xVec = (p2 - p1);
        XYZ yVec = (p4 - p1);
        // 创建钢筋
        Rebar rb = Rebar.CreateFromRebarShape(doc, rShape, rbType,
        cInfo.ele, p1, xVec, yVec);
        // 设置钢筋在范围框内
        rb.GetShapeDrivenAccessor().ScaleToBox(p1, xVec, yVec);
        // 作为实体查看，false 时钢筋以线的形式表示
        rb.SetSolidInView(v3d, true);
        // 清晰的视图设置
        rb.SetUnobscuredInView(v3d, true);
    }
}
```

关键步骤 2：角筋创建

首先计算角筋中心离柱边距离，然后计算出每根角筋的控制点和控制线，再根据钢筋控制线和箍筋形状创建钢筋。注意 CreateFromCurvesAndShape 方法曲线集合需要与形状匹配，角筋中心离柱边距离包含保护层、外箍筋和角筋半径，实现效果如图 2-106 所示。

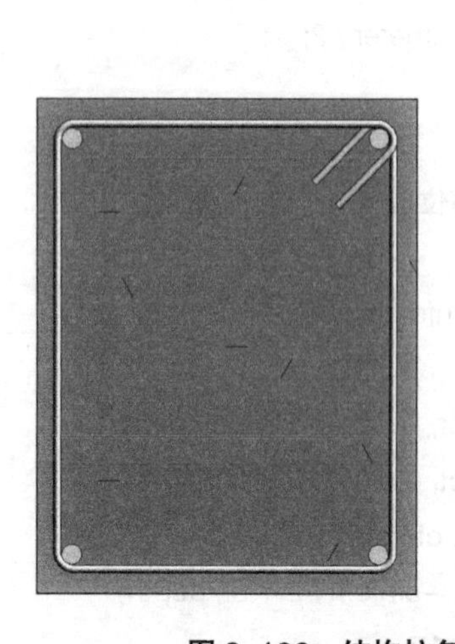
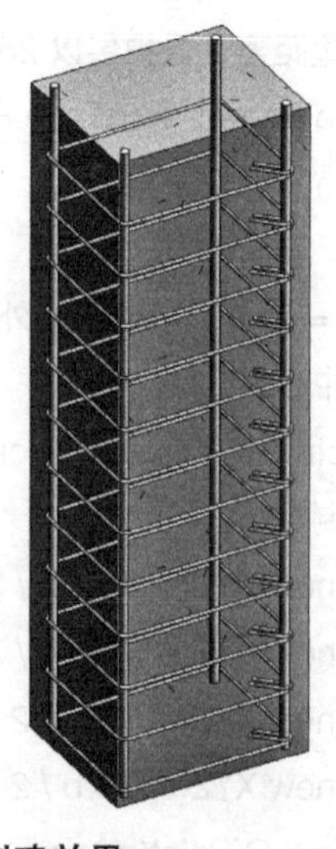

图 2-106 结构柱角筋创建效果

实现代码如下：

代码 2-66：创建角筋

```
public void CreateJJ(Document doc, ColumnInfo cInfo, View3D v3d, RebarBarType rT,
  RebarShape rS, RebarBarType rTG)
{
   Element ele = cInfo.ele;
   // 角筋中心离柱边的距离
   double depth = rTG.BarDiameter + cInfo.protect + rT.BarDiameter / 2;
   // 结构柱定位点通过 OfPoint 转成结构柱 Transform 的坐标，否则钢筋不在主体内
   XYZ origin = cInfo.tf.Inverse.OfPoint(cInfo.origin);
   // 获得四根角筋的控制点
   double deltaY = depth – cInfo.h / 2;
   XYZ p1 = origin + new XYZ(–cInfo.b / 2 + depth, deltaY, 0);
   XYZ p11 = origin + new XYZ(–cInfo.b / 2 + depth, deltaY, cInfo.height);
   XYZ p2 = origin + new XYZ(cInfo.b / 2 – depth, deltaY, 0);
   XYZ p22 = origin + new XYZ(cInfo.b / 2 – depth, deltaY, cInfo.height);
   XYZ p3 = origin + new XYZ(cInfo.b / 2 – depth, –deltaY, 0);
   XYZ p33 = origin + new XYZ(cInfo.b / 2 – depth, –deltaY, cInfo.height);
   XYZ p4 = origin + new XYZ(–cInfo.b / 2 + depth, –deltaY, 0);
   XYZ p44 = origin + new XYZ(–cInfo.b / 2 + depth, –deltaY, cInfo.height);
   // 保存创建的钢筋，用于设置显示
   List<Rebar> rbs = new List<Rebar>();
   // 角筋的控制线通过 OfPoint 转成结构柱 Transform 的坐标，否则钢筋不在主体内
   IList<Curve> c1 = new List<Curve>
   {
     Line.CreateBound(cInfo.tf.OfPoint(p1), cInfo.tf.OfPoint(p11))
   };
   IList<Curve> c2 = new List<Curve>
   {
     Line.CreateBound(cInfo.tf.OfPoint(p2), cInfo.tf.OfPoint(p22))
   };
   IList<Curve> c3 = new List<Curve>
   {
     Line.CreateBound(cInfo.tf.OfPoint(p3), cInfo.tf.OfPoint(p33))
   };
   IList<Curve> c4 = new List<Curve>
   {
     Line.CreateBound(cInfo.tf.OfPoint(p4), cInfo.tf.OfPoint(p44))
```

```
    };
    // 角筋弯钩方向和放置方向，没有弯钩时不影响结果
    RebarHookOrientation rho = RebarHookOrientation.Left;
    XYZ norm = cInfo.tf.BasisX;
    // 创建角筋
    rbs.Add(Rebar.CreateFromCurvesAndShape(doc, rS, rT, null, null, ele, norm,
      c1, rho, rho));
    rbs.Add(Rebar.CreateFromCurvesAndShape(doc, rS, rT, null, null, ele, norm,
      c2, rho, rho));
    rbs.Add(Rebar.CreateFromCurvesAndShape(doc, rS, rT, null, null, ele, norm,
      c3, rho, rho));
    rbs.Add(Rebar.CreateFromCurvesAndShape(doc, rS, rT, null, null, ele, norm,
      c4, rho, rho));
    foreach (Rebar rb in rbs)
    {
      // 作为实体查看，false 时钢筋以线的形式表示
      rb.SetSolidInView(v3d, true);
      // 清晰的视图设置
      rb.SetUnobscuredInView(v3d, true);
    }
}
```

关键步骤 3：中部筋创建

根据规范，结构柱的中部筋分为 *b* 侧和 *h* 侧，创建方法基本相同，首先计算中部筋排布的起始位置，然后根据中部筋的数量计算间距，案例以 3 根中部筋为例，再计算出中部筋的控制线，最后创建钢筋。其中注意 *b* 侧和 *h* 侧钢筋均有两边，为对称排布，注意钢筋控制点的计算，实现效果如图 2-107 所示。

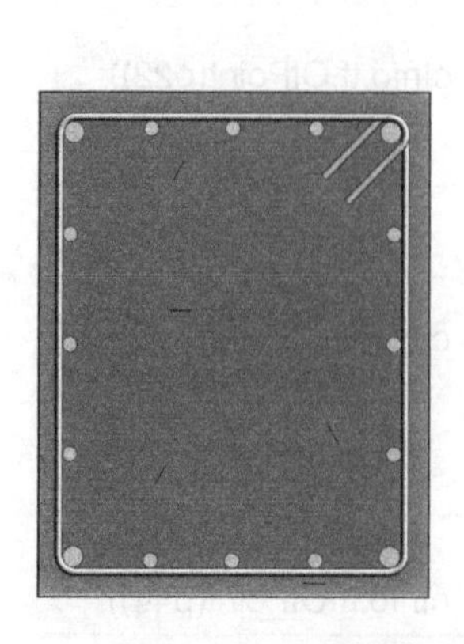
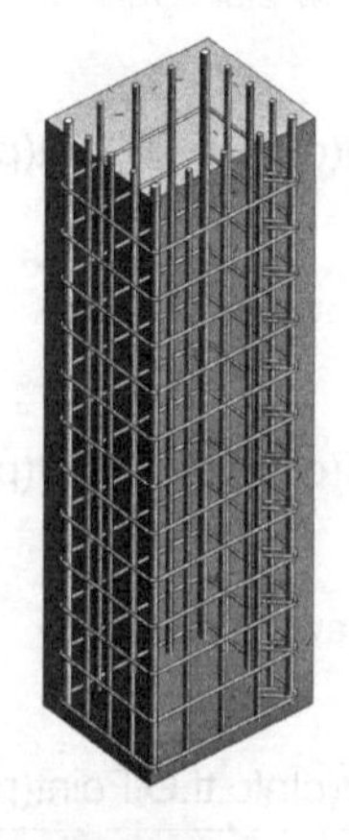

图 2–107　结构柱中部筋创建效果

实现代码如下：

代码 2-67：创建中部筋

```
public void CreateZb(Document doc, ColumnInfo cInfo, View3D v3d, RebarBarType rT,
  RebarShape rS, RebarBarType rTG)
{
   // 获得结构柱的 b、h、高和 Transform
   Element ele = cInfo.ele;
   double b = cInfo.b;
   double h = cInfo.h;
   double height = cInfo.height;
   Transform tf = cInfo.tf;
   // 结构柱定位点通过 OfPoint 转成结构柱 Transform 的坐标，否则钢筋不在主体内
   XYZ origin = cInfo.tf.Inverse.OfPoint(cInfo.origin);
   XYZ norm = cInfo.tf.BasisX;
   // 纵筋区域起始位置离柱边距离
   double depth = cInfo.protect + rTG.BarDiameter + rT.BarDiameter / 2;
   // 获得 b 纵筋间距，案例以 3 条中部筋为例
   double spaceB = (cInfo.b – cInfo.protect * 2 – rT.BarDiameter –
     rTG.BarDiameter * 2) / 4;
   double spaceH = (cInfo.h – cInfo.protect * 2 – rT.BarDiameter –
     rTG.BarDiameter * 2) / 4;
   //B 侧，案例以 3 条中部筋为例
   for (int i = 0; i < 3; i++)
   {
     // 放置点位置
     double set = (i + 1) * spaceB + depth;
     //b 上侧
     XYZ p1 = tf.OfPoint(origin + new XYZ(–b / 2 + set, h / 2 – depth, 0));
     XYZ p11 = tf.OfPoint(origin + new XYZ(–b / 2 + set, h / 2 – depth, height));
     //b 下侧
     XYZ p2 = tf.OfPoint(origin + new XYZ(–b / 2 + set, –h / 2 + depth, 0));
     XYZ p22 = tf.OfPoint(origin + new XYZ(–b / 2 + set, –h / 2 + depth, height));
     // 保存创建的钢筋，用于设置显示
     List<Rebar> rbs = new List<Rebar>();
     // 获得中部筋的控制线
     IList<Curve> c1 = new List<Curve>();
     IList<Curve> c2 = new List<Curve>();
```

```
        c1.Add(Line.CreateBound(p1, p11));
        c2.Add(Line.CreateBound(p2, p22));
        // 角筋弯钩方向和放置方向，没有弯钩时不影响结果
        RebarHookOrientation rho = RebarHookOrientation.Left;
        // 创建角筋
        rbs.Add(Rebar.CreateFromCurvesAndShape(doc, rS, rT, null, null, ele, norm,
          c1, rho, rho));
        rbs.Add(Rebar.CreateFromCurvesAndShape(doc, rS, rT, null, null, ele, norm,
          c2, rho, rho));
        foreach (Rebar rb in rbs)
        {
          // 作为实体查看，false 时钢筋以线的形式表示
          rb.SetSolidInView(v3d, true);
          // 清晰的视图设置
          rb.SetUnobscuredInView(v3d, true);
        }
      }
      //H 侧，案例以 3 条中部筋为例
      for (int i = 0; i < 3; i++)
      {
        double set = (i + 1) * spaceH + depth;
        //h 左侧
        XYZ p1 = tf.OfPoint(origin + new XYZ(-b / 2 + depth, h / 2 - set, 0));
        XYZ p11 = tf.OfPoint(origin + new XYZ(-b / 2 + depth, h / 2 - set, height));
        //h 右侧
        XYZ p2 = tf.OfPoint(origin + new XYZ(b / 2 - depth, h / 2 - set, 0));
        XYZ p22 = tf.OfPoint(origin + new XYZ(b / 2 - depth, h / 2 - set, height));
        // 保存创建的钢筋，用于设置显示
        List<Rebar> rbs = new List<Rebar>();
        // 获得中部筋的控制线
        IList<Curve> c1 = new List<Curve>();
        IList<Curve> c2 = new List<Curve>();
        c1.Add(Line.CreateBound(p1, p11));
        c2.Add(Line.CreateBound(p2, p22));
        // 角筋弯钩方向和放置方向，没有弯钩时不影响结果
        RebarHookOrientation rho = RebarHookOrientation.Left;
        // 创建角筋
        rbs.Add(Rebar.CreateFromCurvesAndShape(doc, rS, rT, null, null, ele, norm,
```

```
        c1, rho, rho));
      rbs.Add(Rebar.CreateFromCurvesAndShape(doc, rS, rT, null, null, ele, norm,
        c2, rho, rho));
      foreach (Rebar rb in rbs)
      {
          // 作为实体查看，false 时钢筋以线的形式表示
          rb.SetSolidInView(v3d, true);
          // 清晰的视图设置
          rb.SetUnobscuredInView(v3d, true);
      }
    }
}
```

2.15　数据交互

前面的案例，我们基本上都采用将数值写进代码里作为示意，实际开发中更多的需求是进行**数据交互**。一种需求是提供一个窗体给用户设置，程序再读取窗体的数值，部分程序的运行结果也需要通过窗体呈现出来，这就涉及**程序与窗体的交互**；另一种数据交互的需求则是读取外部数据（如 excel 表）到模型文档，我们通过 csv 的文本格式来进行数据交互。本节分两个小节介绍这两种交互方式。

2.15.1　窗体交互

在 Revit 二次开发中，通常使用窗体来获得用户的输入参数，窗体也用于呈现软件的计算过程及执行结果，是软件与用户的沟通桥梁。窗体可通过 WPF 和 WinForm 两种技术实现，虽然它们是两个单独的平台，但二者又都是基于 .NET 4.0 以上版本开发的。

WPF 相比 WinForm 可以做出来更绚丽的效果，但是会占用更多的内存，如果仅仅考虑效率及实用性，WinForm 完全足够。本节将着重阐述 Revit 二次开发中 WinForm 窗体交互的实现过程。

窗体交互实例：添加注释文字

在 Revit 二次开发中，用窗体获得的用户输入的参数，并将参数赋值到构件的指定参数中，首先需要添加 Windows 窗体，并布置窗体界面，然后在主程序中调用窗体，再获得窗体参数并给构件赋值，实现步骤如下：

（1）添加 Windows 窗体：在 Visual Studio 项目中添加 Windows 窗体，例如命名为 "Form 梁变高 .cs"，添加界面如图 2-108 所示。

图 2-108　添加窗体界面

（2）布置窗体界面：可在工具栏中拖动控件放置到窗体内，同时更改控件的相关属性，案例添加了 Label、TextBox 和 Button，由于要读取 TextBox 的参数，所以要将 TextBox 的 Modifiers 属性设为 Public，该操作可参考 C# 的 Form 开发，本书不再赘述。注意这里特意加了一个 Label“所选梁当前标高：”，这是窗体交互的一种形式，即用户选择了对象后，在窗体里显示对象属性，以方便用户对比设置。这个 Label 的内容将在弹窗时修改，因此属性也要设为 Public（图 2-109）。

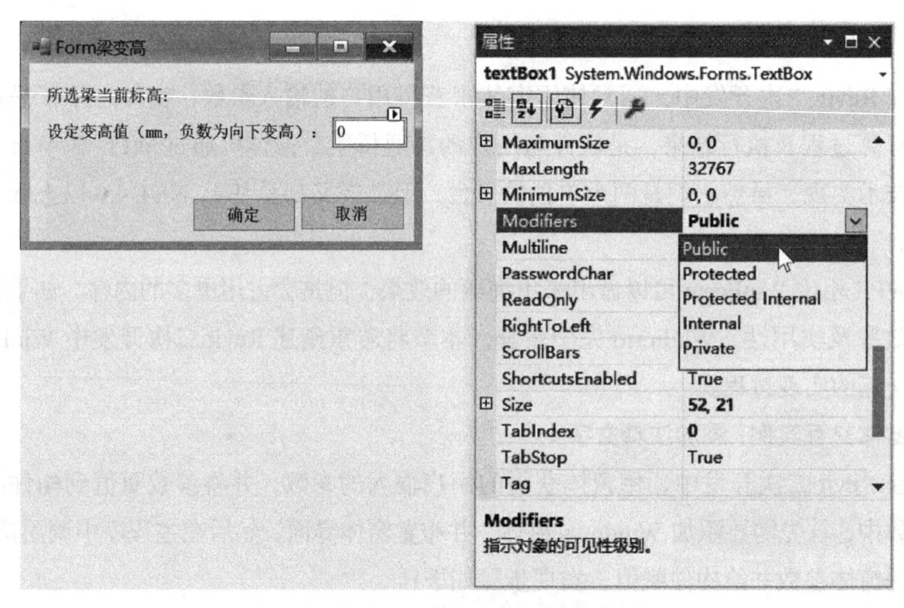

图 2-109　窗体界面及参数设置

（3）调用窗口参数：Revit 通常利用 ShowDialog 的形式来弹出窗口，在用户输入完参数后需要关闭窗口，因此可以双击界面中的 Button 按钮，在鼠标定位区域，添加以下代码：

代码 2-68：确定取消按钮

```
private void button2_Click(object sender, EventArgs e)
{
    this.DialogResult = DialogResult.OK;
    this.Close();
}

private void button1_Click(object sender, EventArgs e)
{
    this.DialogResult = DialogResult.Cancel;
    this.Close();
}
```

注意窗体的命名空间需与主程序的命名空间一致，才能直接新建窗体实例。

经过以上设置，在主程序就可以新建窗体实例，弹出窗体，并在窗体中显示信息、获取用户在窗体中输入的信息，实现代码如下：

代码 2-69：有窗体的梁变高

```
public Result Execute(ExternalCommandData cD, ref string ms, ElementSet set)
{
    UIDocument uiDoc = cD.Application.ActiveUIDocument;
    Autodesk.Revit.DB.Document doc = uiDoc.Document;
    // 单位转换系数，1mm 转换为 Revit 内部单位
    double s = UnitUtils.ConvertToInternalUnits(1, DisplayUnitType.DUT_MILLIMETERS);
    // 记录起点终点标高偏移参数备用
    BuiltInParameter sPara = BuiltInParameter.STRUCTURAL_BEAM_END0_ELEVATION;
    BuiltInParameter ePara = BuiltInParameter.STRUCTURAL_BEAM_END1_ELEVATION;

    // 实例化一个梁选择过滤器
    BeamSelectionFilter sf = new BeamSelectionFilter();
    // 通过鼠标选择一个或多个梁
    List<Reference> refers = new List<Reference>();
```

```
try
{
    refers = uiDoc.Selection.PickObjects(ObjectType.Element, sf, " 选择梁 ").ToList();
}
catch
{
    //如果中断选择，结束命令
    return Result.Succeeded;
}

//将所选梁当前标高显示出来，如果是多个值则显示“多个值”
List<double> currentHList = new List<double>();
foreach (Reference refer in refers)
{
    //获得每根梁
    FamilyInstance beam = doc.GetElement(refer) as FamilyInstance;
    //记录原值，由于要判断是否有重复值，做了精确到小数点后 3 位的处理
    double sH = Math.Round(beam.get_Parameter(sPara).AsDouble(), 3);
    double eH = Math.Round(beam.get_Parameter(ePara).AsDouble(), 3);
    if (!currentHList.Contains(sH))
        currentHList.Add(sH);
    if (!currentHList.Contains(eH))
        currentHList.Add(eH);
}

string tips = " 所选梁当前标高：多个值 ";
if (currentHList.Count == 1)
{
    tips = " 所选梁当前标高：" + (currentHList[0] / s).ToString();
}

//实例化一个窗体
Form 梁变高 form = new Form 梁变高 ();
//在窗体中给出提示信息，注意是在弹出窗体之前设定
form.label2.Text = tips;
//弹出窗体
form.ShowDialog();
//如果用户点击取消
```

```
    if (form.DialogResult == DialogResult.Cancel)
    {
        return Result.Succeeded;
    }
    // 读取用户设定的变高值
    double delta = 0;
    try
    {
        delta = double.Parse(form.textBox1.Text) * s;
    }
    catch
    {
        MessageBox.Show( " 无法识别所输入的数值，命令结束。" );
        return Result.Succeeded;
    }

    // 创建并启动事务
    Transaction trans = new Transaction(doc, " 梁变高 " ); trans.Start();
    foreach (Reference refer in refers)
    {
        // 获得每根梁
        FamilyInstance beam = doc.GetElement(refer) as FamilyInstance;
        // 记录原值
        double sH = beam.get_Parameter(sPara).AsDouble();
        double eH = beam.get_Parameter(ePara).AsDouble();
        // 设置新值
        beam.get_Parameter(sPara).Set(sH + delta);
        beam.get_Parameter(ePara).Set(eH + delta);
    }
    // 提交事务
    trans.Commit();
    return Result.Succeeded;
}
```

注意其中在窗体显示模型信息的方式，一般在**窗体实例化之后、弹出之前**记录信息，赋值给窗体中的控件，然后再弹窗，实现效果如图 2-110 所示。

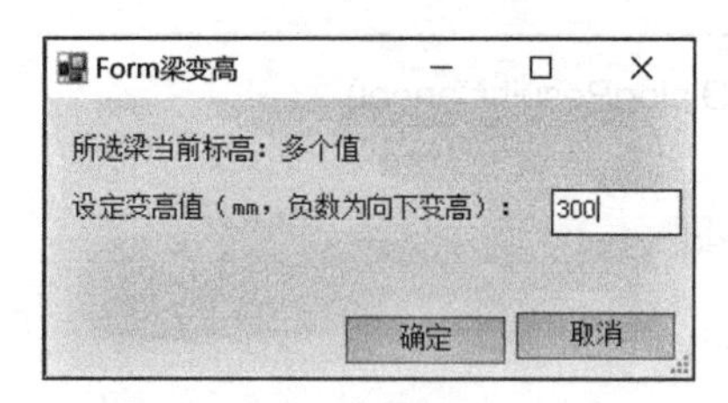

图 2-110　窗体交互实现效果

要获得良好的用户体验，窗体的显示方式、输入方式等需要细致的设置。如：

（1）重复执行命令时，保持上次输入的值作为默认值。

（2）弹窗时鼠标默认在哪个控件。

（3）控制用户只能输入数字。

（4）用户按 Enter 键确定，按 ESC 键退出等习惯操作。

这些都需要 C# 及 Winform 的相关知识，本书不作深入的介绍，读者可自行尝试。

2.15.2　文本数据交互

Revit 与外部数据交互最常见的需求是与 excel 数据文件交互，excel 的读取和写入有多种方法，但受用户运行环境的影响较大，如非必要，可通过将 excel 表单另存为 csv 文件，通过 csv 文本文件来传递数据，这样写起来简单，也比较可靠。

我们以桩基础（图 2-111）的数据提取、读取数据重建桩基础为例，介绍 Revit API 导出及读取文本文件的过程。

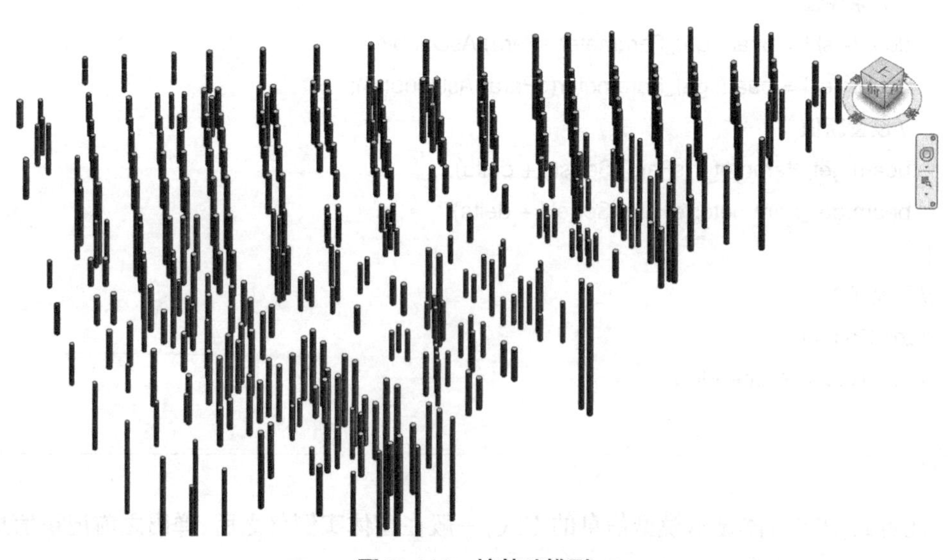

图 2-111　桩基础模型

（1）导出桩模型信息到 csv 文件用记事本打开后如图 2-112 所示，实现代码如下：

代码 2-70：导出 csv 数据

```
public Result Execute(ExternalCommandData cD, ref string ms, ElementSet set)
{
   UIDocument uiDoc = cD.Application.ActiveUIDocument;
   Document doc = cD.Application.ActiveUIDocument.Document;
   // 单位转换系数，1mm 转换为 Revit 内部单位
   double s = UnitUtils.ConvertToInternalUnits(1, DisplayUnitType.DUT_MILLIMETERS);
   // 导出窗口，选择保存路径
   SaveFileDialog sfDialog = new SaveFileDialog();
   sfDialog.Title = " 导出 .csv 文件 ." ;
   sfDialog.Filter = "csv 文件 (*.csv)|*.csv"; // 保存格式
   if (DialogResult.OK != sfDialog.ShowDialog())
   {
      return Result.Cancelled;
   }
   StringBuilder sb = new StringBuilder();
   sb.AppendLine( " 桩型号 , 位置 X, 位置 Y，直径 mm，长度 mm" );
   // 选择导出的桩基础模型
   List<Reference> rfs = uiDoc.Selection.PickObjects(ObjectType.Element).ToList();
   foreach (var item in rfs)
   {
      Element ele = doc.GetElement(item);
      string eleType = ele.LookupParameter(" 桩型号 ").AsString();
      XYZ point = (ele.Location as LocationPoint).Point;
      string eleDim = ele.LookupParameter(" 直径 ").AsValueString();
      string eleLength = ele.LookupParameter(" 桩长度 ").AsValueString();
      // 坐标信息
      sb.AppendLine(eleType + "," + point.X * s + "," + point.Y * s
                   + "," + eleDim + "," + eleLength);
   }
   // 写入到文件
   File.WriteAllText(sfDialog.FileName, sb.ToString(), Encoding.UTF8);
   MessageBox.Show(" 桩基础数据导出完成。");
   // 打开文件夹
   System.Diagnostics.Process.Start(Path.GetDirectoryName(sfDialog.FileName));
   return Result.Succeeded;
}
```

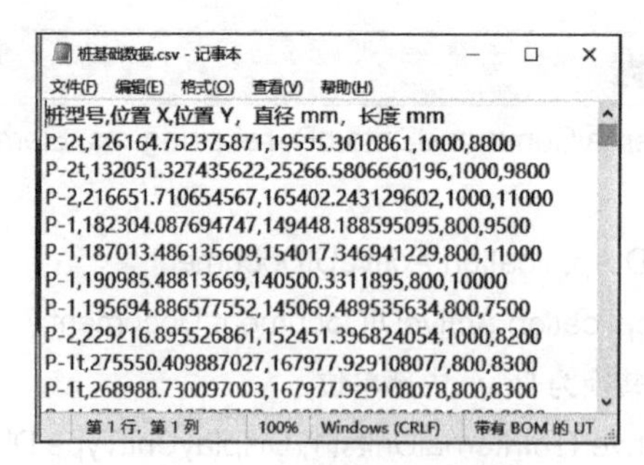

图 2–112　桩基础 csv 数据

（2）读取桩基础 csv 数据还原模型，实现代码如下：

代码 2–71：读取 csv 数据生成桩基础

```
public Result Execute(ExternalCommandData cD, ref string ms, ElementSet set)
{
    UIDocument uiDoc = cD.Application.ActiveUIDocument;
    Document doc = cD.Application.ActiveUIDocument.Document;
    // 单位转换系数，1mm 转换为 Revit 内部单位
    double s = UnitUtils.ConvertToInternalUnits(1, DisplayUnitType.DUT_MILLIMETERS);
    // 读取 csv 文件
    OpenFileDialog oDialog = new OpenFileDialog();
    oDialog.Title = " 选择要读取的 .csv 文件 ." ;
    oDialog.Filter = "csv 文件 (*.csv)|*.csv"; // 保存格式
    if (DialogResult.OK == oDialog.ShowDialog())
    {
      // 文件地址
      string path = oDialog.FileName;
      List<string> items = new List<string>();
      // 用 StreamReader 读取文本数据
      using (StreamReader sRead = new StreamReader(path, Encoding.Default))
      {
          string content = sRead.ReadToEnd();
          string[] lines;
          lines = content.Split(new string[] { "\r\n" }, StringSplitOptions.None);
          items = lines.ToList();
      }
      // 查找名称包含 " 混凝土圆形桩 " 的 FamilySymbol，未作未发现时的容错处理
      // 新建收集器
      FilteredElementCollector fSymCol = new FilteredElementCollector(doc);
```

```
// 过滤 FamilySymbol
fSymCol.OfClass(typeof(FamilySymbol));
// 获得桩族
IEnumerable<FamilySymbol> fSyms = from elem in fSymCol
                                  let type = elem as FamilySymbol
                                  where type.FamilyName == " 混凝土圆形桩 "
                                  select type;
// 获得桩的 FamilySymbol
FamilySymbol fs = fSyms.First();
// 新建并启动事务
Transaction trans = new Transaction(doc, " 创建桩 ");
trans.Start();
// 激活族
fs.Activate();
// 第一行是列名，所以从第二行开始
for (int i = 1; i < items.Count; i++)
{
    // 过滤空白行
    if (items[i] == " ")
    continue;
    string[] rows = items[i].Split(',');
    // 获得桩型号、坐标，直径和桩长度等参数
    string type = rows[0];
    double pointX = double.Parse(rows[1]);
    double pointY = double.Parse(rows[2]);
    double diam = double.Parse(rows[3]);
    double length = double.Parse(rows[4]);
    XYZ point = new XYZ(pointX, pointY, 0);
    // 放置桩族
    StructuralType st = StructuralType.NonStructural;
    FamilyInstance fi = doc.Create.NewFamilyInstance(point, fs, st);
    // 设置桩参数
    fi.LookupParameter(" 桩型号 ").Set(rows[0]);
    fi.LookupParameter(" 直径 ").Set(diam);
    fi.LookupParameter(" 桩长度 ").Set(length / 0.3048);
}
// 提交事务
trans.Commit();
```

```
        MessageBox.Show( " 桩基础生成完成。", " 向日葵 " );
    }
    return Result.Succeeded;
}
```

2.16 模型动态更新

2.16.1 动态更新实现机制

模型动态更新（DMU，Dynamic Model Update) 是 Revit API 提供的**后台监控、触发**的机制。先设定好触发条件及对应操作，然后注册到 Revit 中，当用户在建模过程中触发到相应条件时，Revit 即自动进行对应的操作。DMU 机制对于特定的提醒、规范建模行为等场景非常有用，但由于用户可能不知道为什么会有这样的反应，因此也需要慎重使用。

DMU 的实现过程比较复杂，其核心是一个叫**更新器（Updater）**的自定义类，通过 Revit API 提供的 **Iupdater 接口**创建，在更新器里定义了监控的类别、触发的条件，以及触发后的处理。

步骤如下：

（1）预定义：使用 Iupdater 接口定义一个**更新器（Updater）**，其定义里包含：

1）设定其 GUID 以便 Revit 识别并避免冲突。

2）将其注册到（可以理解为应用到）Revit 文档中的函数。

3）添加**触发器**以设定触发条件的函数。

4）设定触发后的处理程序。

（2）在项目文档中，新建一个此更新器的实例，并将其注册到当前文档中。

（3）添加此更新器的触发器到当前文档中。

这样就完成了启动模型动态更新的程序。另一方面，如果需要停止自动更新，则需要单独设定一个命令，将其取消注册或停止触发，其步骤如下：

（1）通过 GUID 查找更新器。

（2）如果已经注册，则取消注册。

下面我们用实际案例来展示整体的过程。

2.16.2 综合案例：梁板剪切关系监控

应用 Revit API 的 DMU 动态更新机制可在建模过程中规范建模行为，比如结构构件之间的扣减关系，建模规则的普遍要求是梁剪切楼板，但 Revit 默认是楼板剪切梁，而且可以任意切换两者之间的扣减顺序，从外观上看不出来[①]。为了解决这个问题，我们可以写一个 DMU 的程序，在后台监控梁板，一旦模型有涉及楼板的新增或修改，马上检测与其连接的梁，看其剪切关系是否合规，不合规的就把楼板显示为红色（本书中为灰色），如图 2-113 所示。

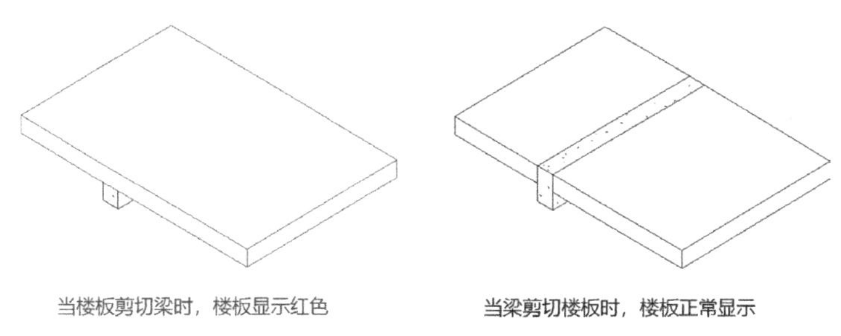

当楼板剪切梁时，楼板显示红色
当梁剪切楼板时，楼板正常显示

图 2-113　梁板剪切关系监控

按上一小节介绍的步骤，实现代码如下：

代码 2-72：模型动态更新案例：梁板剪切关系监控

```
namespace 动态更新
{
    // 设定固定 GUID，以便随时开启、取消
    public class MyGUID
    {
        // 此 GUID 可使用 Visual Studio 的 GUID 工具创建之后写入代码固化
        public Guid guid = new Guid( "689E3D88-1176-47DE-8A78-A0E2B29F1720" );
    }

    // 步骤 1 ) 使用 IUpdater 定义一个更新器
    public class MyUpdater : IUpdater
    {
        private UpdaterId updterId;

        // 步骤 a)：创建或设定 UpdaterId，每个更新器需要一个 UpdaterId
        public MyUpdater(AddInId addInId)
        {
        // 此处用固定的 GUID
```

① 图中能分辨出来梁板的扣减关系，是特意作了设置使其更清晰。如果梁板设为同一材质，连接后会显示成一个整体，从外观上分不清构件关系。

```
    updterId = new UpdaterId(addInId, new MyGUID().guid);
}

// 步骤 b)：注册更新器
public void Register(Document doc)
{
    // 判断更新器是否被注册
    if (!UpdaterRegistry.IsUpdaterRegistered(updterId))
    {
        UpdaterRegistry.RegisterUpdater(this, doc, true);
    }
}

// 步骤 c)：添加触发器，设定触发条件
public void AddTriggerForUpdater(Document doc)
{
    // 用 Category 过滤楼板
    ElementCategoryFilter floorFilter = new ElementCategoryFilter
        (BuiltInCategory.OST_Floors);
    // 添加触发器
    //GetChangeTypeAny 是针对现有图元的监控
    //GetChangeTypeElementAddition 是针对新增图元的监控
    ChangeType cType1 = Element.GetChangeTypeAny();
    ChangeType cType2 = Element.GetChangeTypeElementAddition();
    // 两者组合起来
    ChangeType cType = ChangeType.ConcatenateChangeTypes
        (cType1, cType2);
    UpdaterRegistry.AddTrigger(updterId, doc, floorFilter, cType);
}

// 步骤 d)：设定触发之后的处理程序
public void Execute(UpdaterData data)
{
    Document doc = data.GetDocument();
    Autodesk.Revit.DB.View view = doc.ActiveView;
    // 颜色为红色
    Color red = new Color(255, 0, 0);
    // 默认样式
```

```
OverrideGraphicSettings ogsOrigin = new OverrideGraphicSettings();
// 亮显样式
OverrideGraphicSettings ogsRed = new OverrideGraphicSettings();
// 投影线设为红色
ogsRed.SetSurfaceForegroundPatternColor(red);
ogsRed.SetProjectionLineColor(red);
// 剖切面填充设为红色
ogsRed.SetCutForegroundPatternColor(red);
ogsRed.SetCutLineColor(red);
// 记录新增的楼板及修改的楼板
List<ElementId> floorIds = data.GetAddedElementIds().ToList();
floorIds = floorIds.Union(data.GetModifiedElementIds()).ToList();
// 逐个楼板遍历
foreach (ElementId floorId in floorIds)
{
    Floor floor = doc.GetElement(floorId) as Floor;
    // 查找与楼板相连接的构件
    ICollection<ElementId> elementIds = JoinGeometryUtils.
      GetJoinedElements(doc, floor);
    // 过滤出结构梁，看是否被楼板所剪切
    Boolean floorCutBeam = false;
    foreach (ElementId id in elementIds)
    {
      Element e = doc.GetElement(id);
      Category categoryBeam = doc.Settings.Categories.get_Item
        (BuiltInCategory.OST_StructuralFraming);
      if (e.Category.Id == categoryBeam.Id)
      {
        // 一剪二为 True, 二剪一为 false
        if (JoinGeometryUtils.IsCuttingElementInJoin(doc, floor, e))
        {
          floorCutBeam = true;
          break;
        }
      }
    }
    if (floorCutBeam)  // 如果发现是楼板剪切梁，将楼板设为红色
    {
```

```
                doc.ActiveView.SetElementOverrides(floor.Id, ogsRed);
            }
            else// 当用户调整为梁剪切楼板后，需要回归正常显示
            {
                doc.ActiveView.SetElementOverrides(floor.Id, ogsOrigin);
            }
        }
    }

    // 以下为 Updater 类的常规属性设置
    public string GetAdditionalInformation()
    {
        return " 监控是否楼板被梁剪切 ";
    }
    public ChangePriority GetChangePriority()
    {
        return ChangePriority.Structure;
    }
    public UpdaterId GetUpdaterId()
    {
        return updterId;
    }
    public string GetUpdaterName()
    {
        return " 监控是否楼板被梁剪切 ";
    }
}

// 主程序：启动动态更新
[Transaction(Autodesk.Revit.Attributes.TransactionMode.Manual)]
public class 动态更新 : IExternalCommand
{
    public Result Execute(ExternalCommandData cD, ref string ms, ElementSet set)
    {
        UIDocument uiDoc = cD.Application.ActiveUIDocument;
        Document doc = uiDoc.Document;
        // 获取 AddindId
        AddInId addInId = cD.Application.ActiveAddInId;
```

```
            // 创建更新器
            MyUpdater myUpdater = new MyUpdater(addInId);
            // 注册更新器
            myUpdater.Register(doc);
            // 添加触发器
            myUpdater.AddTriggerForUpdater(doc);
            return Result.Succeeded;
        }
    }

    // 主程序：取消动态更新
    [Transaction(Autodesk.Revit.Attributes.TransactionMode.Manual)]
    public class 取消动态更新 : IExternalCommand
    {
        public Result Execute(ExternalCommandData cD, ref string ms, ElementSet set)
        {
            UIDocument uiDoc = cD.Application.ActiveUIDocument;
            Document doc = uiDoc.Document;
            // 获取 AddinId
            AddInId addInId = cD.Application.ActiveAddInId;
            // 根据固定 GUID 查找更新器
            UpdaterId updaterId = new UpdaterId(addInId, new MyGUID().guid);
            // 如果已注册，执行取消
            if (UpdaterRegistry.IsUpdaterRegistered(updaterId))
                UpdaterRegistry.UnregisterUpdater(updaterId, doc);
            return Result.Succeeded;
            }
        }
    }
```

这里需注意触发条件的设定，『UpdaterRegistry.AddTrigger』函数里通过**过滤器**来设定监控的**图元类别**，ChangeType 则设定了监控的**图元变化类别**，包括图元的**增加、删减、几何修改、属性修改、任意修改**等，本案例组合了其中两个类别：图元增加、图元的任意修改，前者针对新增；后者针对现有图元的修改。

此外还要注意提供取消命令给用户，否则就得关掉当前文档，监控才会停止。

2.17 Ribbon 界面

前面各节介绍的 Revit 二次开发内容，都没有涉及 Revit 界面的开发，仅介绍功能的实现。当我们的程序代码调试完毕，要封装出来给用户使用的时候，就需要进行 Revit 界面的开发，提供专门的命令面板、按钮或者其他控件等，使程序跟 Revit 融为一体。

Revit 命令面板采用 Ribbon 的形式，Revit API 针对 Ribbon 提供了一整套规范的接口，本节介绍如何制作二次开发程序的 Ribbon 界面。

2.17.1 Ribbon 简介

Revit 的 Ribbon 常用的控件包含选项卡、面板、命令按钮、按钮组、下拉按钮、下拉组合框和分隔符等，其对应的类型及创建方法如表 2-35 所示，在 Revit 菜单栏对应的位置如图 2-114 所示，其中按钮组与下拉按钮的区别在于按钮组在面板中可执行命令，下拉按钮只能在下拉列表中执行命令。

Ribbon 类型表　　表 2-35

名称	类型名	创建方法
选项卡	RibbonTab	CreateRibbonTab
面板	RibbonPanel	CreateRibbonPanel
命令按钮	PushButton	new PushButtonData()
按钮组	SplitButton	new SplitButtonData()
下拉按钮	PulldownButton	new PulldownButtonData()
下拉组合框	ComboBox	new ComboBoxData()
分隔符	Separator	AddSeparator

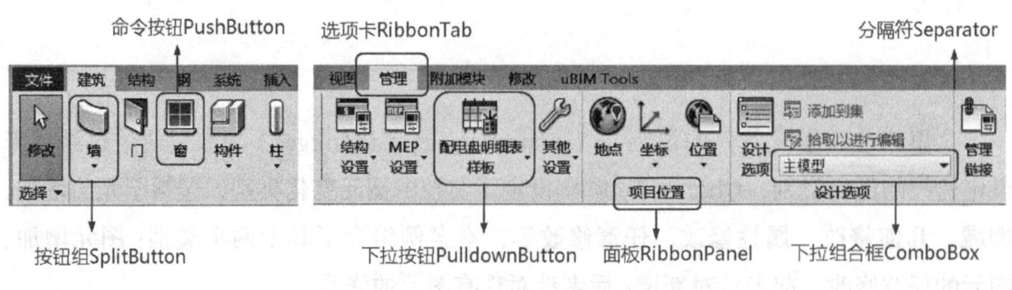

图 2-114　Ribbon 的组成

2.17.2 Ribbon 示例

Ribbon 界面是用户与软件的交互窗口，Ribbon 界面的布局直接影响用户的使用体

验。我们以一个虚拟的 Ribbon 界面为示例，其最后效果如图 2-116 所示，可将代码分为**功能命令代码** Class.cs 文件和**软件界面代码** Ribbon.cs 文件，放在同一个项目里，具体实现步骤如下：

（1）创建项目并添加引用。首先要添加 Revit API 和 Revit APIUI 并将复制到本地属性设置为 false。另外，由于界面中的图标需要显示图片，要用到 BitmapImage 类，而该类在 System.Windows.Media.Imaging 中，则要引用 PresentationCore 框架。

注意本例的程序集名称设为“RevitRibbon”，这样生成的 dll 文件名称就是“RevitRibbon.dll”，这个名称在后面的步骤里会用到，需要前后协调一致。

设置后的效果如图 2-115 所示。

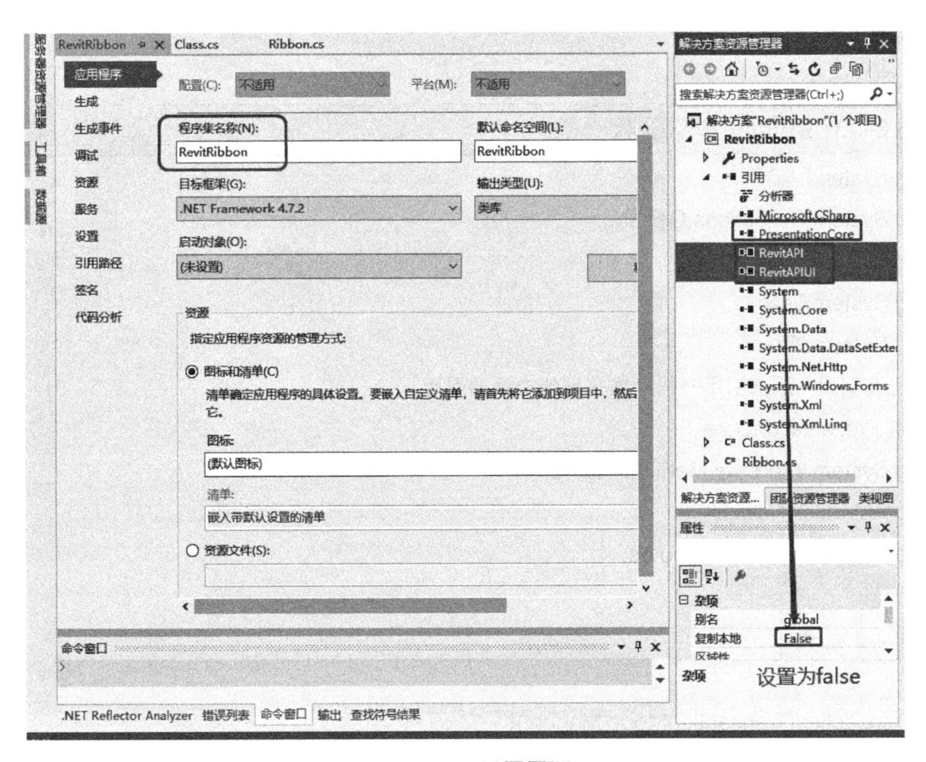

图 2-115　设置界面

（2）创建 Ribbon.cs 文件，该文件用于对软件界面进行布局，案例中的程序目录为 "C:\RevitRibbon"，dll 文件地址为 "C:\RevitRibbon\dll\RevitRibbon.dll"，icon 图标目录为 C:\RevitRibbon\icon（图 2-116）。注意引用绝对地址时须加 @ 进行转义。

提示：注意 Revit 的按钮图标尺寸一般为 32×32 和 16×16，当 Ribbon 长度受限时，Revit 自动将大图标压缩显示为小图标。

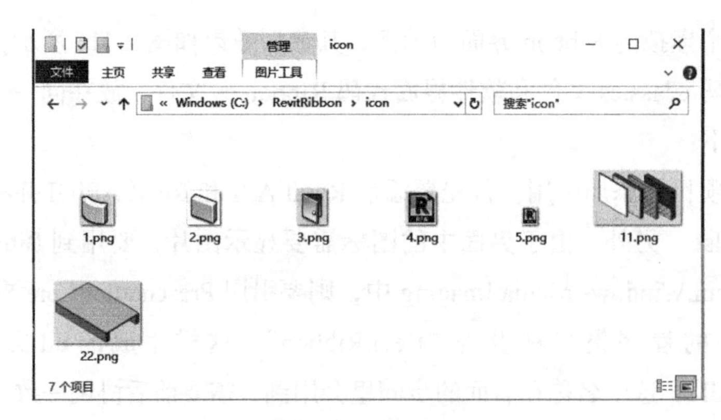

图 2-116　案例图标

实现代码如下：

代码 2-73：Ribbon 开发示例

```
using System;
using System.Collections.Generic;
using System.Linq;
using System.Text;
using System.IO;
// 须先在引用→添加引用→程序集→框架中添加引用
// 勾选 PresentationCore
using System.Windows.Media.Imaging;
using Autodesk.Revit.UI;
using Autodesk.Revit.Attributes;

namespace Rbn
{
   [Transaction(TransactionMode.Manual)]
   public class Ribbon : IExternalApplication
   {
     public Result OnStartup(UIControlledApplication application)
     {
         // 程序目录，以目录 "C:\RevitRibbon" 为例，其中 @ 用于转义字符 \
         string AddInPath = @"C:\RevitRibbon";
         // 程序集 dll 路径，以 "C:\HelloWorld\dll" 为例
         string dllPth = AddInPath + @ "\dll\RevitRibbon.dll";
         // 按钮图标目录
         string iconPath = AddInPath + @"\icon";
```

```
// 插件选项卡名
string tabName = " 插件名 ";
// 面板底部文字提示
string panelName = " 面板名 ";
// 创建插件选项卡
applic ation.CreateRibbonTab(tabName);
// 添加顺序 RibbonPanel( 面板 )->SplitButton( 按钮组 )->PushButton( 按钮 )
// 新建面板
RibbonPanel panel = application.CreateRibbonPanel(tabName, panelName);
// 示例一：按钮组
SplitButtonData splitButtonData = new SplitButtonData( "wallSplit", " 墙 ");
// 添加到面板
SplitButton splitButton = panel.AddItem(splitButtonData) as SplitButton;
// 按钮数据，注意 "Rbn.Com1" 是执行按钮事件的响应类名
string tips1 = " 用于在建筑模型中创建非结构墙 ";
PushButtonData pD1= CreatePushButton( "Wall", " 墙 ", dllPth, "Rbn.Com1",
  iconPath, "1.png", tips1, "11.png");
splitButton.AddPushButton(pD1);
// 按钮组添加第二个按钮
string tips2 = " 用于在建筑模型中创建承重墙或剪力墙 ";
PushButtonData pD2 = CreatePushButton( "sW", " 墙 : 结构 ", dllPth,
  "Rbn.Com2", iconPath, "2.png", tips2, "22.png");
splitButton.AddPushButton(pD2);
// 示例 2：下拉按钮，用于显示下拉命令选项
PulldownButtonData pbData = new PulldownButtonData( "Pulldown", " 门 " );
PulldownButton pdBtn = panel.AddItem(pbData) as PulldownButton;
Uri uriLargeImage = new Uri(Path.Combine(iconPath, "3.png" ),
  UriKind.Absolute);
pdBtn.LargeImage = new BitmapImage(uriLargeImage);
// 添加命令按钮
PushButtonData pD3;
pD3 = CreatePushButton( "Door", " 门 ", dllPth, "Rbn.Com3", iconPath,
  "3.png", " ", " " );
pdBtn.AddPushButton(pD3);
// 示例 3：命令按钮
RibbonPanel pane2 = application.CreateRibbonPanel(tabName, " 按钮示例 " );
PushButtonData pD4;
pD4 = CreatePushButton( "t1", " 示例 ", dllPth, "Rbn.Com3", iconPath,
```

```
        "4.png", " ", " " );
    PushButtonData pD5;
    pD5 = CreatePushButton( "t2", " 示例 ", dllPth, "Rbn.Com3", iconPath,
        "5.png", " ", " " );
    PushButtonData pD6;
    pD6 = CreatePushButton( "t3", " 示例 ", dllPth, "Rbn.Com3", iconPath,
        "5.png", " ", " " );
    PushButtonData pD7;
    pD7 = CreatePushButton( "t4", " 示例 ", dllPth, "Rbn.Com3", iconPath,
        "5.png", " ", " " );
    PushButtonData pD8;
    pD8 = CreatePushButton( "t5", " 示例 ", dllPth, "Rbn.Com3", iconPath,
        "5.png", " ", " " );
    PushButtonData pD9;
    pD9 = CreatePushButton( "t6", " 示例 ", dllPth, "Rbn.Com3", iconPath,
        "5.png", " ", " " );
    // 每列一个按钮
    pane2.AddItem(pD4);
    // 每列二个按钮
    pane2.AddStackedItems(pD5, pD6);
    // 每列三个按钮
    pane2.AddStackedItems(pD7, pD8, pD9);
    // 添加分隔符
    pane2.AddSeparator();
    // 示例 3：下拉组合框
    ComboBoxData cbData = new ComboBoxData( " 下拉组合框 " );
    ComboBoxMemberData cbMemDate;
    cbMemDate = new ComboBoxMemberData( "combobox1", " 下拉选项 1" );
    ComboBox cBox = pane2.AddItem(cbData) as ComboBox;
    cBox.AddItem(cbMemDate);
    return Result.Succeeded;
}

// 新建按钮方法
public PushButtonData CreatePushButton(string name, string txt, string dll,
    string com, string iconPath, string iconName, string tips, string iconTips)
{
    // 新建按钮，绑定命令
```

```
            PushButtonData pbData = new PushButtonData(name, txt, dll, com);
            // 小图标
            Uri uri1 = new Uri(Path.Combine(iconPath, iconName), UriKind.Absolute);
            pbData.Image = new BitmapImage(uri1);
            // 大图标
            Uri uri2 = new Uri(Path.Combine(iconPath, iconName), UriKind.Absolute);
            pbData.LargeImage = new BitmapImage(uri2);
            // 提示文字
            pbData.ToolTip = tips;
            if (iconTips != " " )
            {
               Uri uri3 = new Uri(Path.Combine(iconPath, iconTips), UriKind.Absolute);
               pbData.ToolTipImage = new BitmapImage(uri3);
            }
            return pbData;
        }

        public Result OnShutdown(UIControlledApplication application)
        {
            return Result.Succeeded;
        }
    }
}
```

本案例将 PushButtonData 的定义封装成一个方法来统一调用，这样可以减少单个函数的长度，看起来更清晰。

提示：注意代码中调用的接口 IexternalApplication，跟前面各节介绍的代码所调用的接口不一样，前面介绍的功能命令类，调用的是 IexternalCommand，是“命令级”的，而 Ribbon 定义所调用的接口则是“程序级”的，也就是说它要在 Revit 程序启动的时候就加载，而不是在建模过程中去加载。

（3）每个按钮定义里面的类似“Rbn.Com3”的参数，即是在功能命令代码中生成的“命名空间 . 类名”。为直观展示此过程，下面把示意性的功能命令代码 Class.cs 列出来：

代码 2-74：命令功能代码示意

```
//using 略
namespace Rbn
{
   [Transaction(TransactionMode.Manual)]
   public class Com1 : IExternalCommand
   {
      public Result Execute(ExternalCommandData cD, ref string ms, ElementSet set)
      {
         // 此处编写功能代码
         TaskDialog.Show( "RevitRibbon", " 墙 : 建筑 " );
         return Result.Succeeded;
      }
   }
   [Transaction(TransactionMode.Manual)]
   public class Com2 : IExternalCommand
   {
      public Result Execute(ExternalCommandData cD, ref string ms, ElementSet set)
      {
         // 此处编写功能代码
         TaskDialog.Show( "RevitRibbon", " 墙 : 结构 " );
         return Result.Succeeded;
      }
   }
   [Transaction(TransactionMode.Manual)]
   public class Com3 : IExternalCommand
   {
      public Result Execute(ExternalCommandData cD, ref string ms, ElementSet set)
      {
         // 此处编写功能代码
         TaskDialog.Show( "RevitRibbon", " 示例 " );
         return Result.Succeeded;
      }
   }
}
```

将代码生成的 dll 文件（名为 RevitRibbon.dll），复制到案例目录“C:\RevitRibbon\dll\”中备用。

（4）以上是通过 Ribbon 的定义，将命令绑定到了每一个 Ribbom 按钮等控件上，但还没有将这个 Ribbon 设置到 Revit 的界面上。下面通过定义 Addin 文件进行调用。

在代码 2-2 中介绍过 addin 文件的制作方法，这里不重复说明，唯一不同的地方是 AddIn Type，前者为“Command”，这里为“Application”，这跟其调用的接口类别是相对应的，Application 类的插件是在 Revit 启动时自动加载的。

创建 RevitRibbon.addin 文件，代码如下，注意其 GUID 是唯一生成的：

代码 2-75：Ribbon 的 addin 文件制作

```
<?xml version="1.0" encoding="utf-8"?>
<RevitAddIns>
  <AddIn Type= "Application">
    <Name> 插件名 </Name>
    <Assembly>C:\RevitRibbon\dll\RevitRibbon.dll</Assembly>
    <ClientId>a5fcc584-0689-4b5c-98d0-6eaafea5562a</ClientId>
    <FullClassName>Rbn.Ribbon</FullClassName>
    <VendorId>ADSK</VendorId>
    <VendorDescription>Autodesk, www.autodesk.com</VendorDescription>
  </AddIn>
</RevitAddIns>
```

（5）复制 RevitRibbon.addin 到“C:\ProgramData\Autodesk\Revit\Addins\2020”目录，启动 Revit 即可看到 Ribbon 界面，最终实现效果如图 2-117 所示。

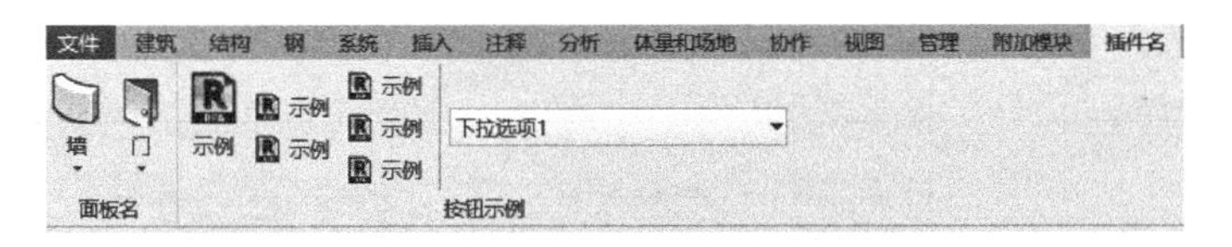

图 2-117　Ribbon 示例界面

> 提示：图标文件更科学的方法是将其设为资源文件（Resource），然后在代码中引用图片地址时不是通过硬盘地址引用，而是通过 Resource 路径引用，这样在生成 dll 时就可以将图标文件嵌入到 dll 里面去，不需要在制作安装文件时将一个个图片复制到设定的文件夹。

本书为简化过程，直接用图标文件的方式调用。读者可自行尝试设为 Resource 的方式。

2.18　安装程序制作

通过安装程序将软件相关的文件如 dll 文件、icon 文件、addin 文件等部署到指定位置，使用者只要运行安装程序即可完成部署。软件打包程序有多种，功能各有优劣，本书以 Microsoft Visual Studio 官方配套的 Installer Projects 为例，制作步骤如下：

（1）安装打包程序。在 Visual Studio 2015 的安装方法为"工具 -> 扩展和更新 -> 联机 -> 搜索 installer-> 下载"，Visual Studio 2019 的安装方法为"扩展 -> 管理扩展 -> 联机 -> 搜索 installer-> 下载"，界面如图 2-118 所示。

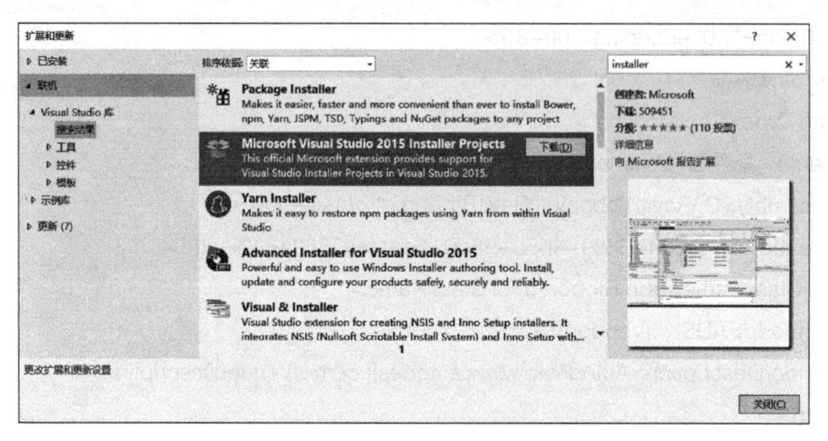

图 2–118 Installer Projects 搜索界面

（2）新建安装项目。新建方法为"文件 -> 项目 -> 其他项目类型 ->Visual Studio Installer->Setup Project"，案例设置解决方案为"添加到解决方案"，名称为 Setup1，操作界面如图 2-119 所示。

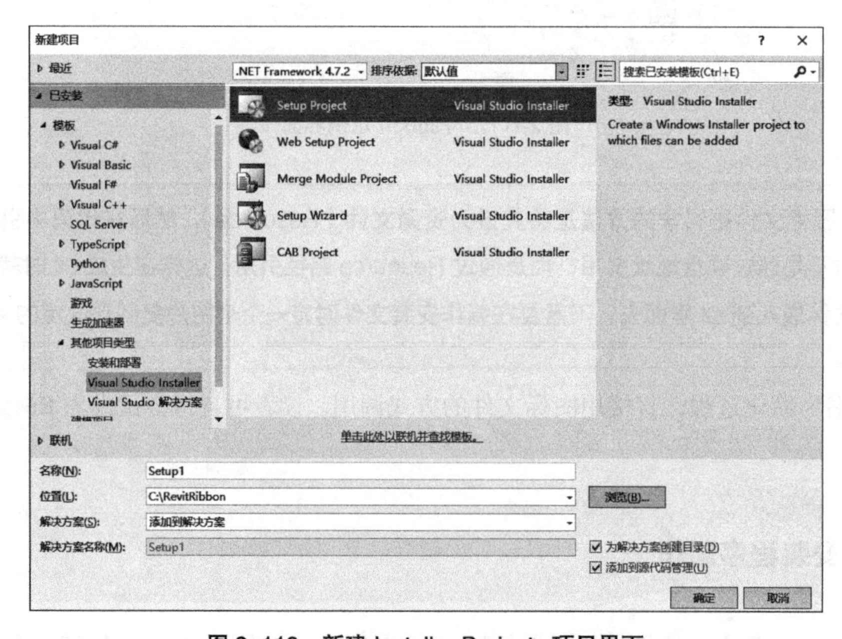

图 2–119 新建 Installer Projects 项目界面

（3）设置目录。进行安装项目，窗口左边窗口有三个文件夹（图 2-120），其中 Application Folder 为程序包含的文件目录，User's Desktop 为用户桌面快捷方式，User's Programs Menu 为用户启动菜单的快捷方式。

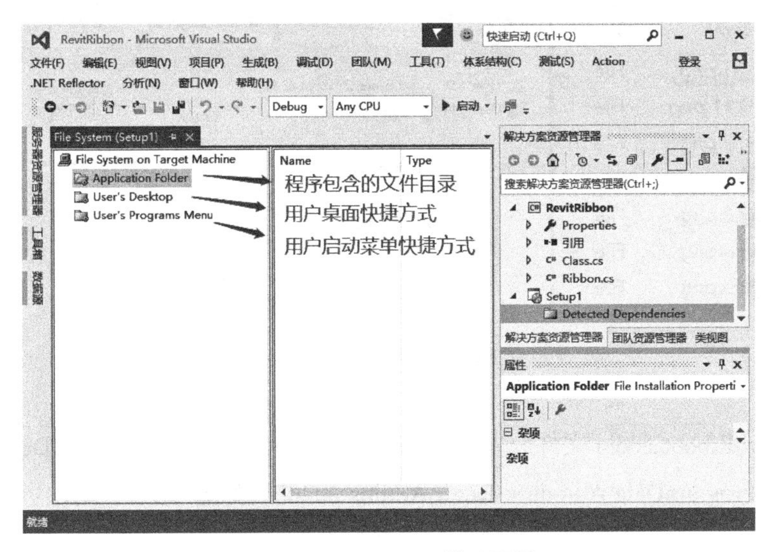

图 2-120　Setup1 文件设置界面

设置程序的默认目录 DefaultLocation 为"C:\RevitRibbon"，并添加 Folder 文件 dll 和 icon，如图 2-121 所示。

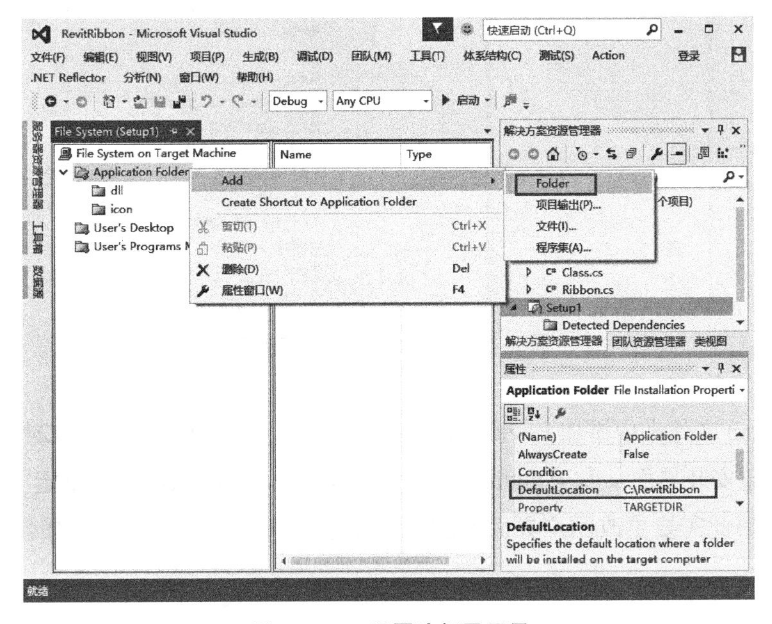

图 2-121　设置路径及目录

（4）添加文件。在 dll 文件夹中添加 dll 文件，在 icon 文件夹中添加图片文件[①]，如图 2-122 所示。

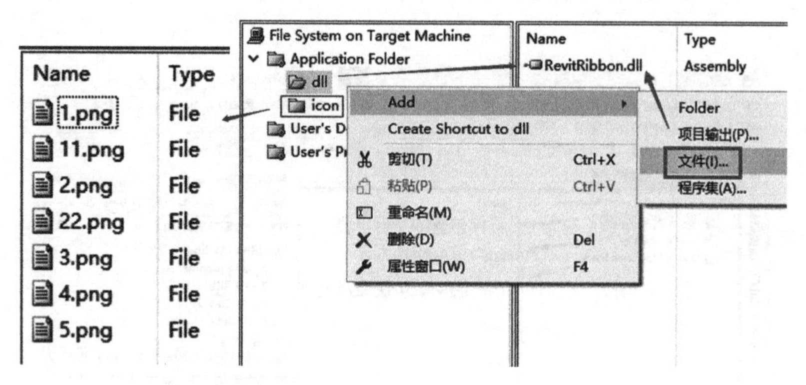

图 2-122　添加文件

（5）RevitRibbon.addin 文件放置路径。添加 Custom 文件夹，并设置 DefaultLocation 属性为“C:\ProgramData\Autodesk\Revit\Addins\2020”，如图 2-123 所示。

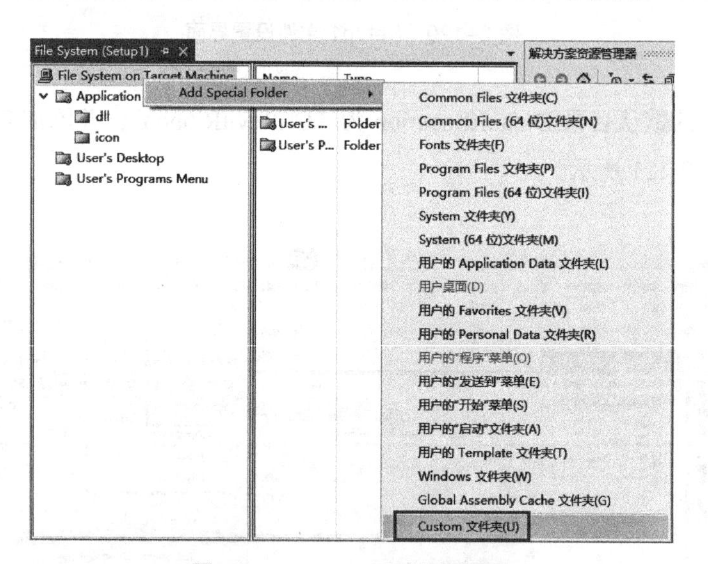

图 2-123　addin 目录设置界面

在 Custom 文件夹中添加 RevitRibbon.addin 文件，相关操作如图 2-124 所示。

（6）调整安装界面。由于 addin 中“<Assembly></Assembly>”内指定了 dll 文件的固定位置，因此需要更改用户界面，删除“安装文件夹”窗口，相关操作如图 2-125 所示。

① 如上一节所述，如果图标文件采用 Resource 方式嵌入 dll，则不需要打包图标文件。

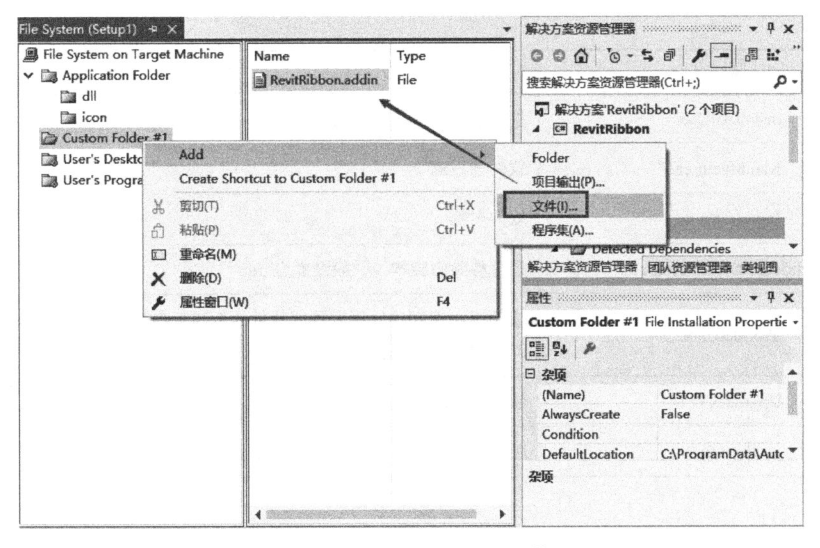

图 2–124　添加 addin 文件

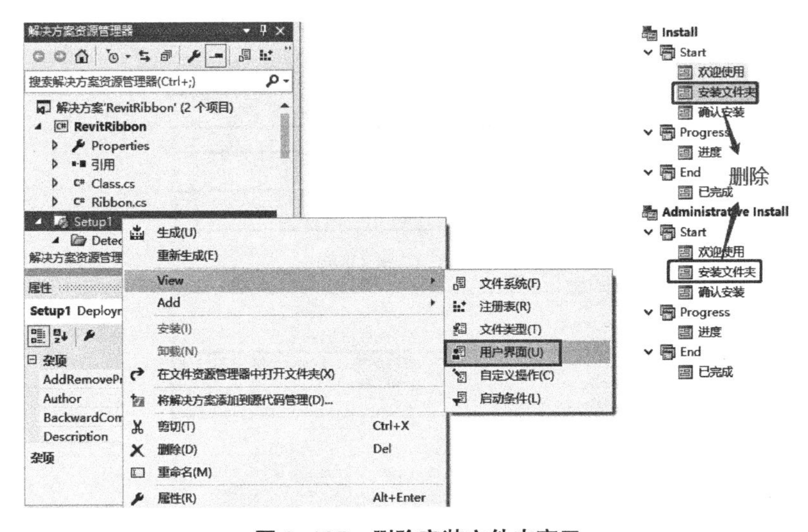

图 2–125　删除安装文件夹窗口

（7）安装包属性设置。生成安装程序前还需要对安装包的属性进行设置，涉及更改的属性如表 2-36，尤其是软件版本升级时，需要注意 UpgradeCode 属性保持不变，ProductCode 需要重新生成，并更改 Version 版本号，新版本要比旧版本数值大，更改后的界面如图 2-126 所示。

安装包属性　　表 2–36

属性	说明
Author	软件作者
DetectNewerInstalledVersion	安装时是否检查有无应用程序的更新版本，一般为 true

续表

属性	说明
InstallAllUser	程序安装后可以所有用户使用，一般为 true
Manufacturer	软件开发商
ProductName	软件名称
RemovePreviousVersions	是否移除旧版本，一般设置为 true
ProductCode	软件版本识别码，用于同一软件的不同版本识别，与 Version 配合使用，以对同一个产品进行升级
UpgradeCode	软件识别码，版本升级时保持不变
Version	版本号，新版本要比旧版本数值大

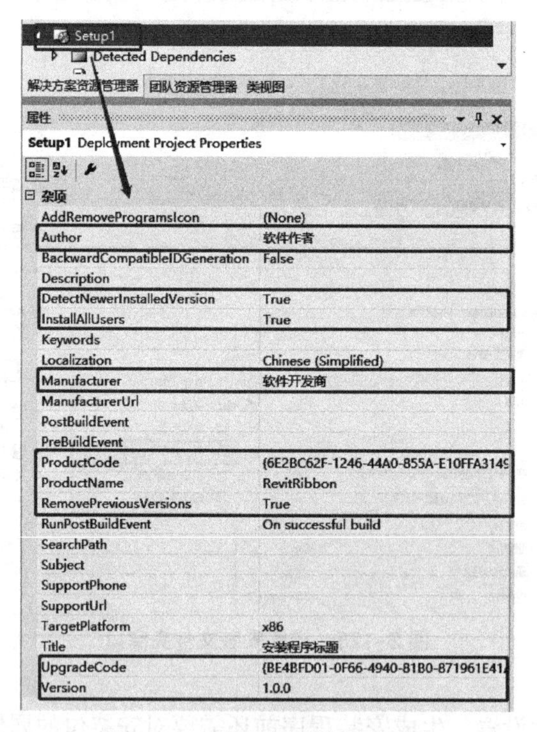

图 2-126　安装包属性配置页面

（8）生成安装包，通过“右键 -> 生成”即可生成安装包，生成后的文件如图 2-127 所示。

思路拓展：如果安装包要指定安装路径，则要利用程序编写 addin 文件，另外安装包还包含 .net Framework 的配置、卸载程序 Uninstall 等，由于不影响整体程序运行，本书不做详细介绍，读者可在此基础上，做进一步的研究。

图 2–127　生成安装包及生成后文件

2.19　程序容错

程序容错是指程序运行时，对非正常运行引起的错误给出适当的处理或信息提示，使程序能够运行正常。程序是否健壮，与用户的交互是否友好，跟程序容错方面的处理有很大的关系。

在 Revit 二次开发中，由于用户操作的不可控、使用环境的多样性，以及 Revit API 的局限性和软件本身的原因，使程序在运程过程中可能会弹出错误，甚至使 Revit 崩溃。比如在 2.5.1 小节我们就介绍过，如果不做规避处理，使用 PickObject 和 PickObjects 选择过程中使用 Esc 取消时，就会出现如图 2-32 所示的错误窗口。所以在程序设计时应尽可能地考虑到可能存在的异常并进行处理，尽可能的少出现异常或不出现异常。

2.19.1　try catch

try catch 是程序语言本身提供的一种异常处理机制，在 Revit 二次开发中非常实用，可以排除许多未知错误，使程序能够执行完成。try catch 的工作原理为：如果 try 中的代码没有出错，则程序正常运行 try 中的内容后，不会执行 catch 中的内容；如果 try 中的代码出现错误时，程序将立即跳入 catch 中去执行代码，try 中出错代码后面的所有代码不再执行。其程序结构如下：

```
try
{
// 尝试执行的代码，检查代码是否有错误
}
```

```
catch (Exception ex)
{
//try 出错后执行的代码，Exception 为异常类名 , ex 包含发生的错误信息
}
```

try catch 虽然能够保证程序执行完成，但是也会忽略程序的 Bug，导致很多 Bug 很难发现，因此，使用 try catch 必须注意以下事项：

（1）避免用户操作失误，参数输入错误等，可以使用 try catch。

（2）Revit 本身问题，例如获得构件参数时，某些构件参数为空值或没有该参数时，可以使用 try catch 忽略参数。

（3）在调试、测试及试用阶段，不建议使用 try catch，以便尽量暴露可能出错的情况。

（4）如果跳过该操作会影响结果，尽量在 catch 部分给出提示，以便用户知晓。如果是大批量循环操作，可以收集跳过的图元，最后一并给出提示。

提示：try catch 是一个“兜底”的做法，程序应尽可能提前考虑可能存在的异常并进行提前规避或处理，尽可能少出现异常或不出现异常。

2.19.2 事务错误处理

在 Revit 二次开发中，当提交一个事务的时候，Revit 会弹出错误框，或者警告框，而该错误或警告无法使用 try catch 捕获（图 2-128），将导致程序运行中断，尤其在批量创建模型、修改模型的时候，这些错误框和警告框严重影响了程序的正常运行。

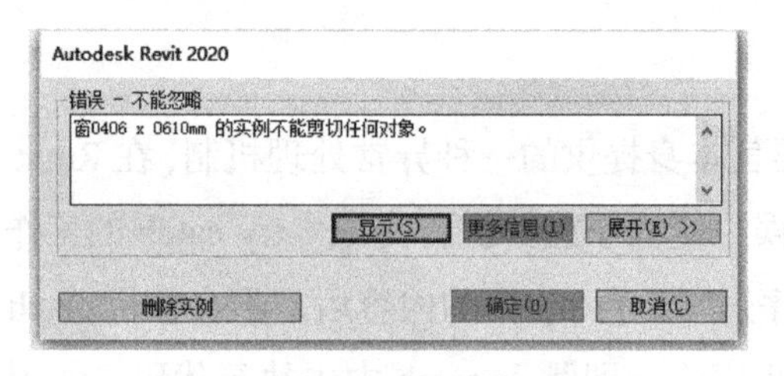

图 2-128 错误提示框

在 Revit API 中，提供了 IFailuresPreprocessor 接口，可以通过该接口捕获错误或者警告信息，然后进行相应的处理。首先需要定义一个实现 IFailuresPreprocessor 接口的类，用于设置错误或警告的处理方式，针对不同的项目需求和失败信息可以进行自定义设置，以保证程序正常运行，实现代码如下，其中的错误处理仅列出几条作为示例，实际编程中应根据程序需要进行调整：

代码 2-76：定义错误处理的类

```
public class FailureHandler : IFailuresPreprocessor
{
    public string failureMessage { set; get; }
    public string failureSeverity { set; get; }
    public FailureHandler()
    {
      // 失败信息
      failureMessage = " ";
      // 失败类型
      failureSeverity = " ";
    }
    public FailureProcessingResult PreprocessFailures(FailuresAccessorfAcc)
    {
      // 获得所有失败信息，包括错误和警告
      IList<FailureMessageAccessor> fMessages = fAcc.GetFailureMessages();
      // 遍历失败信息
      foreach (FailureMessageAccessor failure in fMessages)
      {
          // 失败信息描述
          failureMessage = failure.GetDescriptionText();
          FailureSeverity fSeverity = failure.GetSeverity();
          failureSeverity = failureSeverity.ToString();
          // 错误框处理
          if (failure.GetSeverity() == FailureSeverity.Error)
          {
             if (failureMessage.Contains( " 无法使图元保持连接 " ))
             {
                // 根据上次设置处理
                fAcc.ResolveFailure(failure);
                // 返回事务完成
                return FailureProcessingResult.ProceedWithCommit;
             }
             if (failureMessage == " 不能进行拉伸 " )
             {
                // 返回事务回滚
                return FailureProcessingResult.ProceedWithRollBack;
             }
          }
```

```
            //警告框处理
            if (failure.GetSeverity() == FailureSeverity.Warning)
            {
                //例如出现"高亮显示的墙重叠"警告时，根据上次设置处理
                if (failureMessage.Contains("高亮显示的墙重叠"))
                {
                    //根据上次设置处理
                    fAcc.ResolveFailure(failure);
                    //返回事务完成
                    return FailureProcessingResult.ProceedWithCommit;
                }
                else
                {
                    //删除警告信息
                    fAcc.DeleteWarning(failure);
                    //继续下一操作
                    return FailureProcessingResult.Continue;
                }
            }
        }
        return FailureProcessingResult.Continue;
    }
}
```

在主程序中，可在事务中设置 FailuresPreprocessor，通过 FailureHandlingOptions 绑定自定义的失败处理接口类 FailureHandler，然后再利用 SetFailureHandlingOptions 将其绑定到事务即可，实现代码如下：

代码 2-77：在主程序中进行事务错误处理

```
public Result Execute(ExternalCommandData cData, ref string ms, ElementSet eSet)
{
    Application rApp = cData.Application.Application;
    UIDocument uidoc = cData.Application.ActiveUIDocument;
    Autodesk.Revit.DB.Document doc = uidoc.Document;
    //创建事务
    Transaction trans = new Transaction(doc, "事务");
    //事务失败处理设置
    FailureHandlingOptions fhOptions = trans.GetFailureHandlingOptions();
```

```
    // 新建自定义的失败处理接口类
    FailureHandlerf Handler = new FailureHandler();
    // 设置失败处理前绑定自定义失败处理方法
    fhOptions.SetFailuresPreprocessor(fHandler);
    // 清除所有已有的失败，如果未设置，则在回滚过程中仍有可能弹出窗口
    fhOptions.SetClearAfterRollback(true);
    // 事务重新绑定已设好的失败处理设置
    trans.SetFailureHandlingOptions(fhOptions);
    trans.Start();
    //
    // 程序执行代码
    //
    // 结束事务
    trans.Commit();
    return Autodesk.Revit.UI.Result.Succeeded;
}
```

2.20　程序效率

程序效率是指程序运行时尽量减少占用空间，且较快速度完成程序的功能。Revit 二次开发的程序效率与过滤器、事务、循环、算法等有很大关系，在开发过程中应注意以下几点：

（1）通过过滤器选择对象时，先使用快速过滤器，然后使用慢速过滤器，可有效提高过滤效率。最简单的办法是先设定一个 BoundingBox 范围，再使用慢速过滤器。

（2）程序中有循环时，事务尽量在循环外部新建，在循环内部新建事务及提交事务将耗费大量时间。涉及大场景视图重生成的运算，两者速度相差极大，需特别慎重。可参考代码 2-71 的写法。

提示：部分操作必须先提交事务才能进行下一步，如代码 2-16 里面的取消墙端连接这个操作，这种情况就只能把事务放在循环里面。

（3）对于同一序列，尽可能在一次循环中获得所需要的数值，避免多次循环同一序列重复计算。比如如果在子程序中要计算同一个楼层的高度，那就应该考虑把计算楼层高度放在主程序里，把计算值作为一个参数值输入子程序，而不是直接输入楼层参数。

（4）算法尽可能优化，减少重复时间。

第 3 章　Dynamo 节点开发

3.1　Dynamo 简介

Dynamo 是由 Autodesk 官方推出的可视化编程工具，类似 Rhino 中的 Grasshopper。使用者只需将软件内置好的代码控件按照一定的逻辑连接起来，像搭积木一样就可以构造出自己的程序（图 3-1），无需逐行编写程序代码，极大地降低了编程的难度。

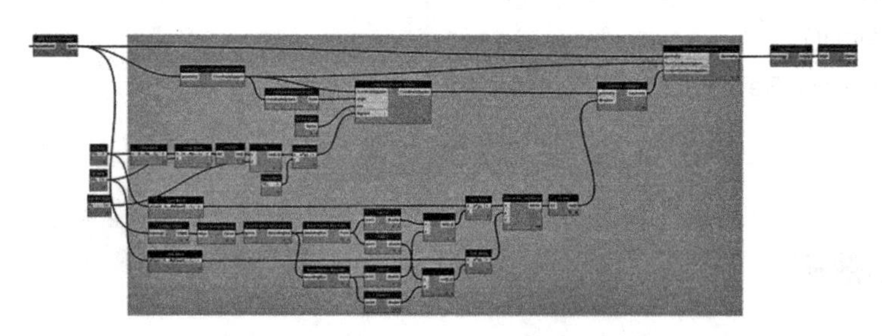

图 3–1　Dynamo 编程示意图

Dynamo 最开始作为 Revit 中的附加模块，逐渐发展成熟之后已经作为一个软件数据间沟通的“桥梁”，除了 DynamoForRevit，还有 DynamoForAutoCAD，DynamoForMaya，DynamoForAdvanceSteel 等一系列软件，可供设计师在不同软件中互相传输数据。

Dynamo 的出色之处不止在于内置的工具，更在于 Dynamo 支持使用 Python、C# 编写自己的代码块。可以通过编写代码块（图 3-2），将常用操作保存起来，甚至可以做到与其他更多的软件（如 excel 等）进行数据交互。

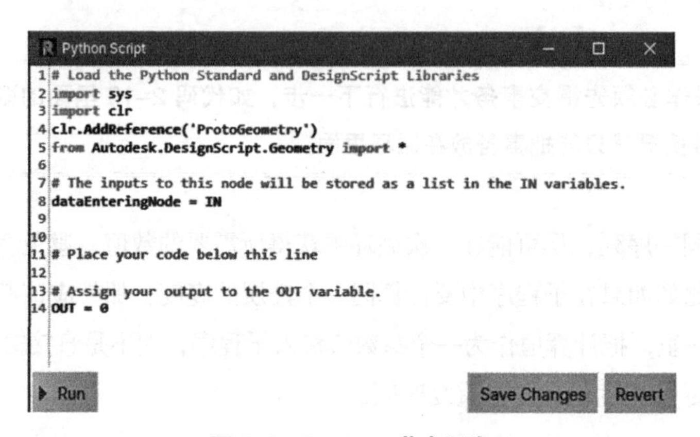

图 3–2　Dynamo 节点开发

Dynamo作为一个开源软件，拥有一个非常成熟的社区（图3-3），大量个人开发者为其编写了许多有用的程序包Package，读者可以下载他人的Package使用，也可以上传自己的Package供他人使用。社区网址为：https://www.dynamopackages.com/。

图3–3　Dynamo社区

Dynamo自带节点库已经相当丰富，而且随着版本升级，功能也越来越强，但实际应用中还是会遇到有些功能需求没有现成的节点库，或者用自带节点库比较烦琐的情形，这时就可以通过自己编写节点来满足需求。

Dynamo的自定义节点开发可通过Python和C#两种语言方式进行，本书不详细介绍Dynamo自带节点库的功能，仅对通过Python和C#进行节点的开发作出介绍，并且主要介绍开发的基本流程，具体功能可结合第2章Revit API的相关内容进行开发。

本章的内容要求读者已熟练掌握Dynamo的基本操作与基本功能，如果读者不熟悉Dynamo，建议先跳过本章。

3.2　Dynamo节点Python开发

3.2.1　Python Script简介

在Dynamo自带节点库中，可以通过下方所示路径来创建带有默认模板的Python Script节点（图3-4）。

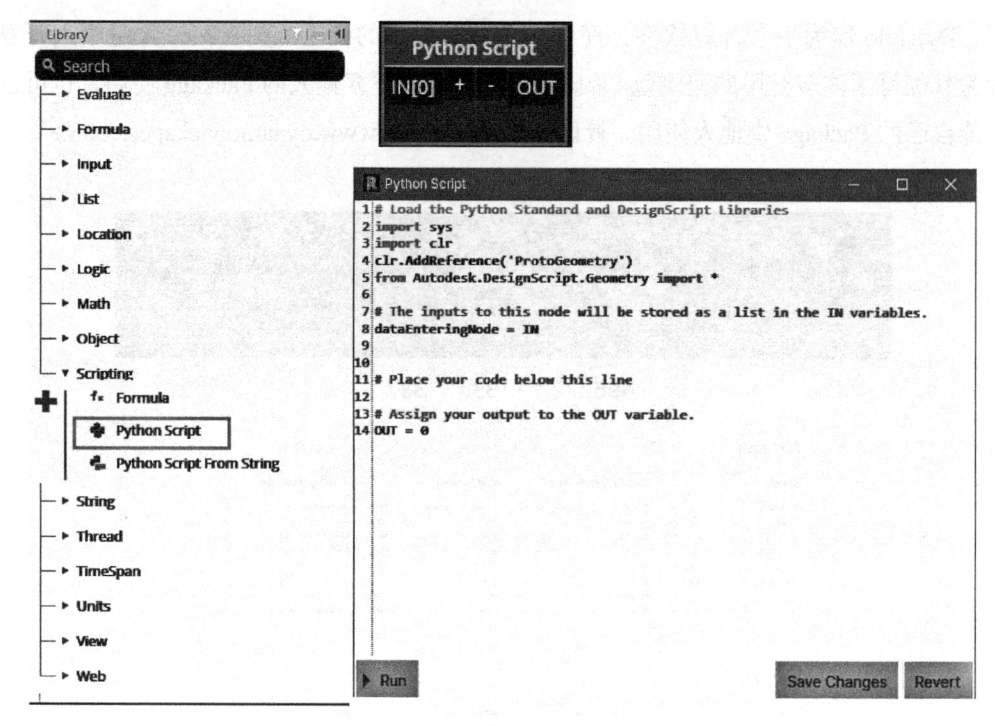

图3–4 Python Script节点

1.* 版本：Core → Scripting → Python Script

2.* 版本：Script → Editor → Python Script

Dynamo现有版本的Python引擎为IronPython，遵循Python2.7的语法。同时因为IronPython的限制，类似Numpy和Pandas等Python包将无法在Dynamo中使用。

3.2.2 Python Script组成

本书将每个Python Script节点分为四个步骤，分别为：

1. 步骤1：包引入

在Dynamo中引入外部包的方式与Python语法一致，以样板为例，实现代码如下：

```
import sys  # 导入 Python 标准库中的 sys 模块
import clr  # 导入 IronPython 中的 Common Language Runtime 模块，用来加载 .Net dll 动态库
clr.AddReference( 'ProtoGeometry' ) # 引用 ProtoGemetry.dll
from Autodesk.DesignScript.Geometry import *  # 导入 Dynamo 绘图相关节点
```

与C#中的命名空间十分相似，部分常用的包括：

（1）Dynamo 中 Revit 相关节点

```
clr.AddReference("RevitNodes")
import Revit
form Revit.Elements import *
```

（2）Revit API

```
clr.AddReference("Revit API")
import Autodesk
from Autodesk.Revit.DB import *
```

（3）RevitServices

```
clr.AddReference("RevitServices")
import RevitServices
from RevitServices.Persistence import DocumentManager
from RevitServices.Transactions import TransactionManager
```

2. 步骤 2：输入

Python Script 中的用户输入统一通过 IN 数组交互，数组索引与节点外传入顺序相一致。如图 3-5 展示了一个拥有四个变量输入的 Python Script 的对应关系。

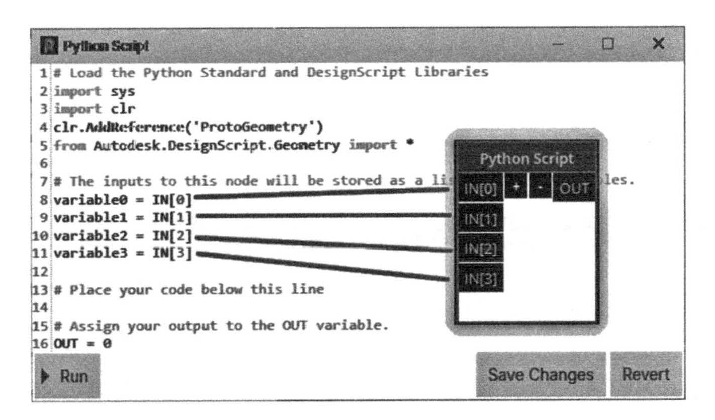

图 3-5　Dynamo 输入示例图

3. 步骤 3：输出

Python Script 中的用户输出统一通过给 OUT 变量赋值交互，输出的结果将在节点预览中可见。如图 3-6 展示了通过 time 函数输出当前的系统时间，实现代码如下：

```
import time
variable = time.asctime(time.localtime(time.time()))
OUT = variable
```

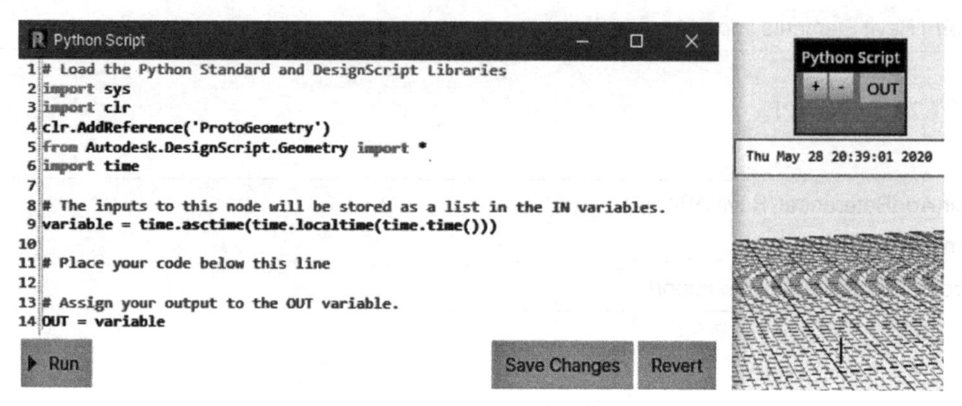

图 3-6　Dynamo 输出示例图

4. 步骤 4：用户函数

Python Script 中同样支持用户自定义函数，与 Python 一样通过 def 定义。如图 3-7 定义了一个加法函数，将两个输入的变量相加并输出结果，实现代码如下：

```
# 定义加法函数
def add(a, b):
return a+b
# 输入
variable0 = IN[0]
variable1 = IN[1]
# 输出
OUT = add(variable0, variable1)
```

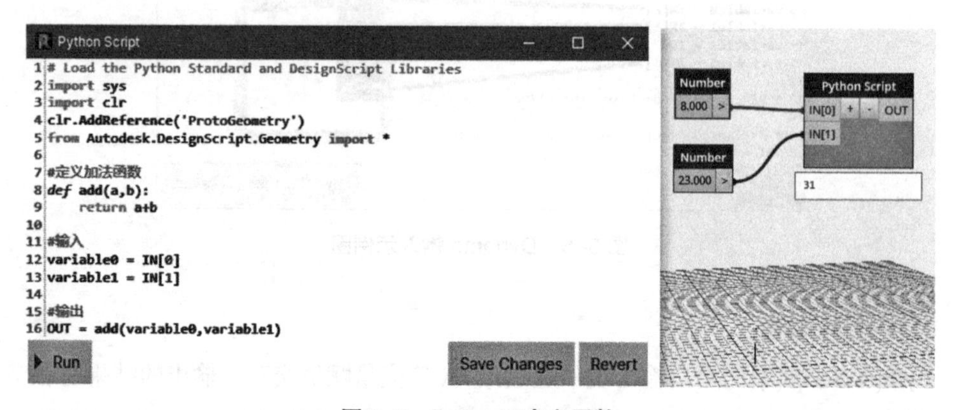

图 3-7　Dynamo 定义函数

3.2.3　与 Revit 数据交互

为了方便与 Revit API 的交互，Dynamo 封装了 RevitService.dll 来调用 Revit API 中的 Document、Application 与 Transaction 类型，调用方法如下：

1. Dynamo 中调用 Revit 文档

RevitService 的 Document 封装在 RevitServices.Persistence 命名空间下的 DocumentManager 对象中，可以通过以下 Python 代码获取当前活动文档对象，实现代码如下：

```
# 引入程序集与命名空间
clr.AddReference( 'RevitServices' )
import RevitServices
from RevitServices.Persistence import DocumentManager
# 获取当前活动文档
doc = DocumentManager.Instance.CurrentDBDocument
```

2. Dynamo 中调用 Revit 事务

与直接使用 Revit API 进行开发一致，当需要对文档模型进行修改时，我们需要通过事务来管理这一行为。与文档类型一样,通过 RevitService 来进行事务的开启与提交，实现代码如下：

```
# 引入程序集与命名空间
clr.AddReference( 'RevitServices' )
import RevitServices
from RevitServices.Transactions import TransactionManager
…
# 开启事务
TransactionManager.Instance.EnsureInTransaction(doc)
# 提交事务
TransactionManager.Instance.TransactionTaskDone()
```

3. Dynamo 类型转化为 Revit API 对象

Dynamo 内部在调用 Revit 构件过程中，对 Revit 的构件类型（位于 Autodesk.Revit.DB.Element 命名空间下的类型）进行了封装（封装后的构件均继承于 Revit.Elements.Element），因此当我们在 Python Script 中想使用 Revit API 的方法操作构件时，需对 Dynamo 构件对象进行解除封装（UnwrapElement）的操作，如下代码所示。UnwrapElement 方法接受单个封装对象或封装对象的列表作为参数，如果传入一个未被封装的对象，则会直接返回对象，不进行任何修改操作。

```
wrappedElement = IN[0]
unwrappedElement = UnwrapElement( wrappedElement )
```

4. Revit API 对象转化为 Dynamo 类型

当创建出来的 API 对象需要在 Dynamo 中进行下一步修改，如传递给 Dynamo 的 Revit 节点时，需要将 Autodesk.Revit.DB.Element 构件对象封装为 Revit.Elements.Element 对象。Dynamo 提供了 ToDSType(bool) 拓展函数供使用，传入的 bool 参数表示构件是否为 Revit 所有。官方推荐的默认规则是，如果构件由 Dynamo 创建，则传入 False，反之则传入 True。

5. 几何对象的转化

Revit 中的几何（点、线、面、体）都是 GeometryObject 对象，但 Dynamo 内部的几何对象则不是。因此和其他 API 对象相同，Dynamo 生成的几何在传递给 Revit API 时，需要使用 Revit.GeometryConversion 转换。

```
import clr
clr.AddReference( "RevitNodes" )
import Revit
# Import ToProtoType, ToRevitType geometry conversion extension methods
# 引入拓展函数
clr.ImportExtensions(Revit.GeometryConversion)

# 将 Revit 的 GeometryObject 转化为 Dynamo 的几何对象
dynamoGeometry = revitGeometryObject.ToProtoType()

# 将 Dynamo 的几何对象转化为 Revit 的 GeometryObject
revitGeometryObject = dynamoGeometry.ToRevitType()
```

3.2.4 实践案例：放置房间体量

本小节以 2.8.8 小节的房间体量为案例，以自定义 Dynamo 节点的方式重新写一遍，以此体会一下两者的异同。

首先使用 Dynamo 自带的过滤节点来过滤出文档中所有的房间，并将“生成体量的高度”作为参数，然后作为自定义 Python 节点的参数传入，自定义节点接收到相关参数后，将按照给定的房间轮廓和高度参数生成相对应的体量，节点的电池连接如

图 3-8 所示，最终实现效果如图 3-9 所示。

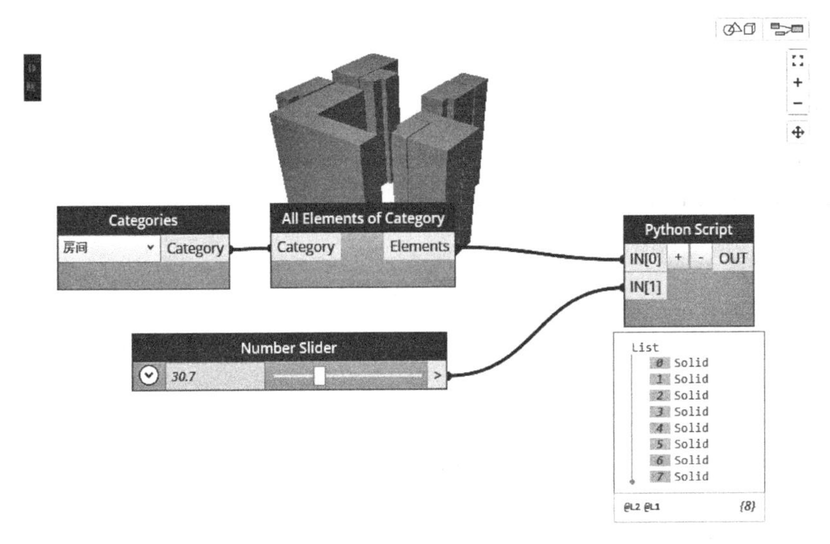

图 3–8　放置房间体量节点连接

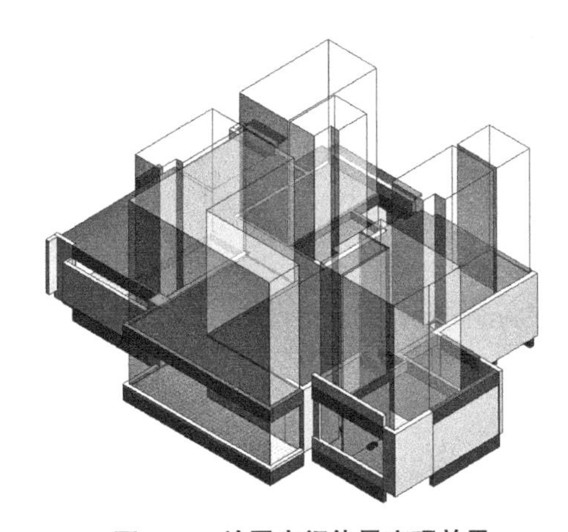

图 3–9　放置房间体量实现效果

节点代码如下：

代码 3–1：Dynamo 节点：房间体量

```
import clr
clr.AddReference( 'ProtoGeometry' )
from Autodesk.DesignScript.Geometry import*
clr.AddReference( 'RevitServices' )
import RevitServices
from RevitServices.Persistence import DocumentManager
```

```
from RevitServices.Transactions import TransactionManager
clr.AddReference("Revit API")
import Autodesk
from Autodesk.Revit.DB import*
clr.AddReference("RevitNodes")
import Revit
clr.ImportExtensions(Revit.GeometryConversion)

# 获取房间的轮廓
def GetRoomCurveLoops(r) :
  curveLists = []
opts = SpatialElementBoundaryOptions()

  segmentLists = r.GetBoundarySegments(opts)
  for sl in segmentLists:
    curveList = CurveLoop()
    for s in sl:
      curveList.Append(s.GetCurve())
    curveLists.append(curveList)
  return curveLists

# 使用 Solid 创建 DirectShape
def CreateDirectShape(doc, solid) :
  ds = DirectShape.CreateElement(doc, ElementId(BuiltInCategory.OST_Mass))
  ds.SetShape([solid])
  return ds

# 传入的房间列表并解除封装
rooms = UnwrapElement(IN[0])
# 传入的高度参数
height = IN[1]
# Solid 列表
solids =[]

# 获取当前活动文档
doc = DocumentManager.Instance.CurrentDBDocument

# 开启事务
TransactionManager.Instance.EnsureInTransaction(doc)
for r in rooms:
```

```
    curveLists = GetRoomCurveLoops(r)
    if curveLists.Count > 0:
    solid=GeometryCreationUtilities.CreateExtrusionGeometry(curveLists, XYZ(0,0,1),height)
      CreateDirectShape(doc, solid)
      # 将 Solid 转化为 Dynamo 的几何以在 Dynamo 中显示
      solids.append(solid.ToProtoType())
# 提交事务
TransactionManager.Instance.TransactionTaskDone()
OUT = solids
```

3.3　Dynamo 节点 C# 开发

3.3.1　Zero Touch 简介

Zero Touch，即使用 C# 开发 Dynamo 节点的接口。Zero Touch 的优缺点都十分明显，与 Python Script 的对比如表 3-1 所示。一般推荐使用 Python Script 进行自定义节点的开发，或者当函数测试运行都十分稳定时再迁移使用 Zero Touch 的方式打包。

Zero Touch 优缺点　　表 3-1

类别	说明
Zero Touch 的优点	（1）对于熟悉 .NET 平台和 C# 语言的开发人员，使用 Zero Touch 将减少部分学习成本。 （2）相对于 Python Script，在 .NET 平台上制作 GUI 界面要更便捷（eg：Winform、WPF）
Zero Touch 缺点	（1）由于 Zero Touch 需要编译生成 dll 动态库供 Dynamo 使用，每次修改都需要关闭 Dynamo 重新载入；而 Python Script 修改完可马上运行测试。 （2）由于接口限制，Zero Touch 并不支持使用类似泛型之类的高级特性，一定程度上削弱了使用 C# 带来的便利性。 （3）在 Dynamo 2.5 以下版本使用 Zero Touch 开发相关节点时，必须手动管理几何图形资源的生命周期，即使用完必须释放相关资源，否则可能造成 Dynamo 崩溃

在 Dynamo 中，通过『File → Import Library』路径载入自定义动态库，Dynamo 会将动态库下所有的公开方法以『**动态库名称→命名空间→类名→方法名**』的层级载入至 Addons 目录下，如图 3-10 所示。其中，注意类的公开构造函数亦将作为一个节点被载入 Dynamo 中，如果这不是预期中的结果，需要使用 Private 私有化构造函数。

3.3.2　Zero Touch 使用

1. 基础用法

函数的参数将作为节点的输入端，与节点一一对应，函数的输出端将作为节点的返回值。例如计算一组数据的中位数，实现效果如图 3-11 所示。

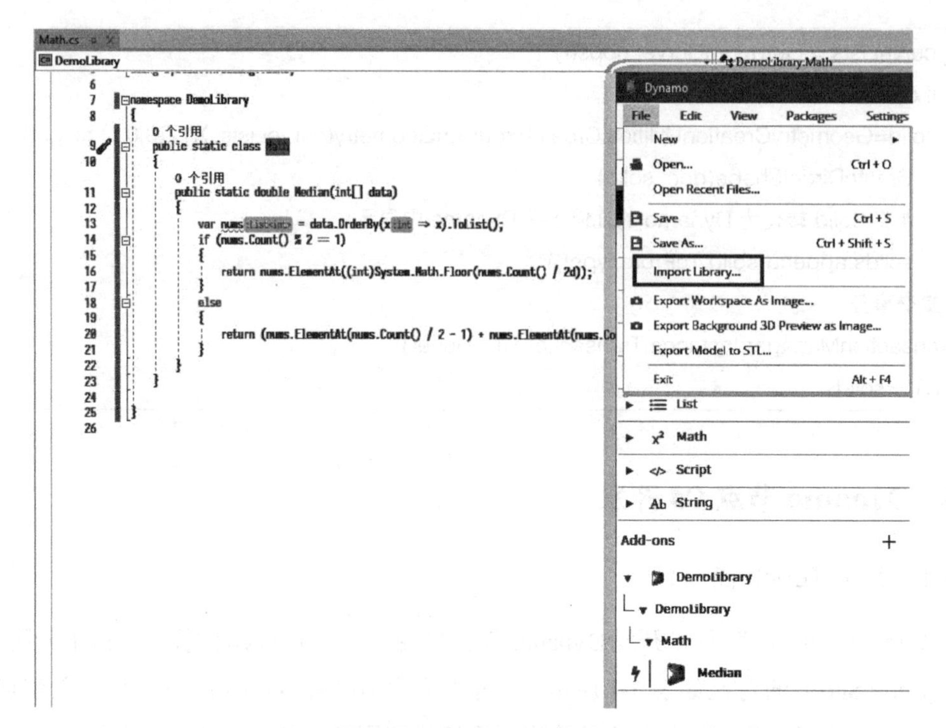

图 3-10 Zero Touch 使用

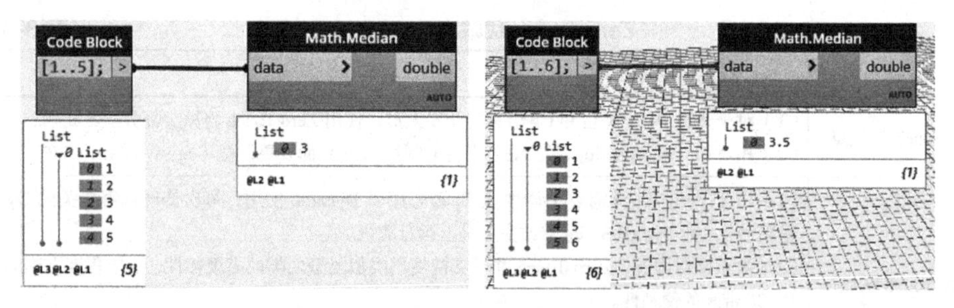

图 3-11 计算一组数据的中位数

实现代码如下：

代码 3-2：Dynamo 节点：计算数组的中位数

```
public static double Median(int[] data)
{
    var nums = data.OrderBy(x => x).ToList();
    if (nums.Count() % 2 == 1)
    {
        return nums.ElementAt((int)System.Math.Floor(nums.Count() / 2d));
    }
    else
```

```
    {
        return (nums.ElementAt(nums.Count() / 2 – 1) + nums.ElementAt(nums.Count() /
            2)) / 2d;
    }
}
```

2. 多重返回

当需要返回多个结果值时，需要按照 Dynamo 规定的返回格式来编写，步骤如下：

（1）通过 Nuget 添加 DynamoVisualProgramming.DynamoServices 包到项目中，如图 3-12 所示。

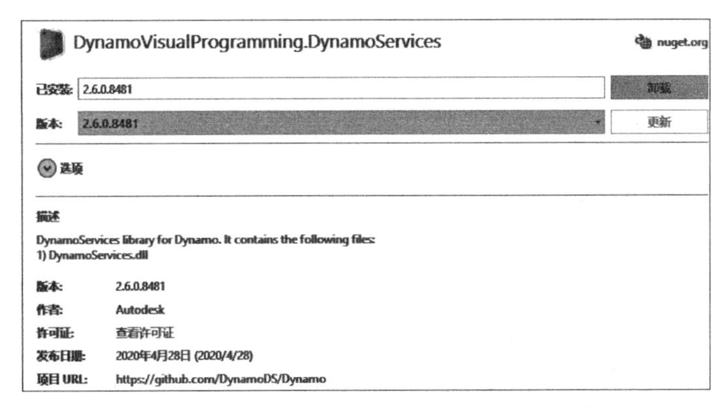

图 3–12　DynamoServices 安装包

（2）在命名空间中添加 Dynamo Runtime，代码如下：

```
using Autodesk.DesignScript.Runtime;
```

（3）**使用 Dictionary<string, object> 来返回多个值**并添加 MultiReturn 特性，例如返回两个数的四则运算结果，Dynamo 执行效果如图 3-13 所示。

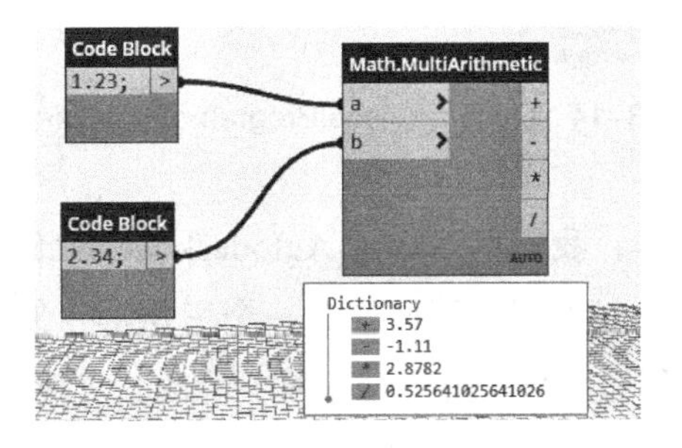

图 3–13　Dynamo 执行效果

实现代码如下：

代码 3-3：Dynamo 节点：返回多结果示例

```
[MultiReturn(new[] { "+", "-", "*", "/" })]
public static Dictionary<string, object> MultiArithmetic(double a, double b)
{
   return new Dictionary<string, object>
   {
      { "+", (a + b)},
      { "-", (a - b)},
      { "*", (a * b)},
      { "/", (a / b)},
   };
}
```

3. 使用 Dynamo 内置类型

当需要使用到 Dynamo 内置的类型或函数时，则需要在项目中添加 Dynamo 核心相关动态库。通过 Nuget 搜索添加 DynamoVisualProgramming.Core 包，Nuget 会自动将相关的 9 个动态库添加引用，如图 3-14 所示。

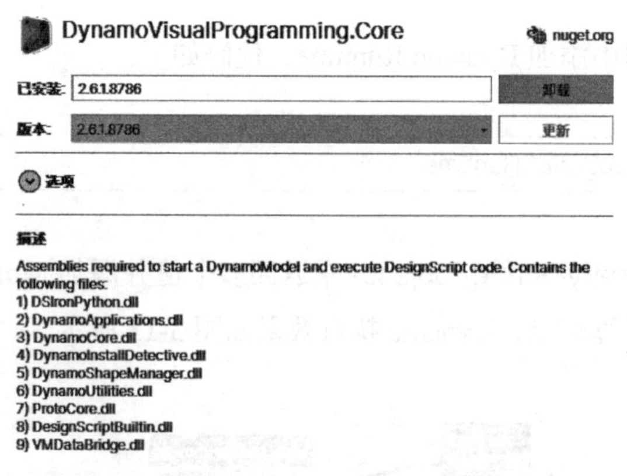

图 3–14　DynamoVisualProgramming.Core 包

与 Python Script 一样，我们可以添加 Autodesk.DesignScript.Geometry 命名空间来使用 Dynamo 内置的几何类型，例如绘制一个三角形，使用三个点来构造一个三角形，同时提供返回三角形边和三角形面积两个函数，实现效果如图 3-15 所示。

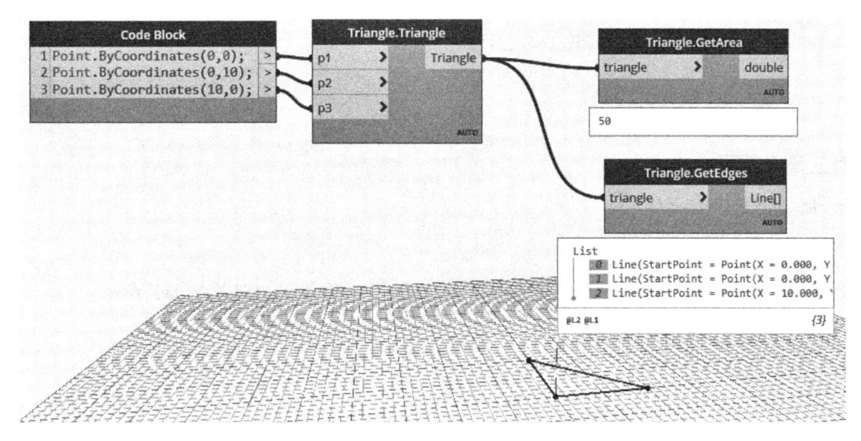

图 3–15　Dynamo 绘制三角形效果

实现代码如下：

代码 3–4：Dynamo 节点：使用 Dynamo 内置函数示例

```
///<summary>
/// 三角形
///</summary>
public class Triangle
{
    private readonly Point _p1;
    private readonly Point _p2;
    private readonly Point _p3;
    // 使用三个点构造一个三角形
    public Triangle(Point p1, Point p2, Point p3)
    {
        _p1 = p1;
        _p2 = p2;
        _p3 = p3;
    }
    // 获取三角形边
    public List<Line> GetEdges()
    {
        return new List<Line>
        {
            Line.ByStartPointEndPoint(_p1, _p2),
            Line.ByStartPointEndPoint(_p2, _p3),
```

```
            Line.ByStartPointEndPoint(_p3, _p1)
        };
    }
    // 获取三角形面积
    public double GetArea()
    {
        return System.Math.Abs((_p1.X * _p2.Y + _p2.X * _p3.Y + _p3.X * _p1.Y -
              _p1.X * _p3.Y - _p2.X * _p1.Y - _p3.X * _p2.Y) / 2d);
    }
}
```

4. 文档、提示与搜索

通过标准的 XML 备注，即可以对节点的功能、输入参数、输出结果进行备注。同时 Dynamo 额外的增加了 <search>...</search>XML 文档标记，此标记包含使用分隔的搜索词列表，匹配的搜索词将出现在搜索结果中，如图 3-16 所示。

为了使 Dynamo 读取标签，必须设置 Visual Studio 启用 XML 文档生成。在项目设置，生成页的输出可找到此选项。

图 3-16　Dynamo 节点提示

实现代码如下：

代码 3-5：Dynamo 节点：编写节点文档与提示

```
/// <summary>
/// 计算一组数字的中位数
/// </summary>
/// <param name= "data"> 输入一组 int 数组 </param>
```

```
/// <returns> 返回中位数 </returns>
/// <search>
/// Math,Median, 中位数
/// </search>
public static double Median(int[] data)
{
    // 同代码 3-2
}
```

3.3.3 实践案例：放置房间体量

开发与 Revit 交互的 ZeroTouch 节点时，需要遵循 Dynamo 的一些规范，下面同样以 2.8.8 小节生成房间体量的功能为例，将相关代码转化成 Dynamo 可用节点。

步骤 1：通过 Nuget 搜索添加 DynamoVisualProgramming.DynamoServices 和 DynamoVisualProgramming.ZeroTouchLibrary 依赖库。

步骤 2：添加 Revit API.dll 依赖库。

步骤 3：部分依赖包 Dynamo 并没有通过 Nuget 包的方式提供，可以在 Dynamo 安装目录下搜索手动引用，具体路径一般为：

```
C:\Program Files\Dynamo\Dynamo Revit\<Dynamo 版本号 >\<Revit 版本号 >
```

分别添加以下两个依赖：

1. RevitService.dll（表 3-2）

RevitService 包含的命名空间 表 3-2

命名空间	作用
RevitServices.Persistence	获取 Revit Application 与 Revit Document
RevitServices.Transactions	Dynamo 控制 Revit 事务

2. RevitNodes.dll（表 3-3）

RevitNodes 包含的命名空间 表 3-3

命名空间	作用
Revit.Elements	DynamoElement 与 RevitElement 的转化
Revit.GeometryConversion	Dynamo 与 Revit 之间几何的转化

实现代码如下：

代码 3-6：Dynamo 节点：生成房间体量

```
public class RoomMass
{
    private RoomMass() { }
    ///<summary>
    /// 生成房间形状的体量
    ///</summary>
    ///<param name= "room"> 需要生成的房间 </param>
    ///<param name= "height"> 生成体量的高度 </param>
    ///<returns></returns>
    [MultiReturn(new[] { "Element" })]
    publicstatic Dictionary<string, object> GenerateMass(Revit.Elements.Room room,
      double height)
    {
      Dictionary<string, object> result = new Dictionary<string, object>();
      // 通过 RevitServices 取得 Revit 当前 Document 对象
      Autodesk.Revit.DB.Document revitDoc = DocumentManager.Instance.
        CurrentDBDocument;
      // 通过 RevitNodes 将 Dynamo Room 转化为 Revit API 的 Room
      Autodesk.Revit.DB.Architecture.Room revitRoom = room.InternalElement as Autodesk.
      Revit.DB.Architecture.Room;
      // 取得房间边界
      CurveLoop curveLoop;
      try
      {
        curveLoop = GetRoomCurveLoop(revitRoom);
      }

      catch (Exception e)
      {
        return result;
      }
```

```
        // 通过 RevitService 开启事务
        TransactionManager.Instance.EnsureInTransaction(revitDoc);
        Autodesk.Revit.DB.DirectShapedirectShape = GetDirectShape(revitDoc, curveLoop,
        height);
        // 返回结果时将 Revit API 的 DirectShape 封装回 Dynamo 的 DirectShape 对象
        // 以便在后续使用
        result.Add( "Element", directShape.ToDSType(false) as
          Revit.Elements.DirectShape);
        // 通过 RevitService 提交事务
        TransactionManager.Instance.TransactionTaskDone();
        return result;
    }

    // 获取房间边界
    private static CurveLoop GetRoomCurveLoop(Room room)
    {
        // 可直接使用代码 2-33，此处省略
    }

    // 生成 DirectShape 并设为体量
    private static Autodesk.Revit.DB.DirectShape GetDirectShape(Document doc,
      CurveLoop cl, double heigth)
    {
        // 可直接使用代码 2-34，此处省略
    }
}
```

提示：注意这里使用了上一小节介绍的多重返回 Dictionary<string, object>，本例仅返回了一个结果，还可以继续添加其他的返回结果（如房间边界 CurveLoop）。

步骤 4：将生成的 dll 导入到 Dynamo 中并使用（图 3-17）。

运行效果与直接使用 Revit API 开发或使用 Python 开发一致（图 3-18）。

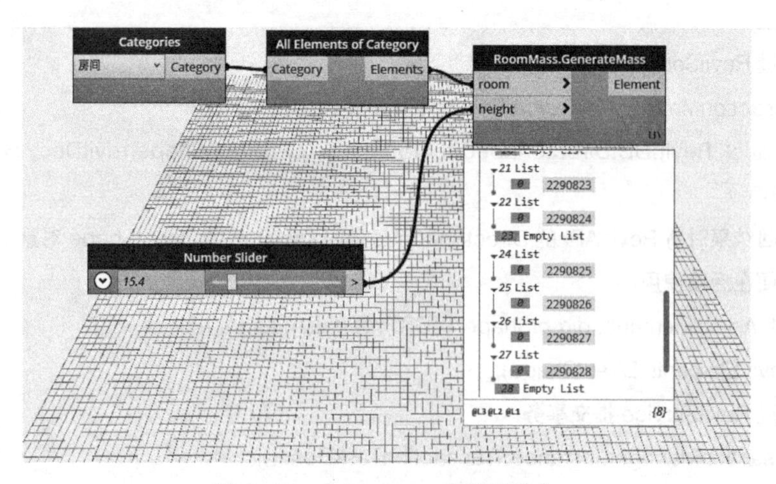

图 3-17　在 Dynamo 中应用节点

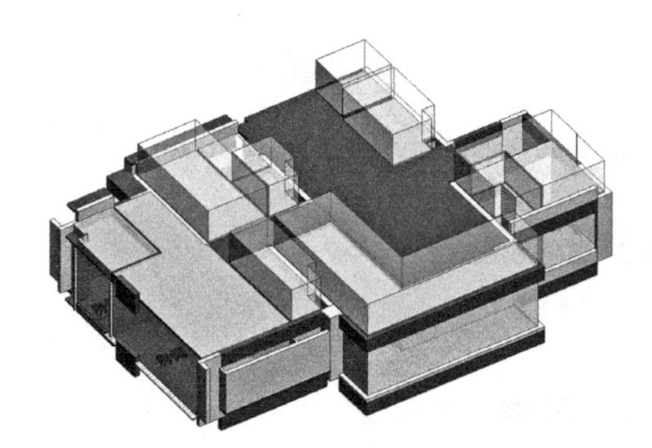

图 3-18　放置房间体量实现效果

第4章　Navisworks 二次开发

Navisworks 也是 Autodesk 旗下产品，主要配合 Revit 提供模型的整合、轻量化浏览、批注，以及在此基础上的漫游、碰撞检查、4D 模拟乃至算量等功能。Navisworks 对模型的轻量化程度非常高，浏览大体量模型也依然流畅，因此在工程领域几乎是伴随 Revit 的“标配”软件。

由于 Navisworks 不是建模软件，同时 Navisworks API 的文档与样例都远不及 Revit API 丰富，因此 Navisworks 的二次开发在业界相对少见。但笔者认为，基于 Navisworks 优秀的 3D 图形底层，其二次开发的价值是值得更深入去挖掘的。

本章仅作 Navisworks 二次开发的入门介绍，掌握了这部分内容后，如需系统、深入地进行开发，可参考 Navisworks API 文档及官方样例继续学习研究。

4.1　Navisworks 开发基础

4.1.1　开发形式

Navisworks 二次开发包含以下三种形式：

（1）**插件（Plugin）**：集成到 Navisworks Simulate 或 Manage 里，拓展其能力，表现为在 Navisworks 中增加自定义的菜单。

（2）**控件（Control）**：提供查看器，可以嵌入到独立的程序。

（3）**自动化程序（Automation）**：能开启 Navisworks 进程，执行自定义操作。一般是进行批量处理工作，比如把多源 Revit 文件批量的导出为 nwd，或批量修改。

本书主要介绍插件开发（Plugin）的基础知识和流程。

4.1.2　开发环境和文档

首先需要在开发的机器上安装 Visual Studio、Navisworks Manage 以及 Navisworks SDK。Navisworks SDK 可以从官方开发者中心网站下载：https://www.autodesk.com/developer-network/platform-technologies/navisworks。

Navisworks SDK 默认安装在 Navisworks Manage 的安装目录下，新建一个名为 api 的文件夹，内有帮助文档和相关代码示例，按照 API 类型分为 COM、NET、NwCreate（包括 Nwcreate 的头文件与库文件）文件夹，如图 4-1 所示。

（1）NET：包含了对象手册和开发样例，其中的 NET API.chm 是 Navisworks 二次开发的主要参考文档，Developer Guide 章节介绍了 API 的访问方式、如何编写代码以及对应的例子。

（2）COM：COM API 是 Navisworks 早期提供的接口，2011 版后已全面转入 .net API，因此不建议再通过此接口进行开发。

（3）NwCreate: NwCreate 是一个 C++ 库，让开发者能在 Navisworks 里创建模型或者自己做一个特定三维模型格式的解释器，在 Navisworks 中展示。

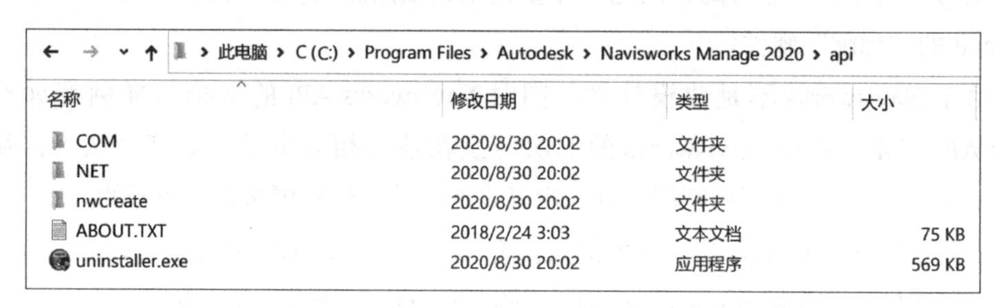

图 4–1　api 目录

4.1.3　插件开发流程

仍以最简单的 HelloWorld 为例，介绍 Navisworks 二次开发的流程。

步骤 1：打开 Visual Studio 新建一个 Windows 桌面类库项目，如图 4-2 所示。

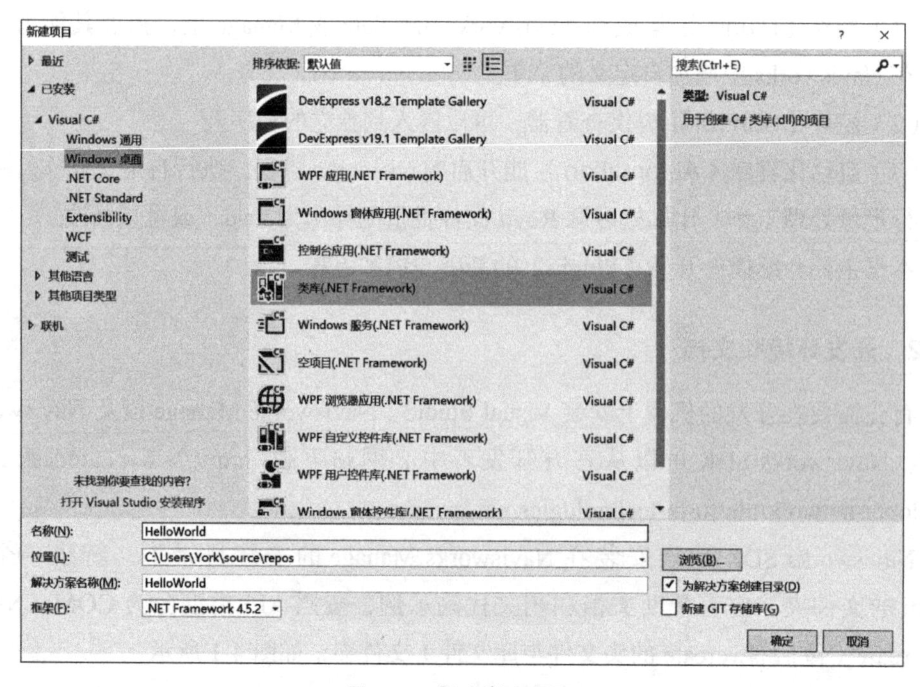

图 4–2　新建类库项目

步骤 2：在解决方案资源管理器中为项目添加 Autodesk.Navisworks.Api.dll 引用，该文件位于 Naviswork 安装目录下，如 C:\Program Files\Autodesk\Navisworks Manage 2020。同时在属性面板中设置“复制本地”属性为 False，这样编译后该文件及依赖的文件就不会复制到输出目录中，如图 4-3 所示。

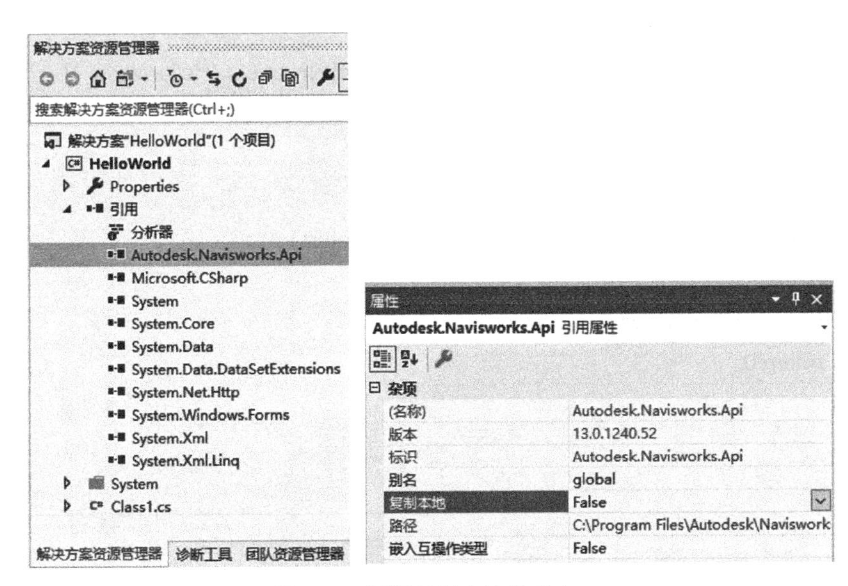

图 4-3　设置复制本地为 False

步骤 3：设置 .NET Framework 版本，Navisworks 2019 及 2020 版对应的均为 4.7 版。

步骤 4：为类添加 Plugin 和 AddInPlugin 特性，继承 AddInPlugin 类。Plugin 包含四个参数，其中 Name 插件名称，Company 指开发商名称，ToolTip 指鼠标放在菜单上弹出的提示信息，DisplayName 指插件菜单上显示的文字。

AddInPlugin 用来指明插件菜单所在的位置，这里指定的是在 AddInLocation.AddIn 中，所以该插件的按钮会出现在“工具附加模块”菜单下。如果不加 Attribute，默认也是在 AddInLocation.Addin 中。

代码 4-1：添加 Plugin 和 AddInPlugin 特性

```
using Autodesk.Navisworks.Api;
using Autodesk.Navisworks.Api.Plugins;
using System;
using System.Collections.Generic;
using System.Windows.Forms;
```

```
namespace HelloWorld
{
  //Name 指插件名称
  //Company 指开发商名称
  //ToolTip 鼠标放在菜单上弹出的提示信息
  //DisplayName 插件菜单上显示的文字
  [Plugin( "Demo", "uBIM", ToolTip = "Hello World", DisplayName = "Hello World" )]
  [AddInPlugin(AddInLocation.AddIn)]
  public class HelloWorld : AddInPlugin
  {
    public override int Execute(params string[] parameters)
    {
        MessageBox.Show( "Hello World! " );
        return 0;
    }
  }
}
```

步骤 5：编译项目，将生成的 dll 进行部署，有以下三种方式实现。

方式一：找到 Navisworks 安装目录下的 Plugins 文件夹，创建一个和生成的 dll 同名的文件夹，如生成的 dll 名字叫 HelloWorld.dll，那么就创建一个名为 HelloWorld 的文件夹，把生成的 dll 复制到该文件夹，如果插件引用了其他的 dll，其他 dll 需要放在 Navisworks 目录下的 Dependencies 文件夹，否则会出现无法加载引用导致 Navisworks 崩溃。

方式二：部署在 %APPDATA%\Autodesk Navisworks Manage 2020\Plugins，该目录是从 Navisworks 2014 开始支持的。如果这个目录的插件又引用了其他 dll，其他 dll 可以直接放在该目录下。

方式三：使用 Autodesk 多数产品插件的统一方式 Bundle，是 Naviswork 2015 才开始支持的。对应的目录有两个地方可供选择，%APPDATA%\Autodesk\ApplicationPlugins 针对单个用户，%PROGRAMDATA%\Autodesk\ApplicationPlugins 针对所有用户。具体部署步骤如下：

（1）建立一个 .bundle 名称结尾的文件夹，如 uBIM.NV.HelloWorld.bundle。由于 Autodesk 系列产品的插件都在同一个文件夹下面，因此建议加上“NV”等字样以便分类。

（2）在该文件夹内放置一个名为 PackageContents.xml 的文件，文件内容如下：

代码 4-2：bundle 部署的 PackageContents.xml

```
<?xml version= "1.0" encoding= "utf-8" ?>
<ApplicationPackage>
  <Components>
   <RuntimeRequirements OS= "Win64" Platform= "NAVMAN|NAVAIM"
                        SeriesMin= "Nw16" SeriesMax= "Nw16" />
   <ComponentEntry AppType= "ManagedPlugin"
                   ModuleName= "Contents\v16\HelloWorld.dll" />
  </Components>
</ApplicationPackage>
```

其中参数说明如表 4-1 所示，**对于多版本的部署，可以在 ApplicationPackage 下面继续增加节点**。

参数说明表 **表 4-1**

参数	说明
OS="Win64"	表示支持 64 位 Windows 系统
Platform="NAVMAN|NAVAIM"	同时支持 Navisworks Manage 和 Navisworks Simulate
SeriesMin="Nw16" SeriesMax="Nw17"	该插件支持的版本。**注意 Navisworks 2019 的版本号为 Nw16；Navisworks 2020 的版本号为 Nw17**
AppType="ManagedPlugin"	该插件基于 .net 的 API
ModuleName="Contents\2020\HelloWorld.dll"	指明 dll 的相对路径，在 Contents 目录下的 2020 目录里面

（3）最后根据 PackageContents.xml 的内容，创建对应目录，并把 dll 复制到该目录下，例如本例中，需在 uBIM.HelloWorld.bundle 下面创建子目录 Contents，Contents 下创建子目录 2020，然后把 HelloWorld.dll 复制到该目录下完成部署，整个文件夹架构如图 4-4 所示。

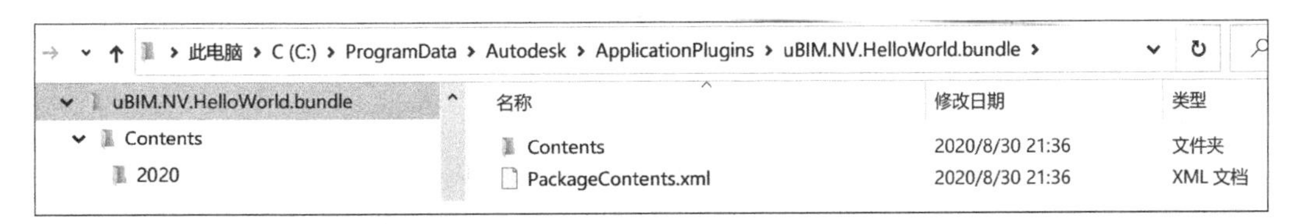

图 4–4 bundle 部署的文件夹示意

部署完成之后，启动 Navisworks，将会看到在工具附加模块菜单下面出现一个新的菜单（图 4-5）。

图 4-5 部署后界面

4.1.4 自定义 Ribbon 面板

在 Navisworks 开发中，往往需要将制作的插件放置在独立的选项卡中，此时就需要用到自定义 Ribbon 面板。创建自定义 Ribbon 面板需要以下步骤：

（1）添加一个本地化名称的文件夹，并在文件夹中放置 Ribbon 的描述性 xaml 文件，需注意在 VS 中要将这个 xaml 文件属性设置生成操作为“内容”，如图 4-6 所示。

图 4-6 xaml 文件属性设置

CustomRibbon.xaml 文件内容如下：

代码 4-3：自定义面板的 CustomRibbon.xaml

```
<?xml version="1.0" encoding="utf-8"?>
<RibbonControl x:Uid="MyCustomRibbonDemo"
                    xmlns="clr-namespace:Autodesk.Windows;assembly=AdWindows"
xmlns:wpf= "http://schemas.microsoft.com/winfx/2006/xaml/presentation"

xmlns:ad= "clr-namespace:Autodesk.Internal.Windows;assembly=AdWindows"
                    xmlns:system= "clr-namespace:System;assembly=mscorlib"
                    xmlns:x= "http://schemas.microsoft.com/winfx/2006/xaml"
```

```
xmlns:local="clr-namespace:Autodesk.Navisworks.Gui.Roamer.AIRLook;assembly=
navisworks.gui.roamer">
    <RibbonTab Id="ID_CustomTab_Demo" KeyTip="T1">
      <RibbonPanel>
        <RibbonPanelSource KeyTip="C1" Title=" 停靠面板 ">
          <local:NWRibbonButton Id="ID_Button_TestDockPane"
                                Size="Large"
                                KeyTip="B1"
                                ShowText="True"
                                Orientation="Vertical"/>
        </RibbonPanelSource>
      </RibbonPanel>
    </RibbonTab>
</RibbonControl>
```

（2）添加一个继承至 CommandHandlerPlugin 的插件类，注意在类上方特性中填写的 ID 和 xaml 文件中相应处的 ID 需要保持一致。

代码 4-4：自定义面板按钮定义代码

```
[Plugin("MyCustomRibbonDemo", "Demo", DisplayName = "Ribbon Demo")]
[RibbonLayout("CustomRibbon.xaml")]
[RibbonTab("ID_CustomTab_Demo", DisplayName = "CustomTab Demo")]
[Command("ID_Button_TestDockPane",
   CanToggle = true,
   LoadForCanExecute = true,
   DisplayName = " 测试 ",
   Icon = "test_16.png", LargeIcon = "test_32.png",
   ToolTip = " 测试自定义面板 ")]
public class MyRibbonCommandHandler : CommandHandlerPlugin
{
   public override int ExecuteCommand(string commandId, params string[] parameters)
   {
      switch (commandId)
      {
         case "ID_Button_TestDockPane":
         // 实现具体功能 ;
         break;
          default:
```

```
            break;
        }
        return 0;
    }
}
```

（3）在插件类命令中的按钮图标需放置在 Images 文件夹中，部署时应该包含这些文件，如图 4-7 所示。

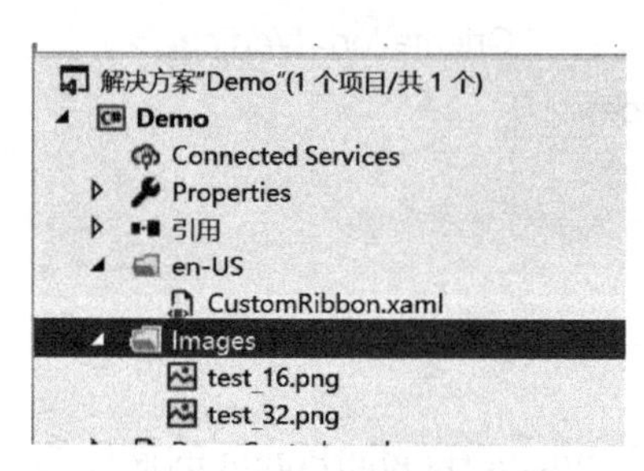

图 4–7　图标位置

（4）将 dll 执行文件复制到“C:\Program Files\Autodesk\Navisworks Manage 2020\plugins\Demo”目录下，如图 4-8 所示。

此电脑 › C (C:) › Program Files › Autodesk › Navisworks Manage 2020 › Plugins › Demo

名称	修改日期	类型	大小
en-US	2020/8/30 22:41	文件夹	
Images	2020/8/30 23:13	文件夹	
Demo.dll	2020/8/30 23:12	应用程序扩展	12 KB
Demo.pdb	2020/8/30 23:12	Program Debug Da...	34 KB

图 4–8　部署插件

（5）部署完成后将在 Navisworks 菜单中看到自定义的“CustomTab Demo”选项卡以及选项卡内的命令按钮（图 4-9），其中注意本地化名称文件夹可设置成 en-US 即英文，zh-CN 为中文，若不需要做多语言适配，只需设置一个即可。

图 4–9　自定义 Ribbon 效果示意

4.2　Navisworks 开发示例

4.2.1　搜索模型元素并设置颜色

Navisworks 大多数的模型来源为 Revit，下面的代码演示了如何在当前文档中搜索特定 RevitElementId 值的模型元素，以 Revit 自带样例的坡屋顶为例，其在 Revit 里的 ID 为 243274，我们通过编写 Navisworks 的插件将它搜索出来并设为蓝色，实现效果如图 4-10 所示。

图 4–10　搜索元素

实现代码如下：

代码 4–5：搜索模型元素并设色

```
public override int Execute(params string[] parameters)
{
    Document doc = Application.ActiveDocument;
    // 创建一个搜索器
    Search search = new Search();
    // 设置选择所有
    search.Selection.SelectAll();
    // 定义一个根据 ElementId 的值的搜索条件
    SearchCondition searchCondition = SearchCondition.HasPropertyByName
      (PropertyCategoryNames.RevitElementId,
      DataPropertyNames.RevitElementIdValue);
    // 搜索 ElementId 值为 243274 的模型元素
    VariantData variantData = VariantData.FromDisplayString("243274");
    searchCondition = searchCondition.EqualValue(variantData);
    search.SearchConditions.Add(searchCondition);
```

```
    //在当前文档中用这个搜索器获取搜索结果
    ModelItemCollection searchResults = search.FindAll(doc, false);
    //在模型中选中搜索结果
    doc.CurrentSelection.CopyFrom(searchResults);
    //定位到选中的构件
    doc.ActiveView.FocusOnCurrentSelection();
    //设为蓝色
    doc.Models.OverridePermanentColor(doc.CurrentSelection.SelectedItems,Color.Blue);
    return 1;
}
```

注意需要将 Navisworks 的渲染方式设置为**着色**才能看到元素颜色设置的效果，设置如图 4-11 所示。

实际应用的插件中，可通过更多的条件对模型元素进行过滤选择。

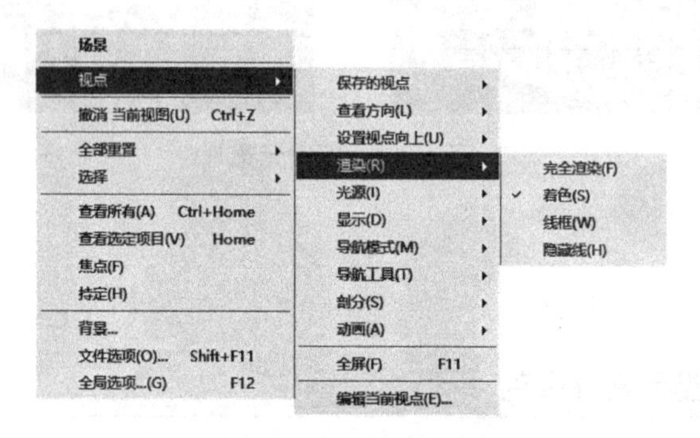

图 4–11　渲染设置及更改颜色效果

4.2.2　按材质统计面积

Navisworks 是模型整合的工具，模型构件的分类过滤、属性提取与统计是重要的功能，上一小节演示了最简单的搜索功能，本小节演示如何通过材质过滤出各个模型中同一材质（以玻璃为例）的各个构件，提取其面积参数，再汇总统计。

在开始代码编写之前，先查看目标构件的属性，如图 4-12 所示，不同构件类型的“面积”属性可能在不同的层级，这是需要注意的。

由此可确定程序的思路：通过材质名称“Glass”过滤选择出图元，然后查找其“元素”类别里的“面积”属性，如果没有此属性，则向上逐级查找其父图元，直至找到为止，然后累计面积。为简化代码，本案例仅查找二层父图元。另外本案例还对选择出的图元作了**位移变换**，以演示其用法。实现代码如下：

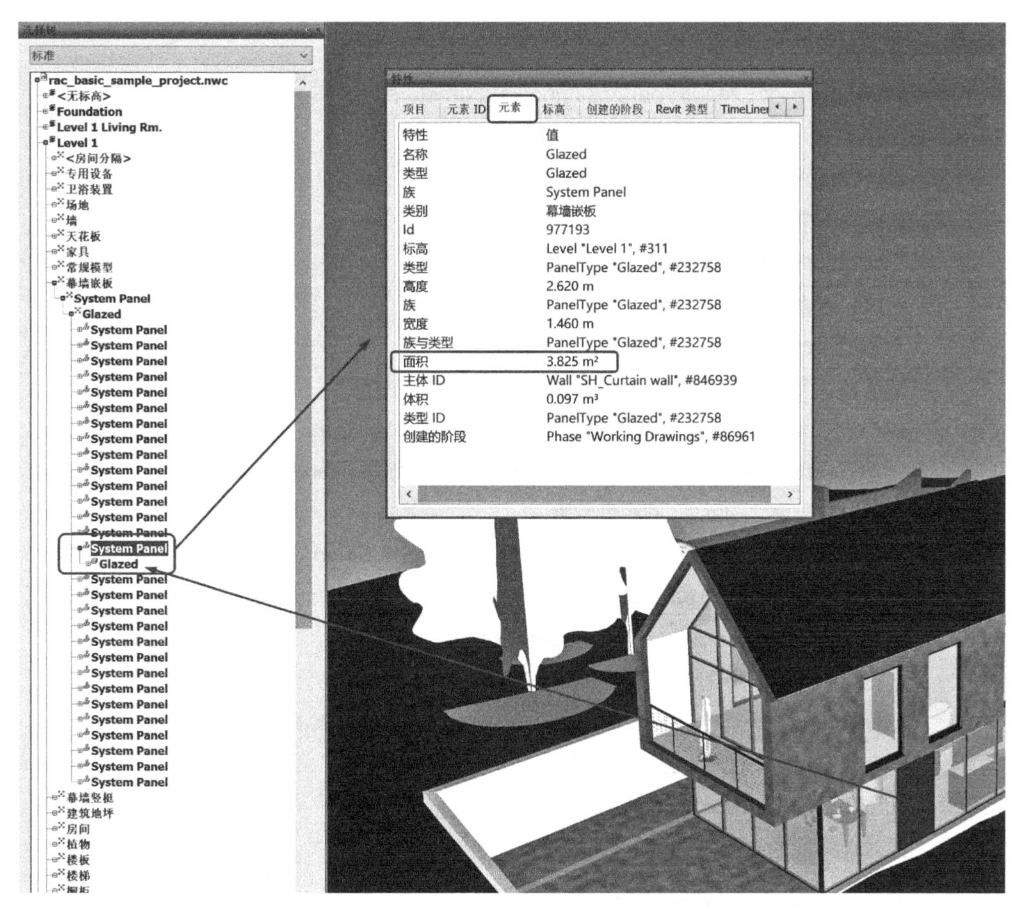

图 4-12　查看目标构件的面积属性及其对象层级

代码 4-6: 统计玻璃面积

```
using Autodesk.Navisworks.Api;
using Autodesk.Navisworks.Api.Plugins;
using Autodesk.Navisworks.Api.DocumentParts;
using System;
using System.Collections.Generic;
using System.Windows.Forms;
using Application = Autodesk.Navisworks.Api.Application;

namespace GlassArea
{
   [Plugin( "GlassArea", "uBIM", ToolTip = " 统计玻璃面积 ",
      DisplayName = " 统计玻璃面积 " )]
   [AddInPlugin(AddInLocation.AddIn)]
   public class GlassArea : AddInPlugin
```

```
{
  public override int Execute(paramsstring[] parameters)
  {
      Document doc = Application.ActiveDocument;
      // 创建一个搜索器
      Search search = new Search();
      // 设置选择所有
      search.Selection.SelectAll();
      // 定义一个类别为“元素”、属性为材质的搜索条件
      SearchCondition searchCondition = SearchCondition.HasPropertyByName
        (PropertyCategoryNames.Item,DataPropertyNames.ItemMaterial);
      // 搜索材质为“Glass”的模型元素
      VariantData variantData = VariantData.FromDisplayString( "Glass" );
      searchCondition = searchCondition.EqualValue(variantData);
      search.SearchConditions.Add(searchCondition);
      // 在当前文档中用这个搜索器获取搜索结果
      ModelItemCollection searchResults = search.FindAll(doc, false);
      // 在模型中选中搜索结果
      doc.CurrentSelection.CopyFrom(searchResults);
      // 对选集设置位移，项目单位为英尺

      Vector3D vector = new Vector3D(0, 0, 30);
      Transform3D transform = Transform3D.CreateTranslation(vector);
      doc.Models.OverridePermanentTransform(searchResults, transform, false);

      // 统计面积
      double area = 0;
      foreach (ModelItem modelItem in searchResults)
      {
        // 查找元素属性，分类为 " 元素 "，属性为 " 面积 "
        DataProperty data = modelItem.PropertyCategories.
          FindPropertyByDisplayName( " 元素 " " 面积 " );
        // 如果当前图元没有此属性，找父图元
        if (data == null)
        {
          data = modelItem.Parent.PropertyCategories.
            FindPropertyByDisplayName( " 元素 " " 面积 " );
        }
```

```
            // 如果一级父图元没有此属性，再找二级父图元
            if (data == null)
            {
                data = modelItem.Parent.Parent.PropertyCategories.
                    FindPropertyByDisplayName( " 元素 " " 面积 " );
            }
            if (data != null)
                area += data.Value.ToDoubleArea();
        }

        string areaString = (area * 0.3048 * 0.3048).ToString( "0.00" );
        MessageBox.Show( " 面积合计：" + areaString + " 平方米 " );

        return 1;
    }
  }
}
```

运行结果如图 4-13 所示。

图 4–13　统计玻璃面积运行结果

4.2.3 设置视点方向为水平

Navisworks 的视点设定非常灵活，并且跟 Navisworks 的其他功能紧密结合，因此视点的相关开发应用非常多，但 Navisworks API 对于视点的设定主要通过**四元数**来进行，跟 Revit API 直接通过 XYZ 三个方向的向量确定视点有很大区别，非图形开发专业的人员理解起来非常困难，因此建议通过将四元数转化为**欧拉角**或**旋转矩阵变换**来进行开发。下面用一个案例来简单说明。

案例的目的是将场景中的**倾斜视点（三维透视）**变成**水平（二维透视）**。需求来源是在 Navisworks 室内漫游的时候，如果视点不是水平，形成三维透视，漫游动画的效果会不太舒服，如图 4-14 所示。如果是手动操作，我们可以编辑视点，将其观察点的 Z 高度设为与视点位置的 Z 高度一致即可。本案例通过插件来实现，完成效果如图 4-16 所示。

图 4–14　非水平视点的三维透视效果

代码 4–7：视点变水平

```
[Plugin("HorizonView", "uBIM", ToolTip = " 视点变水平 ",
   DisplayName = " 视点变水平 ")]
[AddInPlugin(AddInLocation.AddIn)]
public class HorizonView : AddInPlugin
{
```

```
    public override int Execute(params string[] parameters)
    {
        Document doc = Application.ActiveDocument;
        Viewpoint viewPointCopy = doc.CurrentViewpoint.CreateCopy();
        // 求视点的三维旋转值（四元数）
        Rotation3D rotation = viewPointCopy.Rotation;
        // 转换成欧拉角
        EulerAngleResult eulerAngle = rotation.ToEulerAngles();
        // 通过欧拉角 X 轴旋转 = 90° 来控制视点为水平；Y、Z 轴旋转角度不变
        // 此时视点会倾侧
        Rotation3D newRotation = Rotation3D.CreateFromEulerAngles
          (Math.PI / 2, eulerAngle.Y, eulerAngle.Z);
        // 为避免方向反转，需保持 X 轴旋转正负向与原来一致
        if (eulerAngle.X < 0)
        {
            newRotation = Rotation3D.CreateFromEulerAngles
              (-Math.PI / 2, eulerAngle.Y, eulerAngle.Z);
        }
        // 重新设定视点的三维旋转值
        viewPointCopy.Rotation = newRotation;
        // 用 AlignUp 方法纠正倾侧的视点
        viewPointCopy.AlignUp(new Vector3D(0, 0, 1));
        // 应用视点
        doc.CurrentViewpoint.CopyFrom(viewPointCopy);
        return 1;
    }
}
```

这里稍微展开解释一下：

（1）Navisworks API 的当前视点 CurrentViewpoint 无法直接编辑，需先复制一个出来，编辑完后再通过『CurrentViewpoint.CopyFrom』应用到视图。

（2）Viewpoint 通过 Position 属性确定视点位置，通过 Rotation3D 属性确定视点方向，**没有提供直接获取视图观察点以及视图方向向量的方法**，但可以通过『Viewpoint.PointAt(Point3D)』设定观察点、通过『Viewpoint.AlignDirection』设定视图方向。

（3）Rotation3D 是一个三维旋转变换，有多种表示方法，默认采用**四元数**的表达，同时也可以转换成**旋转轴 + 角度**、**欧拉角**的方式表达。以欧拉角的方式为例，一个视点显示成什么样子，可以等价于“从顶视图开始，依次绕其自身的 X 轴、Y 轴、Z 轴

旋转各自的角度，得到的总体变换角度”。

（4）通过查看原视点的欧拉角值，从中可以找到本程序的思路：只需将欧拉角的 X 轴旋转角度设为 90°，则视点就是水平的。

（5）如果仅设 X 轴旋转角度，由于 Y 轴和 Z 轴的联合作用，整个视点可能是倾侧的，如图 4-15 所示。为解决此问题，本案例直接用 AlignUp 方法将其校正，最终效果如图 4-16 所示。

图 4–15 未校正倾侧的水平视点效果

图 4–16 校正后的水平视点二维透视效果

第 5 章　BIM 可视化开发

随着 BIM 的可视化应用越来越广泛、要求越来越高，同时硬件成本不断降低、软件技术不断发展，基于 BIM 模型进行可视化方面的开发也逐渐为业内所关注。BIM 可视化开发主要有即时渲染和 VR/AR 开发两个方向，在即时渲染方面已有成熟的商业软件如 Fuzor、Enscape 等可供选择，涉及的技术也更底层，因此不适宜从工程角度进行开发，本书主要介绍 VR/AR 方向的开发。

VR 在房地产及家装行业已有比较成熟的应用，上述即时渲染软件也支持将 BIM 模型快速制作为 VR 场景，给 BIM 模型带来更高的应用价值，但其仅提供常规的浏览与交互方式，如果需要做一些定制化的功能或者交互，就需要自己进行开发。AR 方面目前还没有成熟的软件支持，也需要通过专门的开发才能实现。

本章第一节先介绍 VR 与 AR 的概念与区别，然后分别介绍基于 UE4 的 VR 开发基础、基于 Unity 的 AR 开发基础。

5.1　VR/AR 简介

5.1.1　VR 技术的定义

VR 是 Virtual Reality（**虚拟现实**）的缩写。虚拟现实技术是一种可以创建和体验虚拟世界的计算机仿真系统，它利用计算机生成一种模拟环境是一种多源信息融合的交互式的三维动态视景和实体行为的系统，使用户沉浸到仿真环境中。因此，VR 是借助计算机及最新传感器技术创造的一种崭新的人机交互手段，通过先进的传感设备，能够让用户获得沉浸于另外一个世界的体验，并且能够在这个虚拟世界中与虚拟环境实现交互。

虚拟现实是多种技术的综合，具有**沉浸感**、**交互性**等基础特征，包括实时三维计算机图形技术，广角（宽视野）立体显示技术，对观察者头、眼和手的跟踪技术，以及触觉 / 力觉反馈、立体声、网络传输、语音输入输出技术等。

5.1.2　AR 技术的定义

AR 是 Augmented Reality（**增强现实**）的缩写，最早于 1990 年提出。AR 技术是在 VR 技术的基础上发展起来的新技术，也被称为**混合现实**，通过计算机系统提供的信息增加用户对现实世界的感知，是一种将真实世界信息和虚拟世界信息“无缝”集成的新技术，将真实的环境和虚拟的物体实时地叠加到了同一个画面或空间同时存在，被人类感官所感知，从而达到超越现实的感官体验。

AR 技术的目标是在屏幕上把虚拟世界套在现实世界并进行互动，不仅展现了真实世界的信息，而且将虚拟的信息同时显示出来，两种信息相互补充、叠加。在视觉化的增强现实中，用户利用头盔显示器，把真实世界与电脑图形多重合成在一起，便可以看到真实的世界围绕着它，AR 的系统结构原理如图 5-1 所示。

增强现实技术包含了多媒体、三维建模、实时视频显示及控制、多传感器融合、实时跟踪及识别、场景融合等新技术与新手段。增强现实提供了在一般情况下，不同于人类可以感知的信息。它具有三个突出的特点：

（1）真实世界和虚拟世界的信息集成。

（2）具有实时交互。

（3）三维注册（三维配准），可在真实或虚拟的三维空间中增加虚拟物体。

AR 技术可广泛应用到军事、医疗、建筑、教育、工程、影视、娱乐等领域。

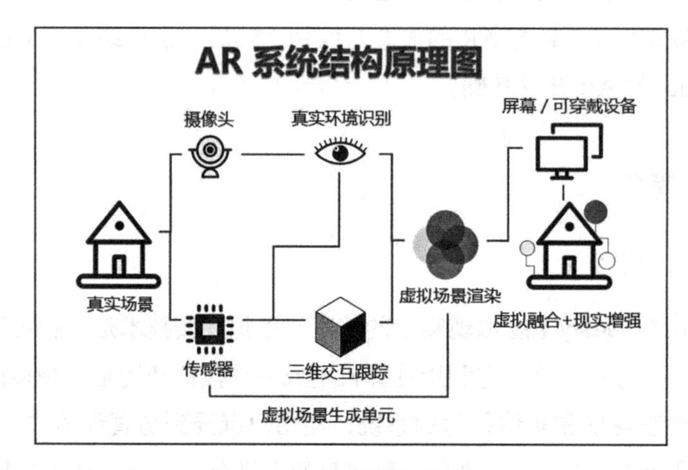

图 5-1　AR 系统结构原理

5.1.3　AR/VR 的区别

VR 是使用者完全沉浸在虚拟的世界中，理想状态下，感知不到真实世界。例如带上 HTC 的 VIVE，就看不见真实环境，只能看见虚拟场景并与之互动。

AR 不同于 VR 虚拟现实技术，要使用户完全沉浸在合成的环境中的话，必须要造就一个虚实结合的场景，这就需要一些硬件的支持（如计算机、显示屏、摄像机、跟踪与传感系统等），例如带上微软的 HoloLens 眼镜体验，就是将虚拟物体实时重叠于真实场景中。目前，增强现实系统一般含有四个步骤：

（1）获取真实的场景信息。

（2）对真实的场景和信息进行分析。

（3）生成虚拟事物信息。

（4）将虚拟和现实结合显示。

用简约易懂的话来总结：**VR 看到的全是虚拟的，AR 看到的是半真实半虚拟**。VR 是虚拟的场景，虚拟的内容，虚拟的物体。AR 是在真实的场景中，加入了虚拟的东西或者物体，真假相加，来增强现实体验。

5.2　BIM VR 软件开发

5.2.1　BIM VR 简介

BIM VR 是将 BIM 和 VR 结合起来的一种技术手段。通过将 BIM 与 VR 技术相结合，可以让使用者不仅可以看到 BIM 模型，还可以深入其中，身临其境，通过 1∶1 的虚拟现实环境，真实地体验空间感受，对于 BIM 模型来说是可视化应用的一个拓展。

目前可以实现 BIM VR 的常见软件有 Twinmotion、Fuzor、Enscape、Unity 和 Unreal Engine 等，这些软件各有优势与短板。

Twinmotion、Fuzor 与 Enscape 在 BIM 可视化领域中较为突出。这些软件不仅可以在最短的时间内创建平面图、全景图、规格图、沉浸式 360° 视频等，还可供分享的轻量级互动演示，支持绝大多数常用 VR 头戴式显示设备，能在极短时间内将您的 BIM 变成 VR 应用。但在 BIM VR 中，这些集成系统所生成的 VR 大多数仅提供浏览以及常规交互的功能，并不能满足定制功能的开发。

Unity、Unreal Engine 是全球应用非常广泛的实时内容开发平台，为游戏、汽车、建筑工程、影视动画等广泛领域的开发者提供了强大且易于上手的工具，用于创作及运营 3D、2D、VR 和 AR 可视化。例如 Unity 快速 VR 开发工具 VRTK、Unreal Engine 的 Datasmith 快速导出插件等，大大提高了我们日常工作的效率，优化工作流程的同时减少了大量重复的工作，是定制化 BIM VR 开发的主要平台。本书主要介绍基于 Unreal Engine 4.0（简称 UE4）的 VR 开发。

5.2.2　UE4 开发基础

UE4 全称为 Unreal Engine 4，中文名称为**虚幻引擎 4**。UE4 是一款由 Epic Games 公司开发的开源、商业收费、学习免费的游戏引擎，如图 5-2 所示。UE4 采用了目前最新的即时光迹追踪、HDR 光照、虚拟位移等新技术，而且能够每秒钟实时运算两亿个多边形运算，可以实时运算出电影 CG 等级的画面，效能非常优异。

UE4 开发需要准备开发环境，包括必备条件安装程序，其负责安装运行编辑器和引擎所需的内容，包括多个 DirectX 组件和 Visual C++ Redists。不同的 UE4 安装方式有不同的获取方式：

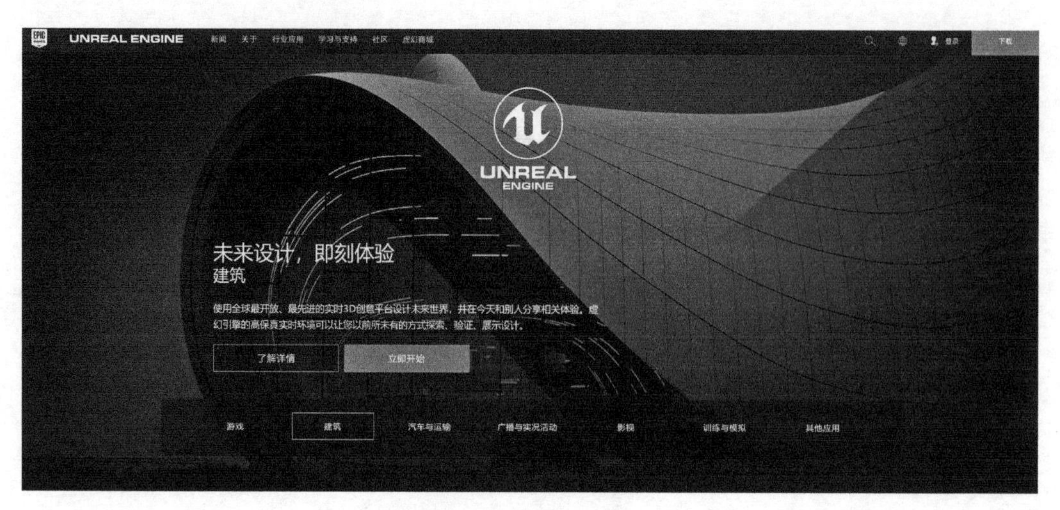

图 5–2　UE4 官网

（1）在通过 Epic Games 启动程序安装 UE4 引擎时，启动程序会自动安装这些必备条件。

（2）如果是从源代码编译的 UE4，需要准备一台安装 UE4 必备条件的计算机（如表 5-1 所示），然后在 UE4 安装目录的 Engine/Extras/Redist/en-us 文件夹中找到适用于 32 位和 64 位 Windows 系统的独立可执行文件。

（3）如果使用 Perforce 来获取 UE4 源代码，可以在 Perforce 元库的同一个文件夹 Engine/Extras/Redist/en-us 中找到预先编译的二进制文件，或者在安装程序的源文件 Engine/Source/Programs/PrereqInstaller 目录下。

UE4 开发软硬件要求　　　　**表 5–1**

软硬件	名称	最低要求
硬件	处理器	Intel I7，主频 2.5 GHz 以上
	内存	8 GB RAM 以上
	显卡 /DirectX 版本	DirectX 11 或 12 兼容显卡
软件	操作系统	Windows 7
	DirectX Runtime	DirectX End-User Runtimes
	编译软件	Visual Studio 2017 v15.6 以上

UE4 开发包含以下几个概念：

（1）编辑器基础

项目（Project）是一个自成体系的单元，保存所有组成单独游戏的所有内容和代码，并与硬盘上的一组目录相一致。在 UE4 编辑器中，创建游戏体验所在的场景一般称之为“关卡”，放置到世界中的任何对象都认为是 Actor，无论该对象是一个光源、网格物体还是一个角色。从技术上讲，Actor 是 UE4 引擎中使用的一个编程类，用于定义一个具有三维位置、旋转度及缩放比例数据的对象。

（2）编辑器视口

视口（Viewports）是查看在 UE4 中创建的世界场景的窗口，可以像在架构蓝图中那样以更具方案设计感的方式使用它们。UE4 的编辑器视口包含各种工具和查看器，以帮助准确地查看所需的数据。

（3）编辑器模式

模式（Modes）包含了用于编辑器的各种工具模式的选择，这些模式针对特定任务更改关卡编辑器主要行为，例如将新资源放入世界场景、创建几何笔刷、体积、在网格体上绘图、生成植物以及塑造地形等。

（4）Actor 几何体

从最基本的层次来说，创建关卡可以理解为在 UE4 编辑器中向地图中放置对象。这些对象可能是世界几何体、以画刷形式出现的装饰物、静态网格物体、光源、玩家起点、武器等，还可以设置对象什么时候出现。

（5）内容浏览器

内容浏览器（Content Browser）是 UE4 编辑器的主要区域，用于在 UE4 编辑器中创建、导入、组织、查看及修改内容资源。它还提供了管理内容文件夹和对资源执行其他有用操作，例如重命名、移动、复制和查看引用。它可以搜索游戏中的所有资源并与其交互。

（6）光照

对场景的照明通过光照 Actor 来完成。光源包含多种属性，用于确定光照特性，例如光照的亮度、光照的颜色。在 UE4 中，包含点光源、聚光源、定向光源等。

（7）材质和着色

材质（Material）是可应用于网格体以控制场景视觉效果的资源。在高级关卡中，可能很容易把材质想象为涂在对象上的“油漆”。准确地说，材质定义的是从外观上构成对象之表面的类型，用于定义它的颜色、光泽度、是否能看穿对象等。

从专业的角度来讲，当场景中的光源照射到表面时，材质被用来计算该光源如何与该表面相互作用。这些计算是使用从各种图像（纹理）和数学表达式以及从材质本身固有的各种属性设置输入到材质的输入数据来完成的。

（8）蓝图可视化脚本编写

UE4 中的蓝图可视化脚本是一个完整的游戏脚本系统，是使用基于节点的界面创建游戏可玩性元素。蓝图的用法也是通过定义在引擎中的面向对象的类，或者对象，它为设计人员提供了一般仅供程序员使用的所有概念及工具。

（9）编程

实现 gameplay 和修改引擎是所有游戏项目的重要部分，UE4 实现 gameplay 的方式可通过代码进行，也可通过蓝图的直观方式来进行，甚至可以创建插件来修改或延展引擎和编辑器，以添加完全自定义的功能让设计师或美术师进行使用。

（10）测试

使用 UE4 的内置功能对关卡和 gameplay 进行测试和调试。使用 PIE 模式在编辑器中直接获取实时反馈，甚至使用 Simulate In Editor 模式在运行时检查和操纵游戏中的对象。 对 gameplay 代码进行修改、重编译，并使用热重载在游戏过程中对游戏进行更新。

（11）VR 模式设置

UE4 从 5.12 版本开始，UE4 正式加入了 VR（虚拟现实）编辑模式，可通过 Epic Games Launcher 获取。VR 模型可点击工具栏菜单上的“VR 模式”（快捷键 ATL+V）进行启动。

UE4 从 5.13 版本开始，使用者可以自动进入 VR 编辑模式。只要 UE4 编辑器在前台中，且穿戴头戴显示器时已启用“启用 VR 模式自动进入”，便会自动进入 VR 编辑模式，脱下头戴显示器便会离开 VR 编辑模式。

启用或禁用 VR 编辑模式自动进入可以在 Edit> Editor Preferences> General> VR Mode 中进行设置，如图 5-3 所示。

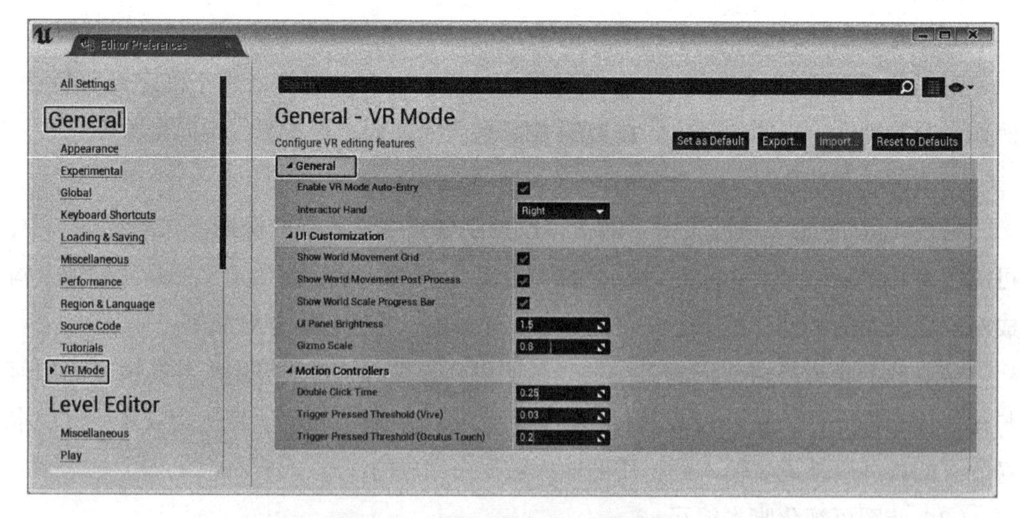

图 5-3　启用或禁用 VR 编辑模式

5.2.3　BIM VR 操作流程

Datasmith 是帮助模型快速导入到 UE4 中的插件，主要用于解决非游戏行业人员利用 UE4 进行实时渲染和可视化，例如建筑、工程、建造、制造、实时培训等行业，

Datasmith 可将整个预先构造好的场景和复杂的组合导入到 UE4 中，无论这些场景有多大、多复杂。

因此，要实现将 BIM 模型，导入到 UE4 进行 BIM VR 制作，可利用 Datasmith 读取 3ds Max、Revit、CAD 等文件格式，导出具有 .udatasmith 扩展名的文件。然后在 UE4 编辑器中，使用 Datasmith 导入工具将保存或导出的文件导入到当前项目中，操作流程如图 5-4 所示。

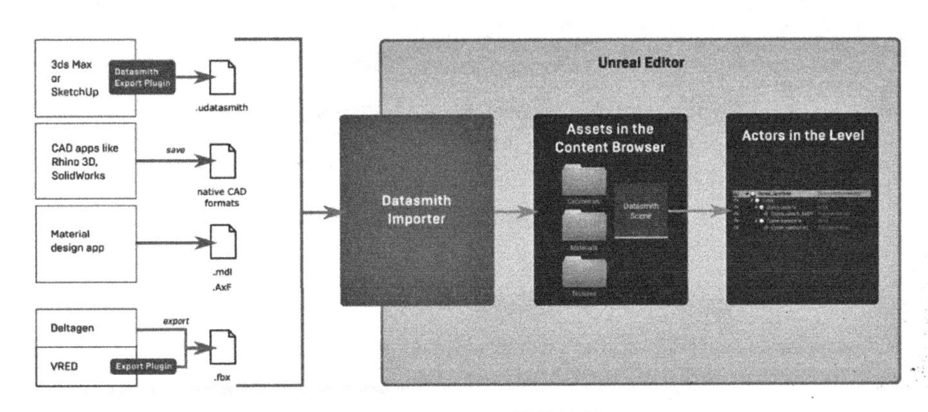

图 5–4　BIM VR 操作流程

1. 从 Revit 导出 BIM 模型

安装 Datasmith for Revit 导出插件，在项目文件中选择插件（Add-Ins）> 导出 3D 视图（Export 3D View）>*.UDATASMITH 格式，如图 5-5 所示。

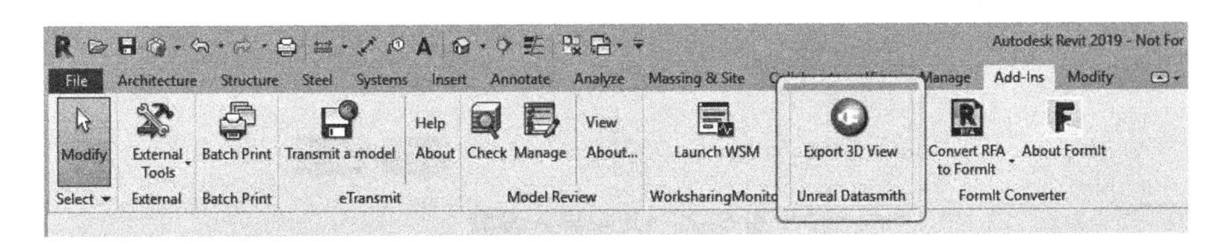

图 5–5　Revit 中使用 Datasmith 导出模型

2. 导入模型到 UE4

在 UE4 中选择新建空白 Unreal Studio 项目 > 选择 Import Datasmith 插件导入 .UDATASMITH 文件（图 5-6），其中注意导入参数设置，如图 5-7 所示。

3. 模型设置

导入成功后，Datasmith 将所有静态网格资源放入几何体（Geometries）文件夹中，并将原先模型赋予的材质汇在材质（Materials）文件夹中创建一个新的材质资源，并指定给需要使用它的静态网格体资源。同时，材质贴图汇总放置在纹理（Textures）文件夹中，并且 Datasmith 可能还会将源图像文件转换为 UE4 能够识别的格式，如图 5-8 所示。

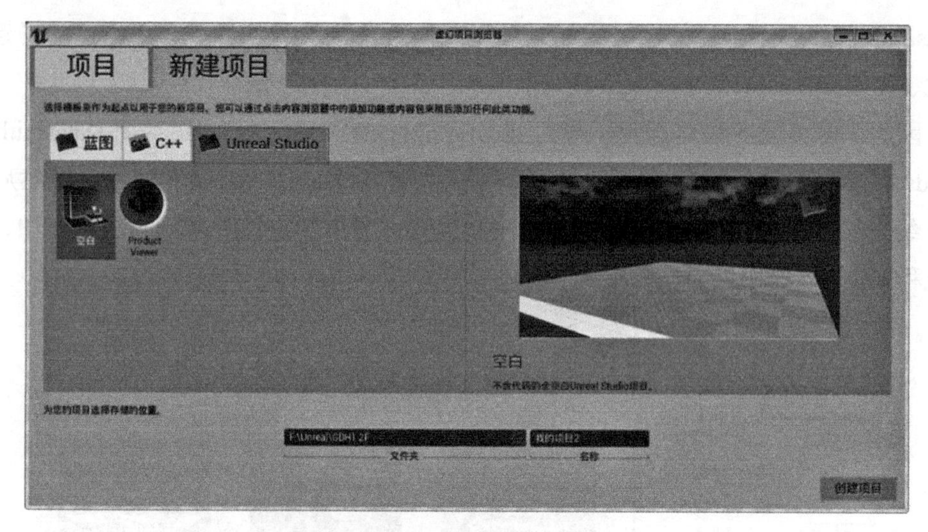

图 5–6　UE4 导入 UDATASMITH

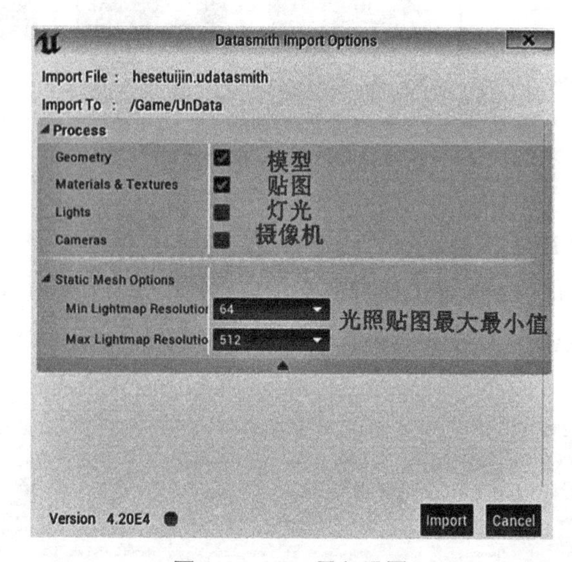

图 5–7　UE4 导入设置

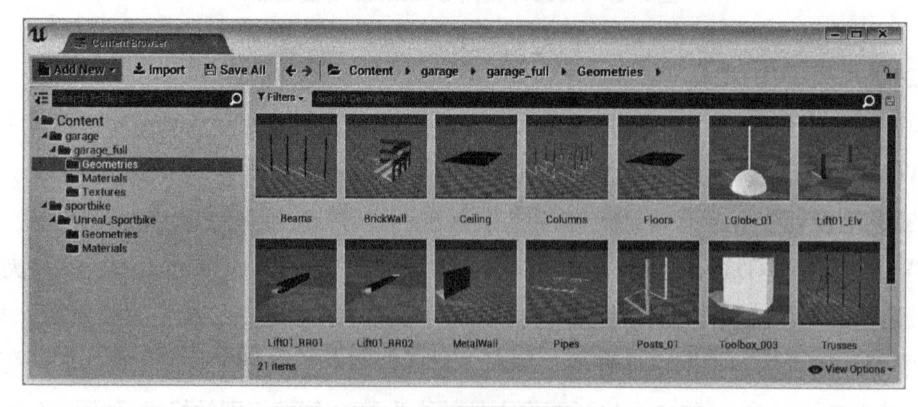

图 5–8　几何体文件夹

此外，要制作 BIM VR，还要对模型进行碰撞设置和灯光烘焙，操作方法如下：

（1）模型进行碰撞设置，在选择 > 内容浏览器中 >Geometries 文件夹 > 几何体模型 > 右键资源操作 > 通过属性矩阵进行批量修改（图 5-9），然后在 StaticMesh> 下拉 Collision Reponse> 选择 Use Complex Collision AS Simple 即可（图 5-10）。

（2）点击导航栏中的构建按钮，对场景进行材质灯光烘焙。

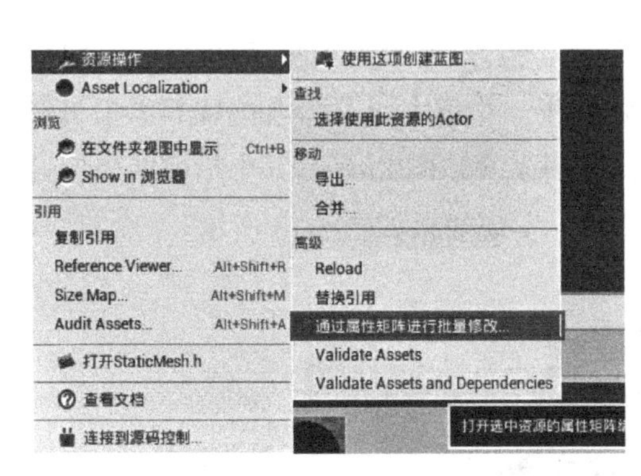

图 5-9　选择通过属性矩阵进行批量修改

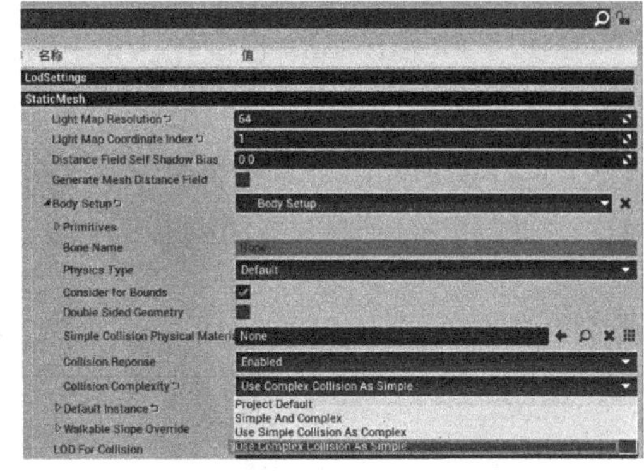

图 5-10　勾选灯光烘焙

4. 打包项目

BIM VR 构建完成后，选择文件 > 打包项目 >Windows32 或 Windows64 导出 VR 文件，如图 5-11 所示。

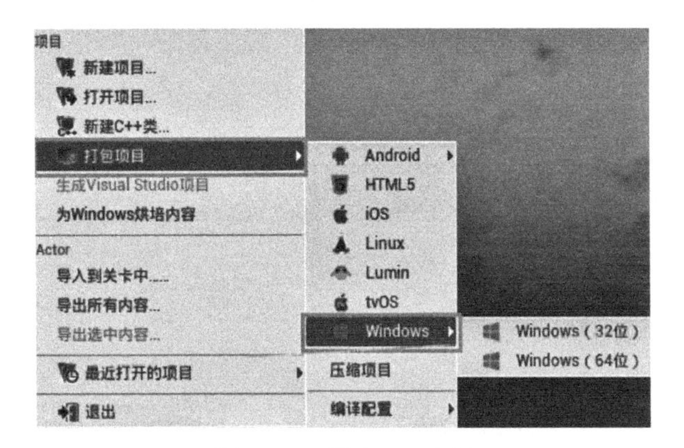

图 5-11　导出 VR 文件

5. 修改运行模式

打包后的项目，不能自动启用 VR 模式运行，有两种方法进行设置：一种是在蓝图中执行命令（图 5-12），另一种是程序启动参数添加“-vr”，例如 GameVR.exe -vr。

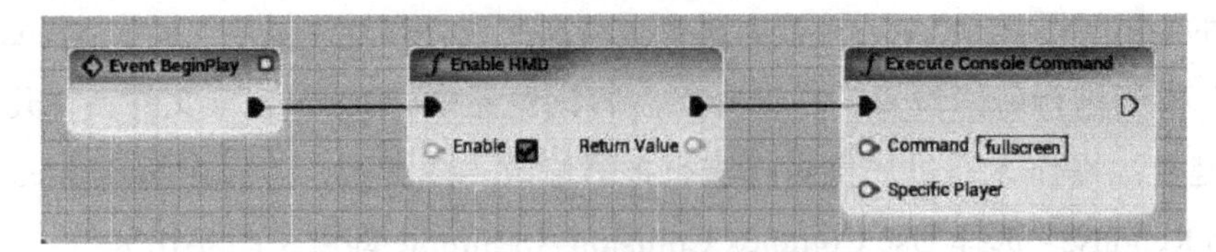

图 5-12 VR 模式运行项目

5.2.4 实践案例：射线拾取点进行瞬移

在使用 VR 漫游 BIM 模型时，VR 手柄进行交互时，经常需要通过手柄获得射线点，然后移动到该点。在 UE4 中，拾取函数主要包括单一拾取 LineTraceSingle 和多个目标拾取 LineTraceMulti，主要参数有拾取开始点、结束点和拾取结果，其中拾取结果包含地点、法线和 Actor 等。案例使用 C++ 进行开发，实现效果如图 5-13 所示。

图 5-13 射线拾取点进行瞬移

实现代码如下：

代码 5-1：射线拾取点进行瞬移

```
FVector CamLoc;
FRotator CamRot;
    if (Controller == NULL)
      return NULL;
    // 获得到体验者的 camera 方向和位置
    Controller->GetPlayerViewPoint(CamLoc, CamRot);
const FVector TraceStart = CamLoc;
const FVector Direction = CamRot.Vector();
// 计算射线的终点
const FVector TraceEnd = TraceStart + (Direction * MaxUseDistance);
// 设置碰撞参数，Tag 为一个字符串用于以后识别，true 是 TraceParams.bTraceComplex
```

```
//this 是 InIgnoreActor
FCollisionQueryParams TraceParams(FName(TEXT( "TraceUsableActor" )), true, this);
TraceParams.bTraceAsyncScene = true;
TraceParams.bReturnPhysicalMaterial = false;
// 使用复杂 Collision 判定，逐面判定
TraceParams.bTraceComplex = true;
//FHitResults 负责接受结果
FHitResult Hit(ForceInit);
GetWorld()->LineTraceSingle(Hit,TraceStart,TraceEnd,ECC_Visibility, TraceParams);
// 全局画线函数，也可以用 ULineBatchComponent 的画线函数
//DrawDebugLine(GetWorld(), TraceStart, TraceEnd, FColor::Red, false, 1.0f);
return Cast<XXXX>(Hit.GetActor());
```

5.2.5　实践案例：显示及隐藏构件

在 BIM 软件中漫游模型，可使用显示及隐藏构件来查看遮挡的区域，在 UE4 中也能够实现该功能，例如隐藏房间中的家具，通过获得所选物体，更改其显示属性，实现效果如图 5-14 所示。

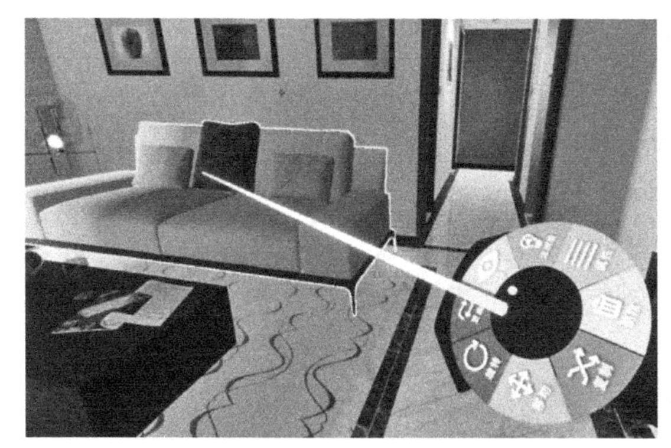

图 5-14　隐藏家具

实现代码如下：

代码 5-2：隐藏家具

```
void ABIMVRPawn::HideButtonOn(bool IsLeftHand)
{
    // 隐藏所选物，并取消高亮，取消碰撞
    if (HighLightingObjectInPawn)
    {
```

```
        // 隐藏子物体
        HideAttachChildren(true, HighLightingObjectInPawn);
        HighLightingObjectInPawn->SetActorEnableCollision(false);
        HighLightingObjectInPawn->SetActorHiddenInGame(true);
        HiddenActors.AddUnique(HighLightingObjectInPawn);
        BIMVRControllerRight->HighLightObject(HighLightingObjectInPawn, false);
    }
    // 关闭菜单，允许高亮
    CloseMenu(IsLeftHand);
}
// 显示隐藏物体
void ABIMVRPawn::ShowHiddenObject(bool IsLeftHand)
{
    // 关闭菜单，允许高亮
    //CloseMenu(IsLeftHand);
    // 如果有隐藏物体
    if (HiddenActors.Num() > 0)
    {
        // 遍历数组，显示隐藏
        for (AActor* TempActor : HiddenActors)
        {
            TempActor->SetActorHiddenInGame(false);
            TempActor->SetActorEnableCollision(true);
            // 把子物体也显示
            HideAttachChildren(false, TempActor);
        }
        // 清空数组
        HiddenActors.Empty();
    }
}
```

5.2.6 实践案例：空间距离测量

在使用 VR 进行模型漫游时，如果发现模型存在尺寸问题，就需要直接在 VR 环境中进行测量，例如测量门的宽度，可利用 C++ 实现空间距离测量功能，通过获得空间中两个点的坐标，然后计算两坐标的距离，实现效果如图 5-15 所示。

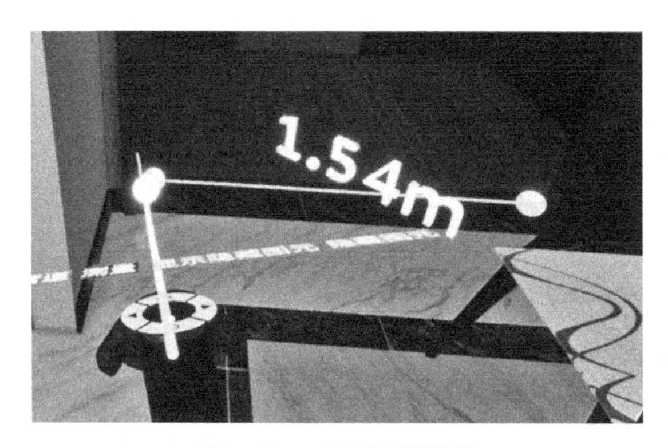

图 5–15　空间距离测量

代码 5–3：空间距离测量

```
void ABIMVRPawn::MeasuringDistance()
{
    // 激光是否存在，不存在则返回
    if (BIMVRControllerRight && BIMVRControllerRight->StopLineTrace) return;
    // 锁定菜单
    LockMainMenu = true;
    // 测量模式开启
    if (!Measuring) Measuring = true;
    // 生成虚拟球
    SpawnMeasureBall(false);
}
// 生成测量球 ( 区分选定状态和非选定状态 )
void ABIMVRPawn::SpawnMeasureBall(bool After)
{
    // 生成虚拟球
    AStaticMeshActor* NewBall = GetWorld()->SpawnActor<AStaticMeshActor>
    (AStaticMeshActor::StaticClass());
    // 可移动
    NewBall->SetMobility(EComponentMobility::Movable);
    // 暂时物体位置
    NewBall->SetActorLocation(BIMVRControllerRight->HitResult.Location);
    // 设定模型
    NewBall->GetStaticMeshComponent()->SetStaticMesh(MySphere);
    // 高亮物体
    BIMVRControllerRight->HighLightObject(MeasuringBallFake, true);
    // 设定比例
    NewBall->SetActorScale3D(FVector(0.1f, 0.1f, 0.1f));
```

```
// 不允许碰撞
NewBall->SetActorEnableCollision(false);
// 如果是选定状态
if (After)
{
  // 设定材质
  if (MeasuringBallMaterialAfter)
  {
    NewBall->GetStaticMeshComponent()->SetMaterial(0, MeasuringBallMaterialAfter);
  }
  // 如果已经选定两个球，则说明要生成第 3 个球，删除前两个球和之间的连线
  if (MeasuringBallOne && MeasuringBallTwo)
  {
      DestroyMeasureLine();
      MeasuringBallOne = NewBall;
  }
  // 如果第一个选定状态的球不存在，则说明要生成第 1 个球
  elseif (!MeasuringBallOne) MeasuringBallOne = NewBall;
  // 如果第二个选定状态的球不存在，则说明要生成第 2 个球，并生成连线
  else if (!MeasuringBallTwo)
  {
      MeasuringBallTwo = NewBall;
      // 连线出现位置是两球中间
      FVector TempLocation = (MeasuringBallOne->GetActorLocation() +
        MeasuringBallTwo->GetActorLocation()) / 2;
      // 两点之间的距离
      float Length = UKismetMathLibrary::VSize(MeasuringBallOne->
        GetActorLocation() - MeasuringBallTwo->GetActorLocation());
      // 旋转一下
      FRotator Rotator = UKismetMathLibrary::FindLookAtRotation(TempLocation,
        MeasuringBallTwo->GetActorLocation());
      // 生成测量线和数值
      SpawnMeasureLine(TempLocation, Rotator, Length / 100);
  }
}
// 如果是非选定状态
else
{
```

```
        // 设定材质
        if (MeasuringBallMaterial)
        {
            NewBall->GetStaticMeshComponent()->SetMaterial(0,
              MeasuringBallMaterial);
        }
        // 设定测量虚拟球
        MeasuringBallFake = NewBall;
    }
}

void ABIMVRPawn::SpawnMeasureLine(FVector Location, FRotator Rotation, float Length)
{
    // 生成线模型，设定位置、角度、长度
    MeasureLine = GetWorld()->SpawnActor<AMeasureLine>
      (AMeasureLine::StaticClass());
    MeasureLine->SetActorLocation(Location);
    MeasureLine->SetActorRotation(Rotation);
    MeasureLine->SetLineLength(Length);
    // 生成数字
    MeasureNum = GetWorld()->SpawnActor<AMeasureNum>
      (AMeasureNum::StaticClass());
    MeasureNum->SetActorLocation(MeasureLine->PointLocation());
    // 数字面朝方向
    MeasureNum->SetNumAngle(this->GetActorLocation());
    // 显示数字
    MeasureNum->ShowNum(Length);
}
```

5.3　BIM AR 软件研发

5.3.1　AR 的技术基础

AR 的技术基础主要包括：识别与跟踪技术、显示技术、交互技术，分别简介如下：

1. 识别与跟踪技术

BIM AR 需要将摄像机获得的真实场景的视频流，转化成数字图像，然后通过图像处理技术，辨识出预先设置的标志物，然后以标志物作为参考，结合定位技术，确定虚拟物体在增强现实环境中的大小、位置、方向等一系列操作。在不考虑与增强现实进行交互设备的情况下，实现跟踪定位的方法有如下两种：

（1）图像检测法

使用模式识别技术（包括模板匹配，边缘检测等方法），识别获得的数字图像中预先设置的标志物、基准点、轮廓，然后根据其偏移距离和偏转角度计算转化矩阵确定虚拟物体的位置和方向，检测和识别技术主要包括图像匹配和识别、语言检测与识别，它们适用情况如图 5-16 所示。

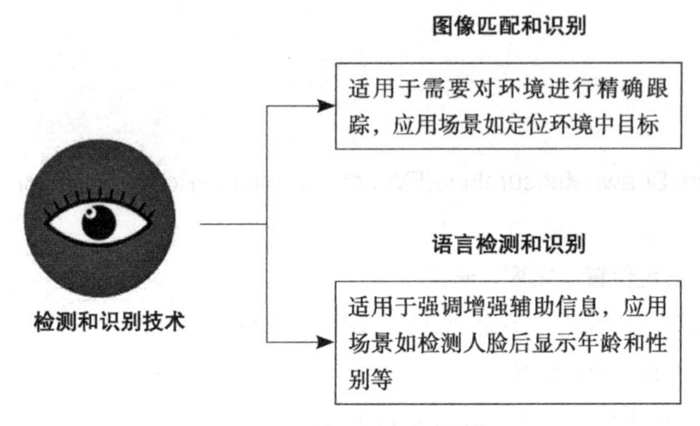

图 5-16　检测和识别技术

（2）基于 SLAM 的三维环境定位法

三维环境的动态的实时定位是当前 AR 在技术研究中最关键的问题，核心是“即时定位与地图构建”（Simultaneously Localization And Mapping），在无人车、无人机、机器人等领域也起着核心作用。目前，在 AR 领域中还是以视觉 SLAM 为主，其他传感器为辅的局面，跟踪定位技术主要基于硬件和视力，主要内容如图 5-17 所示。BIM AR 中的 SLAM 比其他领域中一般难度要大很多，主要因为 BIM AR 受限于移动端的计算能力和资源，例如手机、平板的 CPU、内存和存储空间。

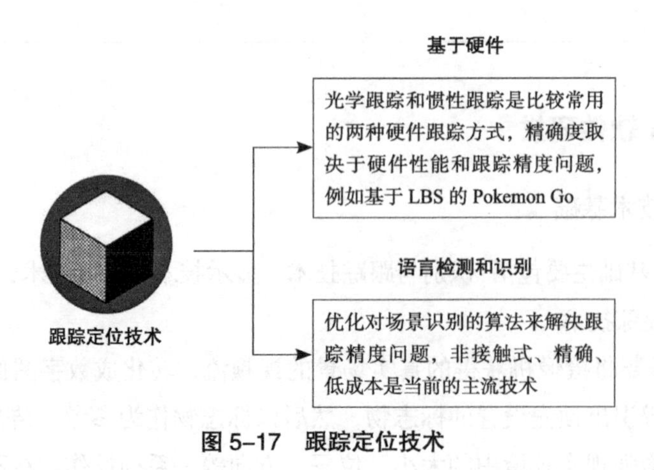

图 5-17　跟踪定位技术

2. 显示技术

目前，AR主要显示技术包括移动端手持显示、基于投影的增强现实显示、可穿戴式显示等，三种显示技术的主要特点如下：

（1）移动手持显示

智能手机通过相应的软件实时取景并显示叠加的数字图像，例如现在很多美颜相机软件就有AR功能。同时现在平板电脑不断增加功能以及比智能手机更大的屏幕，生活中也是日益普及。

（2）基于投影的增强现实显示

基于投影的增强现实，通过联网的摄像机在大屏幕或者投影上显示虚拟叠加的图像，就是投影的增强现实方式。例如汽车前挡风玻璃的HUD（Head-up Display），可以直接将汽车行驶的速度、油耗、发动机转速、导航等信息直接投影到前挡风玻璃，而不需要低头去看仪表或者手机，帮助司机更便捷、全面的感知车况路况，提高驾驶安全性。

（3）可穿戴式显示

可穿戴式显示器是一种可以戴在用户头上的类似眼镜的头盔显示器，例如微软公司投入巨资研发的HoloLens。

3. 交互技术

人机交互是一个非常大的研究领域，在AR涉及的人机交互技术有很多，比较成熟的技术有以下几种：

（1）手势

手势识别技术可以分为二维手势识别和三维手势识别。二维手势识别是通过普通摄像头拍出场景后，得到二维的静态图像，然后再通过计算机图形算法进行图像中内容的识别。二维的手势识别只能识别出几个静态的手势动作，而且这些动作必须要提前进行预设。

三维手势识别增加了一个Z轴的信息，它可以识别各种手型、手势和动作。三维手势识别也是现在手势识别发展的主要方向。不过这种包含一定深度信息的手势识别，需要特别的硬件来实现，常见的有通过传感器和光学摄像头来完成。

（2）触控器

外置的触控设备对于增强现实交互，也是有重要的辅助作用。常见的触控器分为头显控制器和分体式控制器。头显控制器在所有头显和眼镜上都有，包括开关机键、返回键、确认键，有的还有滑动、单点、双击等交互模块。分体式则相当于一个外接的遥控器，控制确认、返回、切换等功能。

（3）语音交互

随着AI人工智能技术的发展，语音识别准确度和效率明显提升。因此，语音交互也变得越来越普遍。在 AR 交互设计中，语音交互短期内仍为主要的信息输入和反馈方式，但考虑到部分场景的私密性，语音交互仍应作为辅助手段，不能完全代替输入或部分交互功能。

（4）眼动交互

眼部追踪已经有较多的解决方案，其中包括微软 HoloLens 的凝视等。在设计眼动交互时要注意两点：一是时刻检测目标焦点以调整成像的效果，缓解辐辏冲突；二是对于需要快速完成交互，尽量减少凝视等交互形式的参与。此外，虹膜验证已经具有较成熟的解决方案，在涉及支付、身份验证等安全等级高的交互设计时可以考虑。

（5）脑机接口

最新的人机交互方式莫过于脑机接口。它通过读取人大脑的活动，来产生控制信号，对外界的设备进行控制。目前还只能实现比较初级的控制。

5.3.2 常见主流的 AR SDK

AR 应用开发一般是基于现有主流的开发引擎上，通过其提供的 API 接口进行定制开发。目前，主要有**苹果系统的 ARKit** 和**安卓系统的 GoogleARCore**，引擎的有 Unity、Unreal 两大开发引擎巨头。还有一个就是 Vuforia，前身是高通内部子公司 Qualcomm 孵化出来的 AR 开发平台，使用方便，行内使用成熟度高，后来被 PTC（美国参数公司）收购。目前，国内 AR 应用做得比较好，吸引开发者数量比较多的是**视 + 的 EasyAR**，主流的 AR SDK 对比如表 5-2 所示。

主流 AR SDK 对比 表 5-2

SDK 名称	Vuforia	Apple ARKit	Google ARCore	EasyAR（国产）
支持平台	windows/Android/ios/HoloLens	iOS，iPadOS 和 macOS	Android/ios/windows/	windows/Android/ios
功能	2DImage/3D Object/Cube / 智能地形 / video 等功能	DepthAPI/Location Anchoring/2DImage/3D Object/Cube	2DImage/3D Object/Cube/智能地形 / video 等功能	2DImage/3D Object/Cube / video 等功能
是否收费	收费（免费版有水印）	收费	免费	暂时免费
云服务	支持（收费）	支持	支持	支持
跟踪目标	支持	支持	支持	支持
最大支持识别数	理论上无限制	理论上无限制	理论上无限制	理论上无限制
易用度成熟指数	高	中	高	中

目前，**比较成熟易用的 AR 开发组合为 Unity +Vuforia**，本书将以 Unity 2018 +Vuforia 为例讲解 AR 开发。

5.3.3　基于 Unity 的 AR 开发环境配置

基于 Unity +Vuforia 进行 AR 开发的相关软件安装配置步骤如下：

步骤 1：安装 Unity

读者可在官网上 https://unity.cn/ 下载 Untiy，Untiy2018 版本自带了 Vuforia，勾选后就可以一同下载，如图 5-18 所示。其中，注意如果要发布 AR 项目到 Android 平台，则需要安装 JDK、Eclipse、Android SDK，并配置相应环境，本节不做赘述，读者可查阅 Android 环境搭建相关书籍。

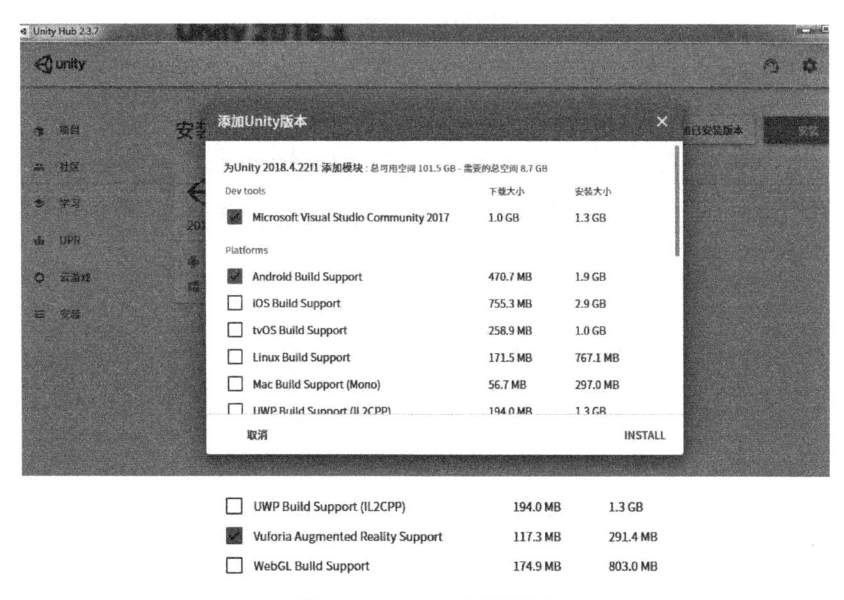

图 5-18　Unity 下载界面

步骤 2：Vuforia Key 创建

由于 Vuforia 对每个 App 都会有一个唯一的 License Key，在 Unity 的设置中需要输入这个 License Key，才能开启 Vuforia 的识别功能。因此，需要在官网中注册账号，并申请创建开发者 KEY，官网地址为 https://developer.vuforia.com/，如图 5-19 所示。

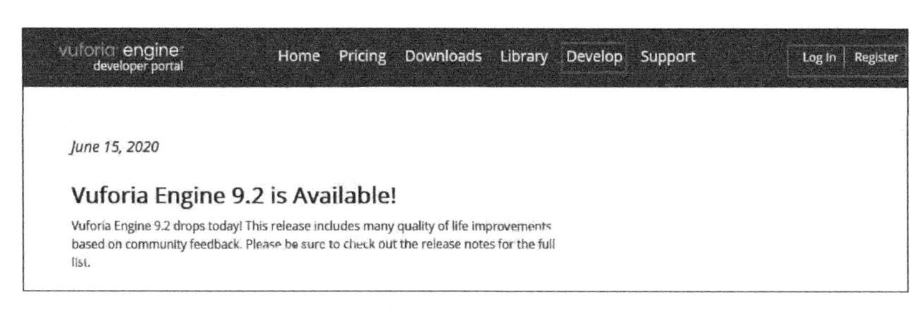

图 5-19　注册界面

登录后，点击『Get Development Key』获取免费的开发 License Key（图 5-20），用免费的 License Key 的话，程序左下方会一直有 Vuforia 的水印，而且一些功能会有些限制，但不影响测试和学习使用。

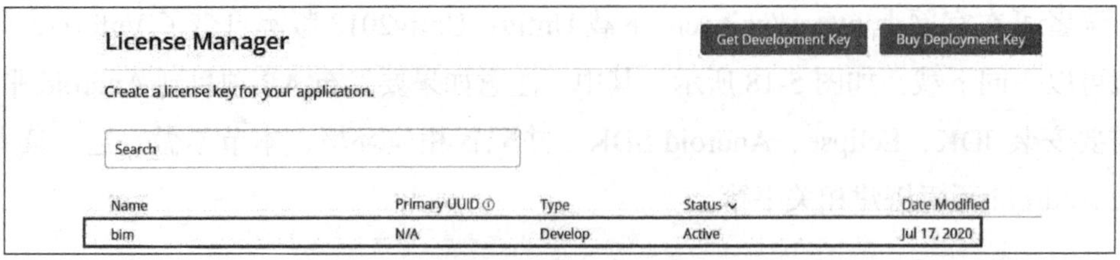

图 5-20　获取免费的开发 License Key

然后在 Vuforia 中创建数据库，并上传需要识别的图片和模型，识别后才能下载获得 License Key。点击『Add Target』弹出目标选择界面（图 5-21），上传图片。其中 Type 为选择 Single Image，File 为需要识别的图片；Width 为输入识别图片的宽度。

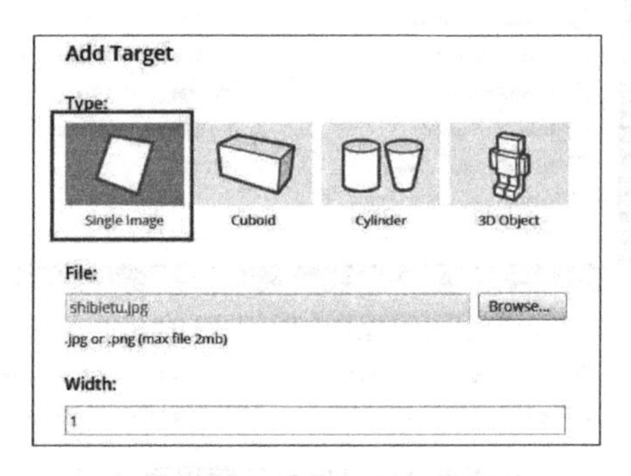

图 5-21　上传需要识别的图片

图片上传完成后，Vuforia 会提取图片的数据，然后生成数据库，这个数据库包含了 License Key 和图片的信息，可在图 5-22 的界面中下载该数据库。

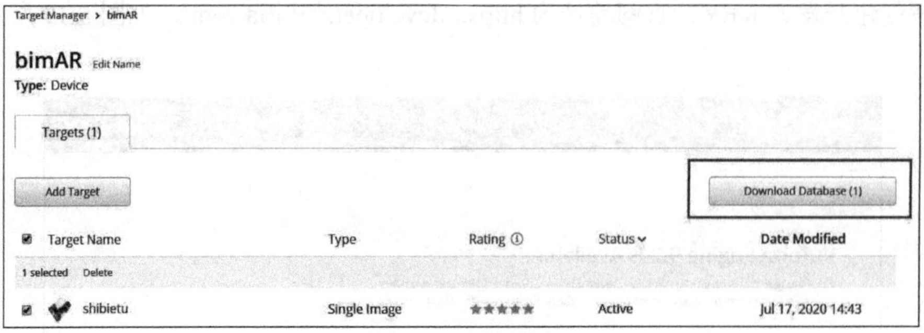

图 5-22　下载图片数据库

步骤 3：Unity AR 环境配置

点击『file>buildsetting>player setting』，在右侧的 inspector 栏中修改 Company Name。其中注意 other sctting 中的 Package Name 的格式为 com.<CompanyName>.<ProductName>，如图 5-23 所示。

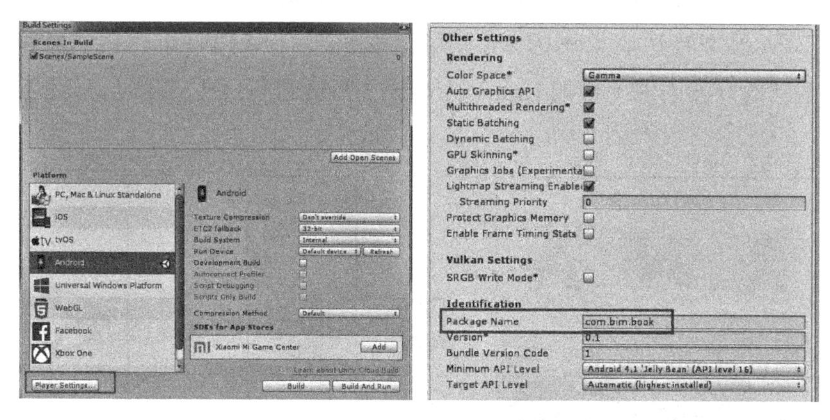

图 5–23　other setting 设置 1

然后在『other setting』里，往下找到『android TV Compatibility』取消对它的勾选。勾上『Vuforia Augmented Realit』选项，如图 5-24 所示。

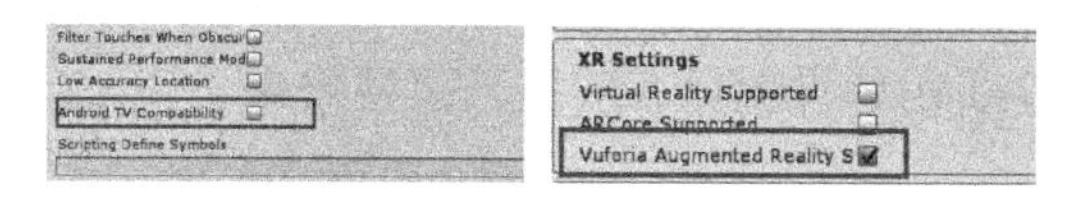

图 5–24　other setting 设置 2

步骤 4：激活 vuforia

选择『GameObject>Vuforia>ARCamera』，弹出 import 对话框，选择 import。然后要删除原来的 MainCamera，下载选择『Gameobject->Vuforia->image』，打开『Assets>Resource>vuforiaconfigure』,将从 vuforia 官网注册的 License Key 复制到图 5-25 所示处完成激活。

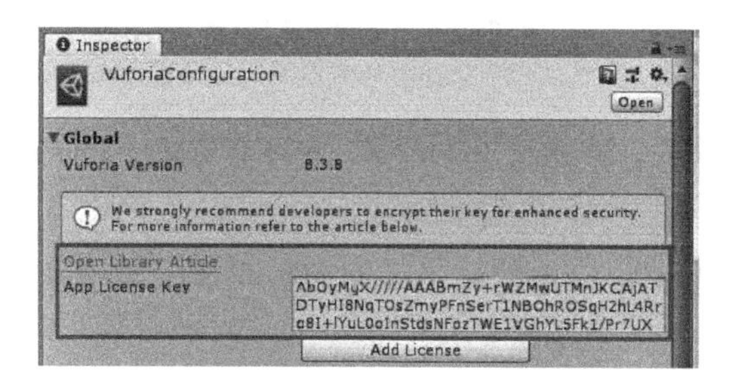

图 5–25　激活 vuforia configure

5.3.4 BIM AR 操作流程

AR 应用在设备上运行得流不流畅，除了硬件本身性能外，还有一个很重要的指标就是模型参数，包括**模型个数**、**模型面数**、**模型贴图**，只有处理好这三个的数据量，才不会导致后期模型在演示时出现卡顿、反应延迟等现象。

要使 BIM 模型转换成常用的 AR 模型，需要对 BIM 模型进行格式转换和优化，才能导入不同的开发引擎（例如 Unity、Unreal）里面进行 AR 应用制作（图 5-26）。

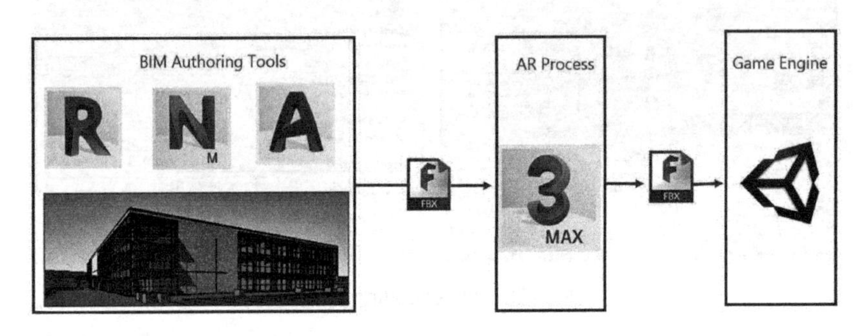

图 5–26　BIM 模型转为 AR 模型

1. Revit 模型导入 3ds MAX

导出 Revit 时，为提升导出的模型效果，可修改导出设置，例如修改颜色、单位/坐标、实体等参数，如图 5-27 所示的设置可有效提升模型效果。

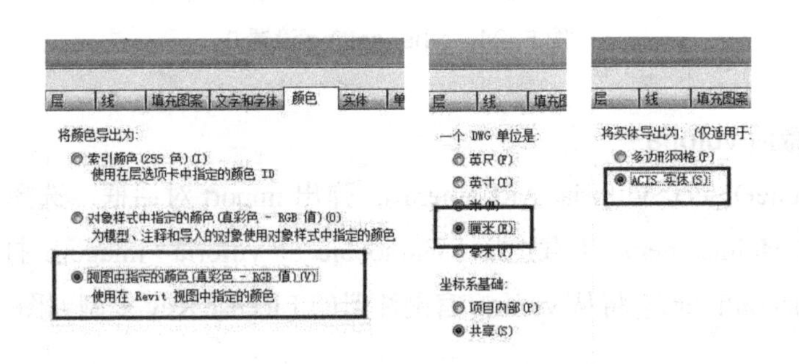

图 5–27　Revit 导出设置

提示：先导出 DWG 格式，再导入 3ds MAX，也可有效减少实体的三角面数量。

例如选择了多边形网格导出的柱子模型面数是 84，而选择了实体的柱子模型是 44，面数几乎只是前者的一半（图 5-28）。

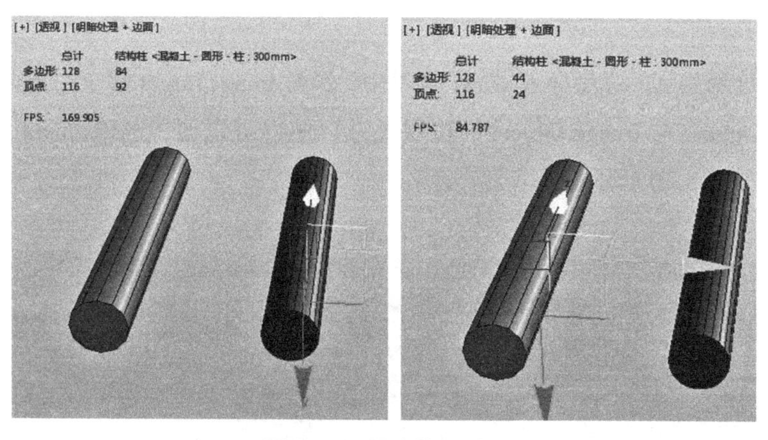

图 5–28　导出效果对比

2. 3ds MAX 模型导入 Unity3D

模型导入 3ds MAX 首先必须先要确定模型的定位，需要把整体模型的中心设置放在原点或附近，此外还需要注意以下事项：

（1）场景单位需要统一，在没有特殊要求的情况下，单位为米（Meters）。

（2）删除场景中多余的面，对于看不见的面尽可能删除，主要是为了提高贴图的利用率，降低整个场景的面数，以提高交互场景的运行速度。

（3）建模时最好采用 Editable Poly 面片建模，这种建模方式在最后烘焙时不会出现三角面现象，而 Editable Mesh 在最终烘焙时可能会出现三角面的情况。

（4）模型命名规范：**不能使用中文命名，必须使用英文命名**。

（5）3ds MAX 中不是所有材质都被 Unity 所支持，基本支持 Standard（标准材质）默认的通用材质球，其他例如 VRAY 材质不能直接导入 Unity 中。

3.Unity 中创建 AR 项目

在 Unity 中创建工程文件，点击『create new project』弹出新建界面，在界面中输入项目名称，并选择文件目录，如图 5-29 所示。

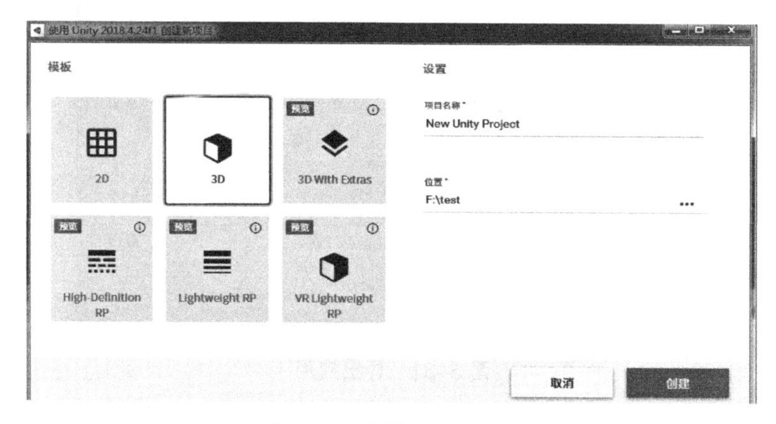

图 5–29　创建 Unity 项目

4. AR 内容创建

把需要展示的 AR 模型导入 Unity 场景中，作为 ImageTarget 的子对象调整好位置。并调整 ARCamera 与 Image Object 的位置关系，使得可以通过 ARcamera 看到比例适中的位置，如图 5-30 所示。

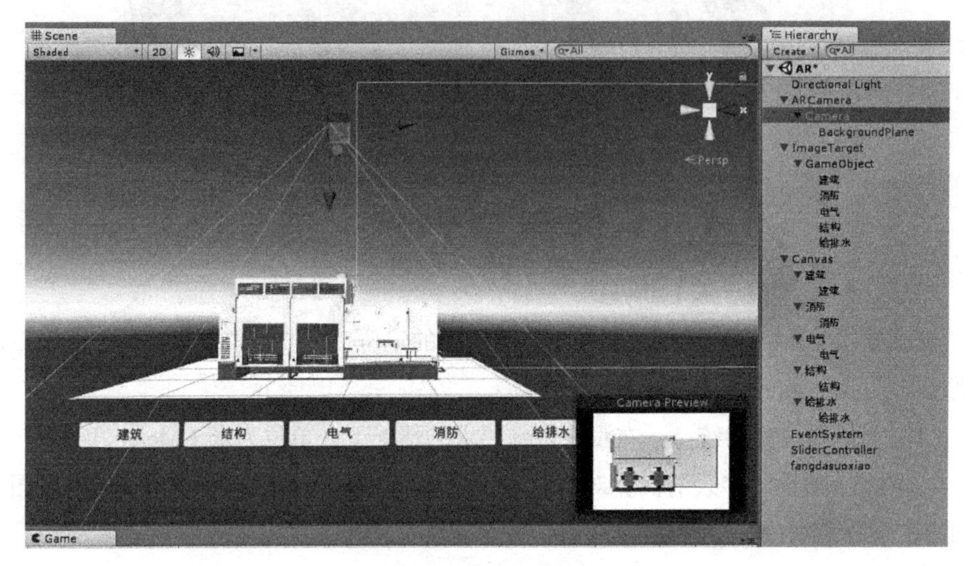

图 5-30　Unity 场景

5. AR 应用发布

选择『file>build setting』，在窗口中可选择发布的应用平台（如图 5-31 为导出 Android 应用），然后点击『build』，选择要保存的 APK 的文件位置和名字，最后将生成的 APK 安装到安卓手机或平板上即可运行 AR。

图 5-31　导出应用

如果需要增加自定义功能，则可在 Unity 上进行 AR 开发，还可以制作对应的 UI 界面作为交互的基础，能够有效改善用户使用的操作和体验。

5.3.5　实践案例：调节物体颜色

在 BIM AR 中，可在场景中修改物体颜色，并实时显示出来，可以辅助设计师进行颜色方案比对。要实现该功能，需要 AR 场景中新建一个 Slider 滑动条（图 5-32），调整好位置，然后新建一个脚本，输入调节物体颜色的代码，最后将代码挂载在需要改变颜色的物体上，实现效果如图 5-33 所示。

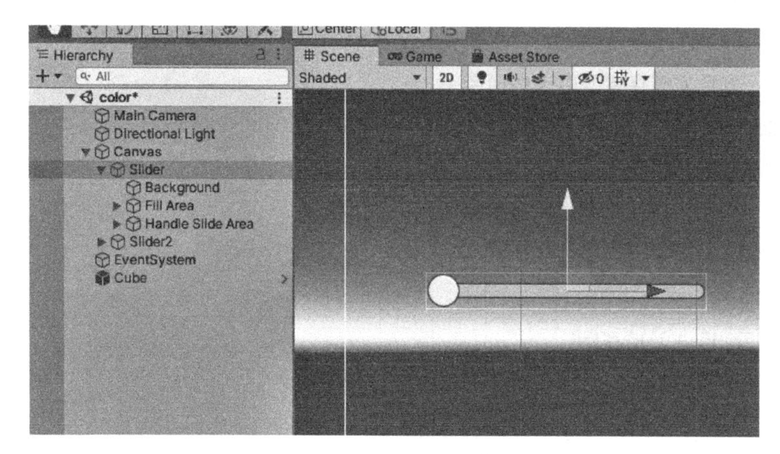

图 5–32　Slider 滑动条

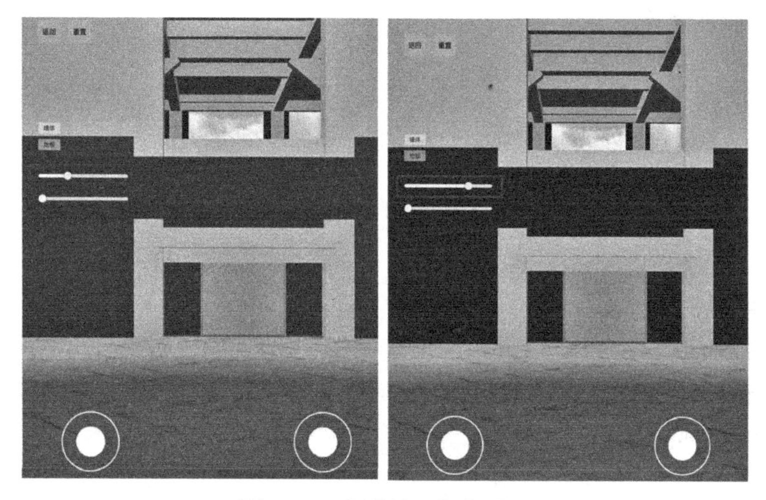

图 5–33　调节墙面颜色效果

调节物体颜色的实现代码如下：

代码 5-4：调节墙面颜色

```
using System.Collections;
using System.Collections.Generic;
using UnityEngine;
using UnityEngine.UI;
public class SliderColor : MonoBehaviour
{
    // 声明滑动条
    private Slider HSlider;
    // 声明一个颜色来储存模型原来的颜色
    Color Oldcolor;
    // 通过 HSV 颜色模型来修改颜色
    float H;
    public float S = 1;
    public float V = 1;
    private Material lyhMaterial;
    void Start()
    {
        // 获取模型的材质
        lyhMaterial = GetComponent<MeshRenderer>().material;
        // 储存原来的颜色
        Oldcolor = lyhMaterial.color;
        // 绑定滑动条
        HSlider = GameObject.Find("Slider").GetComponent<Slider>();
    }
    void Update()
    {
        //H 值等于滑动条的值
        H = HSlider.value;
        // 当滑动条不等于 0 时，改变模型颜色
        if (HSlider.value != 0)
        {
            Color target = Color.HSVToRGB(H, S, V);
            lyhMaterial.SetVector("_Color", target);
        }
        else
```

```
        {
            // 当滑动条等于 0 时，模型恢复原来的颜色
            lyhMaterial.color = Oldcolor;
        }
    }
}
```

5.3.6　实践案例：切换材质贴图

在 BIM AR 中，可在场景中修改物体材质，并实时显示出来，可以辅助设计师进行方案比对。例如修改地面材质，需要 AR 场景中新建一个 Slider Material 滑动条（图 5-34），并在脚本中添加相应代码，实现效果如图 5-35 所示。

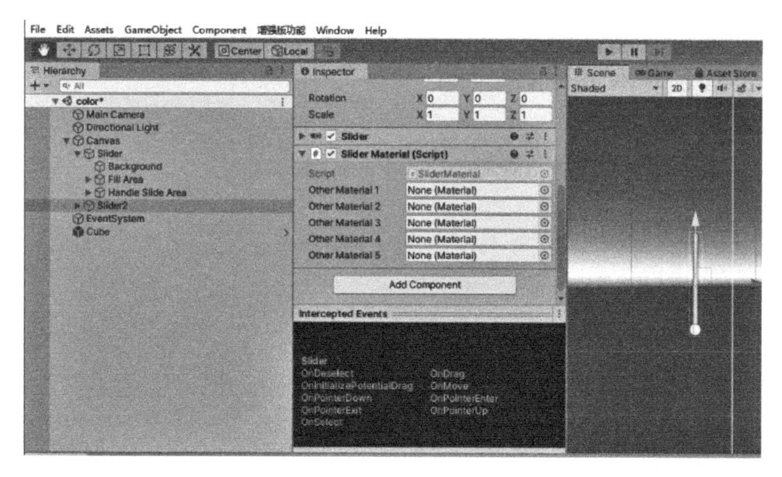

图 5–34　Slider Material 滑动条

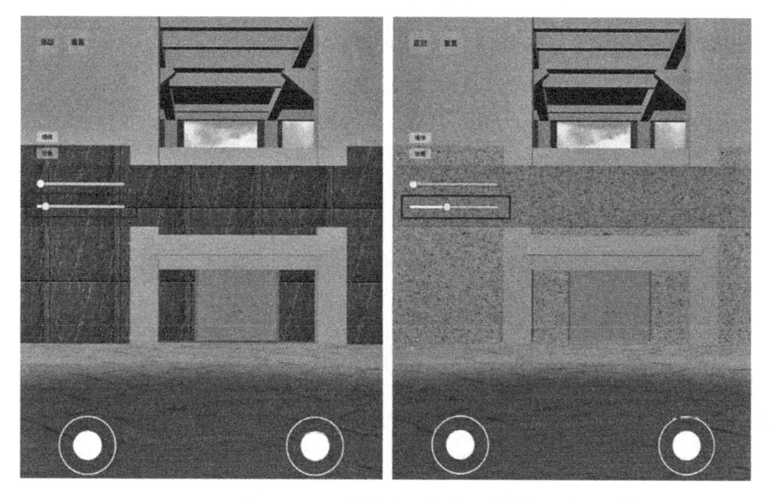

图 5–35　切换材质贴图效果

切换材质贴图的实现代码如下：

代码 5-5：切换材质贴图

```
using System.Collections;
using System.Collections.Generic;
using UnityEngine;
using UnityEngine.UI;
public class SliderMaterial : MonoBehaviour
{
  // 声明需要替换的材质，在 Unity 页面进行赋值
  public Material otherMaterial1;
  public Material otherMaterial2;
  public Material otherMaterial3;
  public Material otherMaterial4;
  public Material otherMaterial5;
  // 声明 MeshRenderer 组件
  private MeshRenderer meshRender;
  // 声明滑动条
  private Slider MSlider;
  // 声明一个旧的材质
  private Material oldMaterial;
  void Start()
  {
    // 获取滑动条组件
    MSlider = GameObject.Find( "Slider2" ).GetComponent<Slider>();
    // 得到挂载在物体上的 MeshRenderer 组
    meshRender = this.GetComponent<MeshRenderer>();
    // 获取模型原始材质为旧材质
    oldMaterial = meshRender.material;
  }
  void Update()
  {
    // 根据滑动条位置不同，改变模型的材质
    if (MSlider.value == 0)
    { meshRender.material = oldMaterial; }
    if (MSlider.value > 0 && MSlider.value < 0.2)
    { meshRender.material = otherMaterial1; }
    if (MSlider.value >= 0.2 && MSlider.value < 0.4)
```

```
        { meshRender.material = otherMaterial2; }
        if (MSlider.value >= 0.4 && MSlider.value < 0.6)
        { meshRender.material = otherMaterial3; }
        if (MSlider.value >= 0.6 && MSlider.value < 0.8)
        { meshRender.material = otherMaterial4; }
        if (MSlider.value >= 0.8 && MSlider.value < 1)
        { meshRender.material = otherMaterial5; }
    }
}
```

第 6 章　BIM 模型云端浏览开发

BIM 模型在云端的轻量化浏览是近年来业界快速增长的需求，很多工程项目都希望通过“BIM 协同云平台”进行多方协作，其中最基本的功能就是通过网页浏览器在云端浏览 BIM 模型。随着 WebGL 图形引擎及其衍生技术的发展，三维模型在网页端的呈现已经比较容易实现。尤其目前已有一些封装好的 BIM 模型浏览引擎如 Autodesk 的 Forge、广联达的 BIMFace 等，直接帮助 BIM 开发人员跳过最难的步骤，只需在其基础上进行功能开发即可，大大降低了“BIM 协同云平台”的开发难度。

本章旨在帮助 BIM 开发者了解整个模型云端浏览的技术基础与实现过程，以作出更个性化的开发，对封装好的各种 BIM 引擎也会有更深的理解。本章前面两节分别介绍三维图形网页端渲染以及 BIM 模型轻量化的技术基础，后面两节结合具体案例介绍开发的流程与简单的功能实现。

6.1　技术基础

6.1.1　模型几何数据结构

在计算机图形学中，模型通常由三角面片组合而成，模型越接近真实，三角面片的数量就会越多，如图 6-1 所示。因此，三角面片的结构及数量直接决定了模型的大小。在 BIM 软件中（以 Revit 为例）构件往往采用参数化方程表示构件的轮廓，因此需要通过数据转换，将参数化方程表达的轮廓转换为由三角面片组成的表面，该部分可以通过 Revit 开放的 API 实现。

图 6-1　模型三角面片结构

模型几何数据文件一般包含了构成模型的所有三角面数据，三角面的表示方法一般为**顶点数据**加上**顶点索引**，如图 6-2 所示，另外还存在**顶点法线数据**、**纹理坐标**等。模型材质数据 mtl 文件，一般通过定义材质的**漫反射（diffuse）**、**环境光（ambient）**、**光泽（specular）**等的 RGB 数值，实现 BIM 模型渲染的真实感效果。

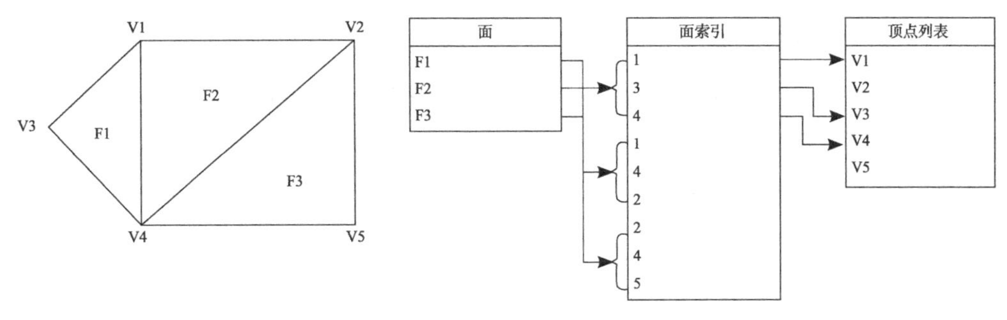

图 6-2　三角面数据

6.1.2　WebGL 图形库

WebGL 和 OpenGL 一样是目前由非营利技术联盟 Khronos Group 进行维护的 3D 图形 API，WebGL2 目前在 FireFox、Chrome 等浏览器中广泛应用着，该规范是基于 OpenGL ES 3.0。大部分网页端的三维模型都基于 WebGL 2 提供的 API 进行渲染。

在计算机图形学领域，三维模型的渲染过程，就是通过一系列操作，将三维模型从三维坐标系投影到二维的屏幕上，最后以二维像素点的方式着色显示出来。这一个过程称为渲染流水线，如图 6-3 所示。

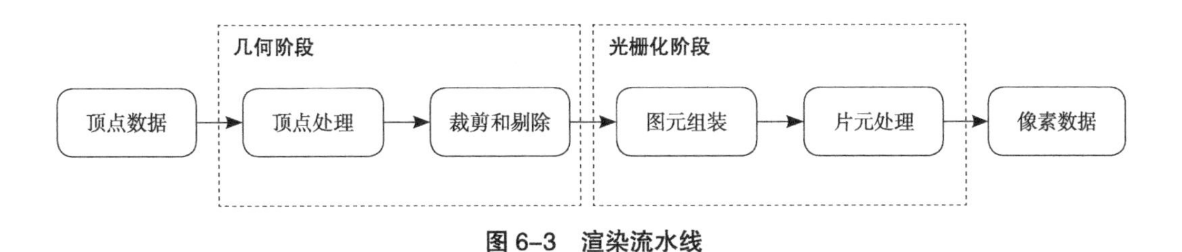

图 6-3　渲染流水线

渲染流水线中各部分的作用如表 6-1 所示。

渲染流水线各部分作用　　　　**表 6-1**

名称	功能
顶点处理	针对顶点数据传进来的每一个顶点，实现顶点的空间变化以及计算顶点颜色值，将顶点数据组合成线段或三角形的图元
裁剪和剔除	将不在相机的视野范围内的图元裁剪掉，得到相机视野内的图元集合。部分渲染流水线会在此步骤实现深度测试并舍弃掉不可见的图元

续表

名称	功能
图元组装	检查每个像素是否被图元覆盖，如果被图元覆盖则生成一个片元对象（fragment），片元中的状态记录了屏幕上对应像素的信息，这些信息使通过对三个顶点的信息进行插值得到的
片元处理	针对逐个片元进行颜色计算、阴影计算和纹理映射等操作，并通过线性插值的方法得到片元上所有像素点的颜色值，最后输出这些像素数据

6.1.3　three.js 图形引擎

three.js 是基于 WebGL 技术，使用 JavaScript 编写的 3D 开源图形引擎，遵循 MIT 开源协议，允许对引擎进行复制、修改以及进行商业用途，它是目前广泛应用于网页端三维模型展现的基础引擎。

three.js 中的基本对象可以分为**场景 scene**、**相机 camera**、**网格 mesh**、**光源 light** 和**渲染器 renderer**，如表 6-2 所示。

three.js 基本对象　　**表 6–2**

对象	说明
场景（scene）	用于场景管理等算法，是所有对象的容器，包括了相机、网格以及光源等
相机（camera）	相机决定了场景中物体的投影方式，分为透视相机 PerspectiveCamera 和正交相机 OrthographicCamera，透视相机是把立体三维空间的形象按照人眼的视觉习惯投影到屏幕上，会有近大远小的效果；正交相机则能准确表达物体在空间中的位置和状态，它投影得到的物体尺寸都是等比的。在观察 BIM 模型中默认使用透视相机进行投影，这符合人观察建筑物的真实效果
网格（mesh）	网格是 three.js 中渲染的最小单元，它包含了几何数据 Geometry 和材质 Material 两部分，Geometry 部分包含了构成网格的三角面的顶点数据、变换矩阵、纹理坐标等数据，Material 部分则与物体的颜色、光照效果、阴影、纹理等相关
光源（light）	光源是场景的重要组成部分，场景缺失光源效果渲染出来的物体是黑暗的。在 three.js 中分别存在点光源、平行光、环境光等。为了保证对建筑物的光源效果与真实一致，默认添加的是平行光和环境光
渲染器（renderer）	渲染器封装了基于 WebGL 的渲染流水线的基础操作，为了实现三维模型的实时渲染，一般需要不断重复调用渲染器，不断刷新屏幕上的渲染画面

three.js 渲染流程如图 6-4 所示，主要包含创建场景、场景处理和渲染场景三大步骤，各步骤内容如下：

（1）**创建场景**：通过网络传输获取渲染的模型数据文件，通过指定加载器（Loader）进行数据解析获得对应的网格、相机、光源等对象，并加入场景中。

（2）**场景处理**：通过相关的场景管理算法，对渲染的场景进行一定的处理，减少需要渲染的场景数量。

（3）**渲染场景**：通过渲染器渲染对应场景，在渲染器内会确定渲染的网格材质是否为 ShaderMaterial，由此判断是否需要加载自定义着色器，随后通过读取对应着色器

代码进内存中，开始构建渲染流水线，最终输出渲染图像至屏幕画布上。

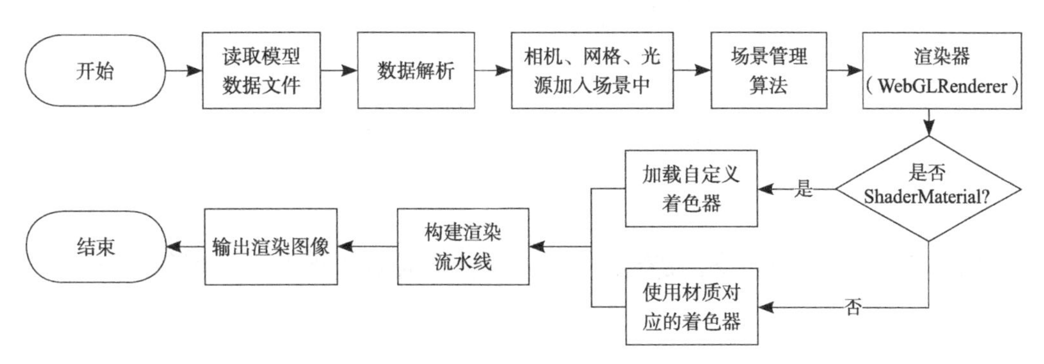

图 6-4　Three.js 渲染流程图

6.2　BIM 模型轻量化

BIM 模型的轻量化是针对大规模 BIM 模型渲染提出的解决方案，BIM 模型的轻量化思路包括**模型数据轻量化**和**模型渲染轻量化**。

BIM 模型数据的轻量化主要分为三个部分：

（1）通过 BIM 模型的几何数据复用，减少 BIM 模型的几何数据大小，做到 BIM 模型的轻量化。

（2）针对 BIM 模型的传输进行轻量化，采用合理的数据传输格式适应网络传输。

（3）LOD 算法，可以通过对 BIM 模型数据划分 LOD 级别，并采用不同级别的 BIM 模型进行渲染。

模型渲染轻量化则主要通过大场景管理算法进行。下面分别进行说明。

6.2.1　BIM 模型几何数据复用

在基于 Revit 的 BIM 建模过程中，会广泛使用**族**概念。族根据使用相同的参数集或图形的相似性进行分类，在大部分情况下，Revit 中的族都可以被视为相同形状物体的集合，即该集合内的物体均由相同的三角面结构组成。

提示：在计算机图形学中，对于相同三角面结构的物体，可以通过矩阵变换的方式，只保留一份三角面结构的数据，剩下的物体均通过平移、旋转、缩放的矩阵变换表示，以此实现数据的最小化。

通过 Revit Lookup 工具可以看到物体的平移、旋转、缩放的变换矩阵，如图 6-5 所示。

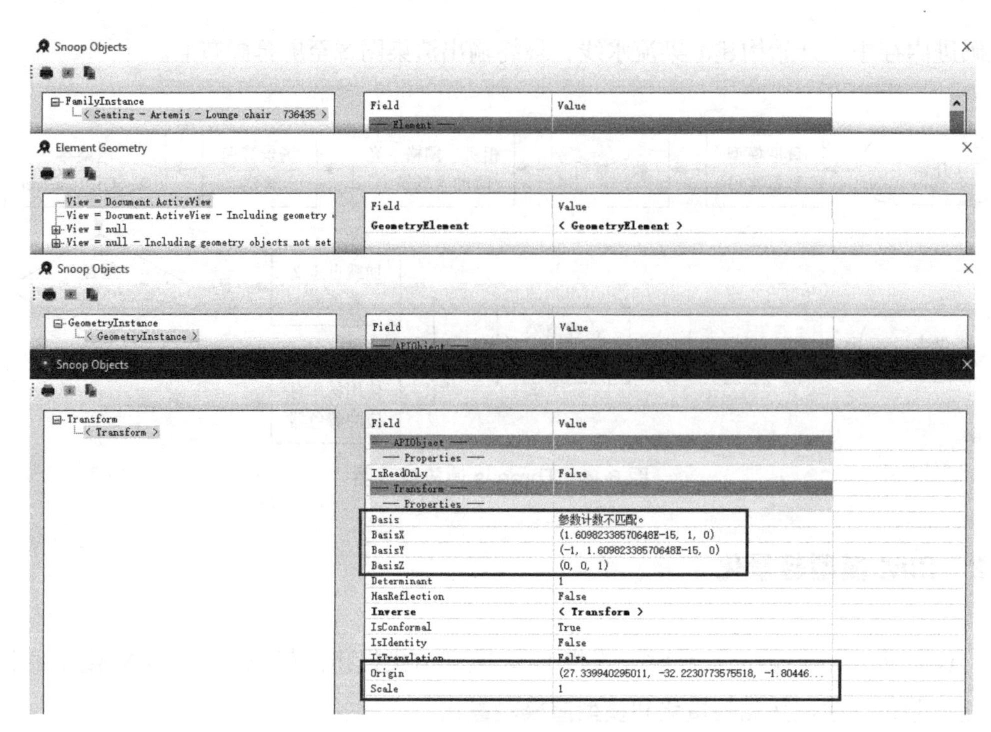

图 6-5　lookup 物体变换矩阵

6.2.2　BIM 模型数据传输格式

在网页端渲染 BIM 模型，模型的几何数据需要经过数据传输、读取、转换成二进制数据这三个过程，当 BIM 模型规模足够大的情况下，读取和转换模型几何数据占用时间很多，因此**为了优化 BIM 模型在网页端渲染时的数据读取和转换的时间，推荐 glTF 的文件格式。**

glTF（GL Transmission Format）是一个完全免费的数据格式，用于应用程序高效传输和加载 3D 场景和模型。glTF 作为一个开源项目有 Khronos Group 管理，并且该规范、支持的材质和源代码都在 GitHub 上开发并免费提供开发者使用。

glTF 一般分为两个模块，存储关系的 json 模块以及存储顶点数据的 bin 二进制数据模块，json 模块的数据结构如图 6-6 所示。从图中可知 glTF 的基本数据结构与 Three.js 类似，都具有场景 scene、相机 camera、网格 mesh。其中网格对象通过 accessor、bufferview 等对象，最终定位到 buffer 对象，而 buffer 对应着 bin 模块的顶点数据片段。

通过采用 glTF 的数据传输格式，使用 json 模块组织 BIM 模型的场景结构，并直接读取 bin 模块得到直接可用于渲染的几何数据，可以优化 BIM 模型在网页端的读取及转换二进制数据时间。

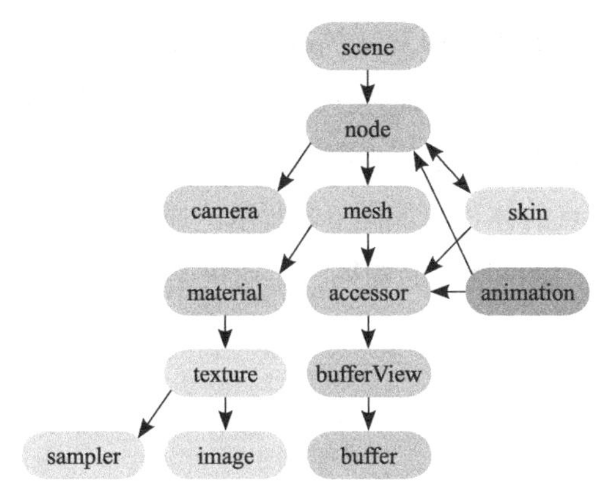

图 6–6 json 模块的数据结构

6.2.3 LOD 算法

LOD 是 Level Of Detail 的缩写，即多层次细节[①]，LOD 是为了支持当物体远离观察者或者物体的重要程度不同，位置不同，速度不同等相机视角相关参数不同时需要减少渲染三维模型的复杂度。

在 Revit 软件中相同的构件也可以按不同的 LOD 精度导出几何体。如图 6-7 所示即为管道不同 LOD 精度的显示。通过不同的 LOD 精度可以控制在不同视角的情况下，BIM 模型内不同构件渲染所需的三角面数量，最终达到 BIM 模型的渲染数据轻量化的目的。

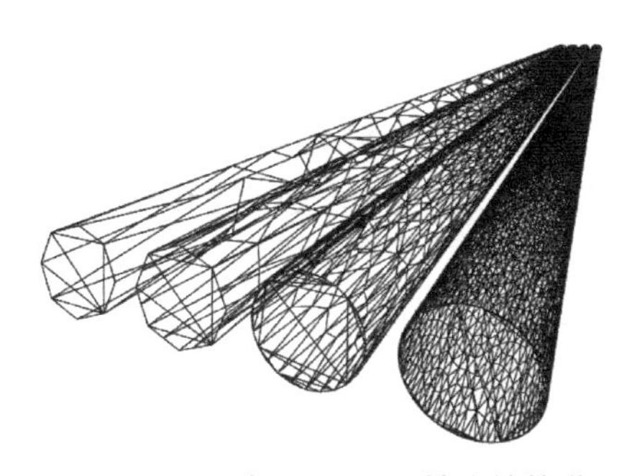

图 6–7 Revit 导出不同 LOD 精度的管道展示

6.2.4 大场景管理算法

针对大规模的 BIM 模型，在计算机图形学中，优化三维场景中的数据组织管理方式及模型调度算法是提高渲染效率的有效途径。在 GIS 中广泛使用的四叉树优化算法，

① BIM 工程师更熟悉的是 BIM 领域的 LOD 概念，但其只是借用了图形学的 LOD 概念，虽然也有“分层级细度”的含义，但两者不完全一致。美国建筑师协会（American Institute of Architects，简称 AIA）的 E202 号文件中，以 LOD（Level of Development，在此译为“发展程度”）来指称 BIM 模型中的模型组件在全生命期不同阶段中所预期的“完整度”（Level of Completeness），并定义了从 100 ~ 500 的五种 LOD。

对于 BIM 模型来说，可以在四叉树算法的基础上扩展算法，形成**八叉树算法**。

八叉树（Octree）是一种用于描述三维空间的树状数据结构，八叉树的每个节点表示一个正方体的体积元素，每个节点有八个子节点，将八个子节点所表示的体积元素加在一起就等于父节点的体积，如图 6-8 所示。通过这样的八等分可以得到一个树的数据结构，用于管理三维空间内的物体，实现快速检索物体和物体的可视化确认。

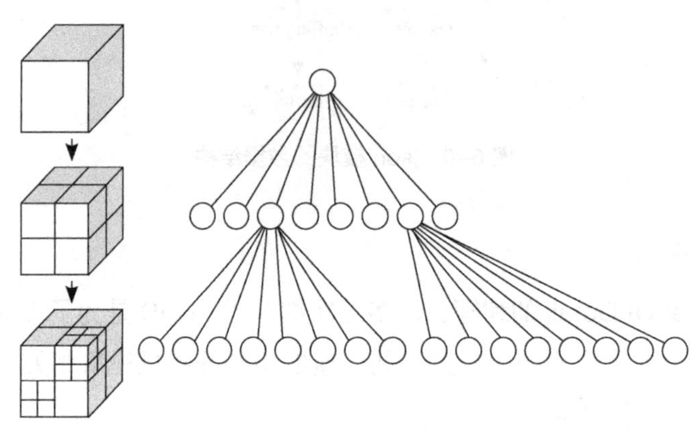

图 6-8　八叉树划分示意图

在 BIM 模型中，可以通过 BIM 模型整体的包围盒进行八叉树划分，将 BIM 模型的每个构件都保存在树中的各个节点中。每次渲染画面时，根据相机视角形成视锥体，可以计算出视锥体内包含八叉树中的节点数量，并渲染对应节点中的构件。

提示：对于 BIM 模型进行八叉树划分，最重要的两点分别是控制八叉树节点的最大构件数量以及控制八叉树的递归深度，这两个参数读者可根据实际情况进行相关调整。

6.3　BIM 模型云端渲染示例

案例将介绍如何将 Revit 软件中的 BIM 模型通过插件导出中间格式（obj）的模型，并通过 three.js 在网页上渲染出该模型，实现步骤如下：

步骤 1：Revit 导出 obj 的模型

可采用『OBJ Exporter For Autodesk Revit』插件直接将 Revit 内的模型转换为对应的 obj 模型，该插件可以直接在 Autodesk 的 App Store 上进行下载安装。

安装完成后在 Revit 的附加模块上存在『Export』按钮，点击选择文件目录则可导出对应模型的 OBJ 文件，本文使用 Revit 自带的 rac_basic_sample_project.rvt 样例模型作为测试模型。导出的 obj 文件一般分为两份，分别为模型几何数据的 obj 文件和模型材质数据的 mtl 文件。

步骤 2：引用 three.js 引擎

案例以 WAMP 平台作为 Http 后台服务，WAMP 平台安装后的文件目录如图 6-9 所示，其中 www 文件夹为网页的入口文件夹。读者亦可自行搭建基于 .net framework 或 .net core 的后台服务进行相应开发。

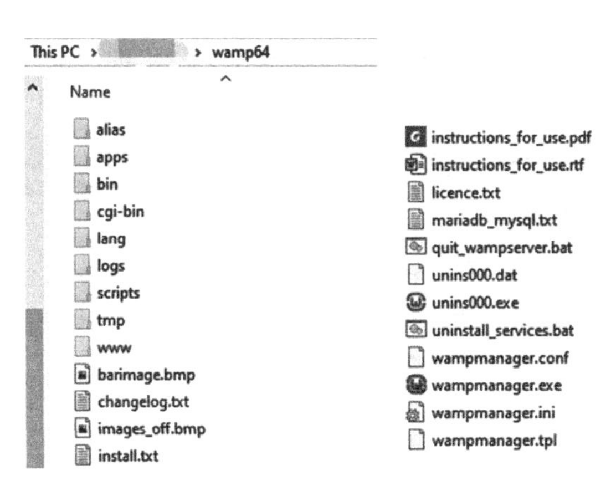

图 6–9　wamp 目录

在 www 文件中建立 test 文件夹，在 three.js 官网 https://threejs.org/ 下载 three.js 的压缩包并解压，将 three.js 文件夹中的 build 文件夹放入 www 文件夹中，新建 index.html 网页文件，通过文本编辑器打开，添加以下代码。

代码 6–1：引用 three.js 引擎

```
<!DOCTYPE html>
<html>
  <head>
    <meta charset = "utf–8">
    < title > My first three.js app</title>
      <style>
         body { margin: 0; }
canvas { display: block; }
    </style>
  </head>
  <body>
    <script src = "build/three.js"></ script >
    < script >
      // JS 脚本运行
    </ script >
  </ body >
</ html >
```

打开浏览器，输入网址 http://localhost/test/index.html，并通过 F12 按键打开网页调试工具，点击控制台发现无报错，这样就成功建立了一个网页并引入了 three.js 引擎。

步骤 3：模型渲染设置

案例以 three.js 作为模型渲染的基础库，使用 Javascript 语言进行开发，并在 script 标签内运行。在 three.js 中，要进行模型渲染，实现步骤如下：

（1）对场景、相机、光源、渲染器进行基本定义，实现代码如下：

代码 6–2：场景、相机、光源定义

```
var scene = new THREE.Scene();
var camera = new THREE.PerspectiveCamera(75,
    window.innerWidth / window.innerHeight, 0.1, 1000000);
var light = new THREE.AmbientLight(0xffffff);
scene.add(light);
// 渲染器定义
var renderer = new THREE.WebGLRenderer();
renderer.setSize(window.innerWidth, window.innerHeight);
renderer.setClearColor(0xffffff);
document.body.appendChild(renderer.domElement);
```

（2）加载 BIM 模型导出的 obj 模型，先在上节中的 test 文件夹中建立 model 文件夹，并将第一部分中导出的 obj 文件以及 mtl 文件放入 model 文件夹中。并在 three.js 文件夹下…\three.js\examples\js\loaders 下找到 OBJLoader.js 和 MTLLoader.js 添加到 test 文件夹下，并通过 script 标签引入，实现代码如下：

代码 6–3：引入 OBJLoader.js 和 MTLLoader.js

```
<body>
      <script src = "build/three.js"></ script >
      < script src= "OBJLoader.js"></script>
      <script src = "MTLLoader.js"></ script >
      < script >
            // JS 脚本运行
      </ script >
</ body >
```

（3）若直接使用 OBJLoader 加载 obj 模型，则会导致模型材质缺失，整个模型都是黑色或跟随着光源颜色变化。因此需要结合 OBJLoader 和 MTLLoader 两个加载器，

先加载材质数据，再加载几何数据，实现代码如下：

代码 6-4：依次加载材质数据及几何数据

```
var objLoader = new THREE.OBJLoader();
var mtlLoader = new THREE.MTLLoader();
mtlLoader.load(
   'model/rac_basic_sample_project.mtl',
   function(materials)
   {
     objLoader.setMaterials(materials);
     LoadObj();
   },
   function(xhr)
   {
     console.log((xhr.loaded / xhr.total * 100) + "% loaded" );
   },
   function(error)
   {
     console.log(error);
   });
function LoadObj()
{
   objLoader.load(
     'model/rac_basic_sample_project.obj',
     function(object)
     {
       scene.add(object);
     },
     function(xhr)
     {
       console.log((xhr.loaded / xhr.total * 100) + "% loaded" );
     },
     function(error)
     {
       console.log(error);
     });
}
```

（4）当完成场景的基本定义以及物体加载后，剩下的步骤则为设置相机位置以及在屏幕上渲染场景，如下代码所示：

代码 6-5：设置相机位置并渲染场景

```
camera.position.set(10000, 10000, 10000);
camera.lookAt(0,0,0);
function animate()
{
  requestAnimationFrame(animate);
  renderer.render(scene, camera);
}
animate();
```

（5）当以上代码添加完后，在浏览器地址栏输入网址 http://localhost/test/index.html，显示效果如图 6-10 所示。

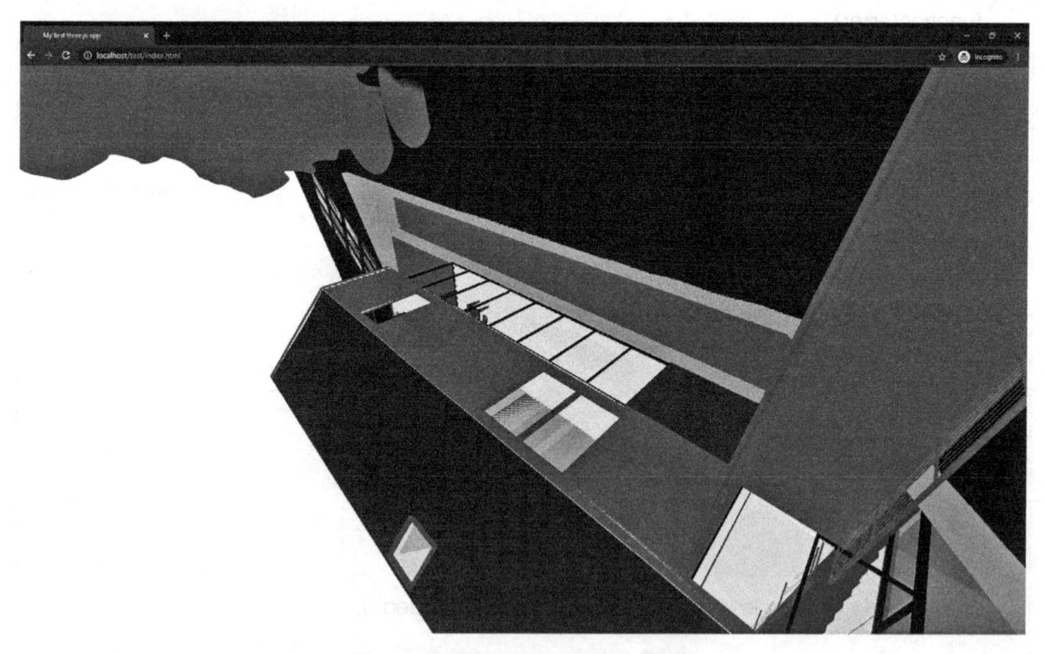

图 6-10　Revit 模型轻量化效果图

可见，该模型渲染存在两个问题：

（1）**模型是方向竖直显示**：模型竖直是因为 Revti 软件建模的坐标系与图形学中三维模型渲染的坐标系不相同的原因导致的，它们的坐标系分别如图 6-11 所示。

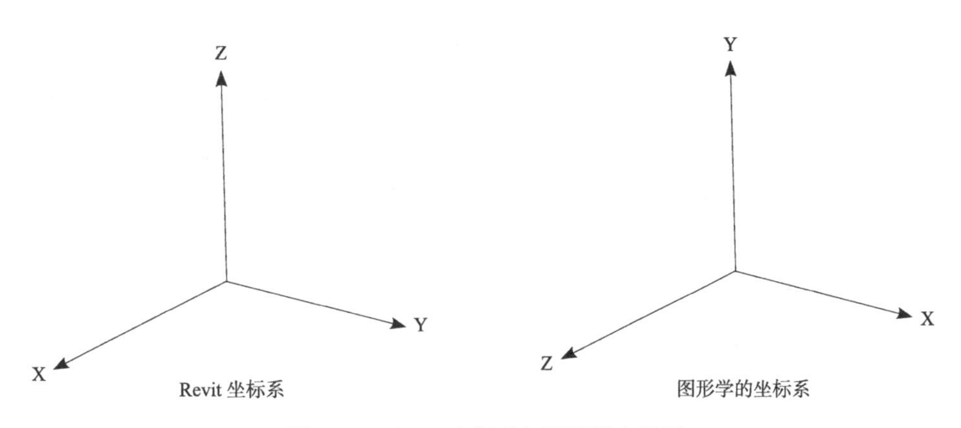

图 6–11　Revit 坐标系与图形学坐标系

可以看出，Revit 坐标系的 Z 轴是垂直向上的，而图形学的坐标系的 Z 轴是指向屏幕外侧的方向，为了调整该坐标系方向，需要设置 Camera 的朝向。Camera 中有 up 的属性值，其表示当 camera 对准物体时的向上的方向，就像用相机拍照时，人眼所看到的竖直方向。为了适应 Revit 的坐标系，只需要在 camera 的设置中添加以下代码。设置 camera 的 up 方向后，可以得到渲染效果如图 6-12 所示。

```
camera.up.set(0,0,1);
```

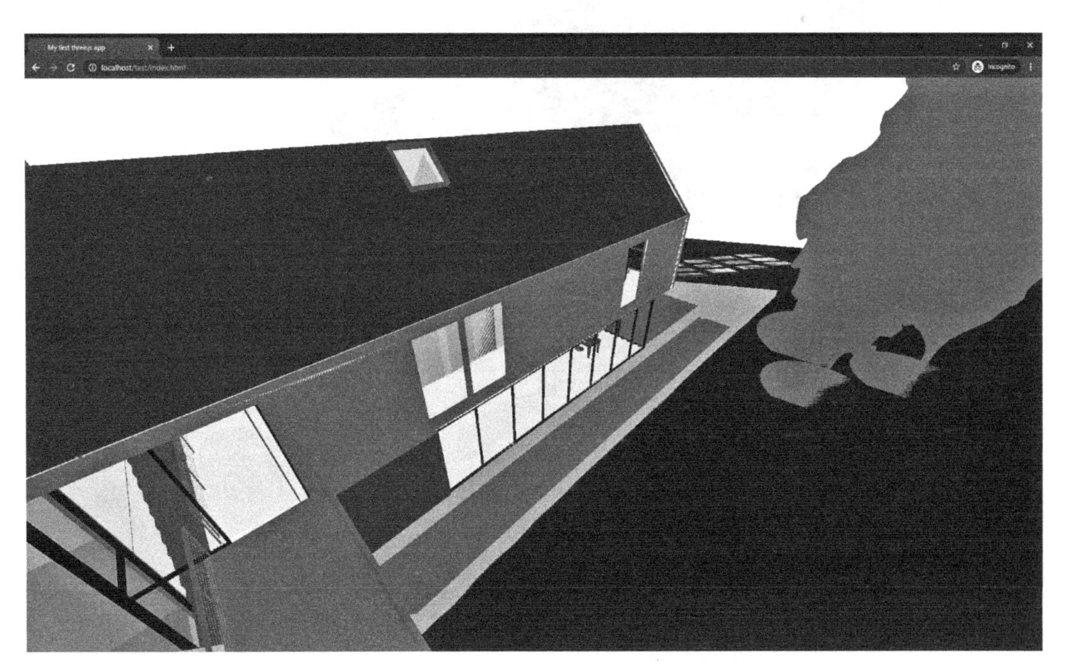

图 6–12　调整坐标系后效果

（2）相机位置只看到模型局部。因为渲染场景的相机位置使用了固定位置，需要计算模型的包围体得到相机的默认视点观察模型全景。

包围体是一个简单的几何空间，里面包含着复杂形状的物体。为物体添加包围体的目的是快速地进行碰撞检测或者进行精确的碰撞检测之前进行过滤（即当包围体碰撞，才进行精确碰撞检测和处理）。包围体类型包括球体、轴对齐包围盒（AABB）、有向包围盒（OBB）、8-DOP 以及凸壳。案例将使用轴对齐包围盒（AABB），也是应用最广泛的包围体。

要计算 BIM 模型的包围盒，可以通过 three.js 内部的 Box3 进行计算，调整后的渲染效果如图 6-13，实现代码如下：

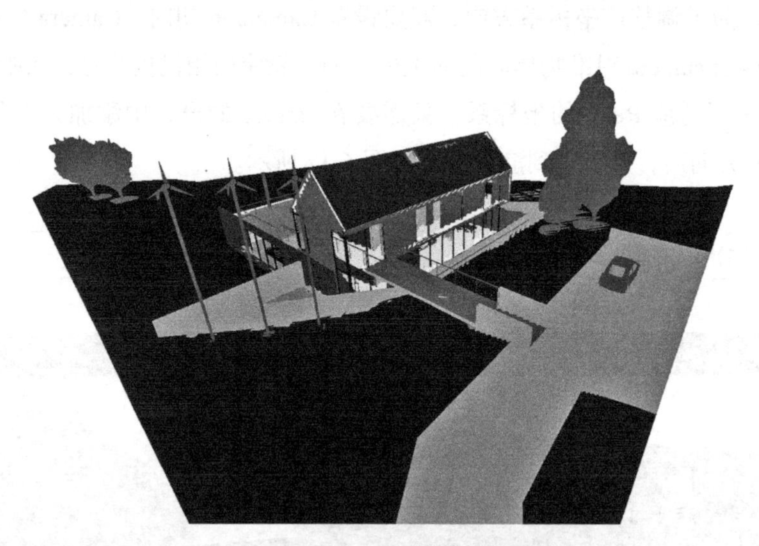

图 6-13　调整位置后效果

代码 6-6：调整相机位置

```
function LoadObj()
{
    objLoader.load(
        'model/rac_basic_sample_project.obj',
        function(object)
        {
            scene.add(object);
            // 包围体计算
            var box = new THREE.Box3();
            box.expandByObject(object);
```

```
            // 相机设置
            camera.position.set(box.max.x, box.max.y, box.max.z);
            camera.lookAt(box.getCenter());
        },
        function(xhr)
        {
            console.log((xhr.loaded / xhr.total * 100) + "% loaded" );
        },
        function(error)
        {
            console.log(error);
        });
}
```

步骤 4：模型控制设置

上述的相机是固定在此位置，不会随着鼠标移动，需要增加相机控制才能进行转动查看模型。

Three.js 存在多种控制相机的控制器 Controls，案例将使用 OrbitControls 作为相机的转动方式，该方式模拟了相机对着焦点进行球状轨道的旋转方式。在 three.js 文件夹下…\three.js\examples\js\controls 可以找到 OrbitControls.js 文件，并将其添加到 test 文件夹中并引入，如下所示：

代码 6-7：引用 OrbitControls

```
<body>
        <script src = "build/three.js"></ script >
        < script src= "OBJLoader.js"></script>
        <script src = "MTLLoader.js"></ script >
        < script src= "OrbitControls.js"></script>
        <script>
            // JS 脚本运行
        </script>
</body>
```

OrbitControls 的使用十分简单，只需要传入相机 camera 和渲染画布 canvas，并设置焦点 target，随后跟着渲染更新即可，实现代码如下：

代码 6-8：增加相机控制

```
// 相机控制定义
var controls = new THREE.OrbitControls(camera, renderer.domElement);
// 相机设置
camera.position.set(box.max.x, box.max.y, box.max.z);
// camera.lookAt(box.getCenter());
controls.target = box.getCenter();
function animate()
{
   requestAnimationFrame(animate);
   controls.update();
   renderer.render(scene, camera);
}
```

添加 OrbitControls 后，模型渲染画面即可使用鼠标控制转动或拖动，但此时往往会发现模型渲染存在锯齿以及重叠面之间互相剪切问题，要解决这两个问题，可以在渲染器中设置 antialias 属性和 logarithmicDepthBuffer 属性为 true，而该问题的解决原理涉及图形学内容，本文不深入介绍，感兴趣的读者可以阅读图形学相关书籍了解。

至此，实现从 Revit 软件中导出 BIM 模型，通过 Three.js 引擎在网页端上渲染 BIM 模型的基本流程，整体代码如下：

代码 6-9：BIM 模型云端渲染完整代码

```
<!DOCTYPE html>
<html>
   <head>
        <meta charset= "utf-8">
        <title>My first three.js app</title>
        <div id = 'inputZone'>
           <button onclick= "saveViewPoint()"> 保存视点 </button>
           <p id = "viewPoint"> 视点信息内容 </p>
           <button onclick= "loadViewPoint()"> 切换视点 </button>
        </div>
        <style>
           body { margin: 0; }
           canvas { display: block; }
           #inputZone {position: fixed; left: 4em; top: 4em; z-index: 99; width: 30%;}
           button {width: 100px; height: 50px; font-size: 20px;}
```

```
        #viewPoint{font-size: 20px;}
      </style>
  </head>
  <body>
      <div id = 'model'></div>
      <script src= "build/three.js"></script>
      <script src= "OBJLoader.js"></script>
      <script src= "MTLLoader.js"></script>
      <script src= "OrbitControls.js"></script>
      <script>
        // 场景、相机、光源定义
        var scene = new THREE.Scene();
        var camera = new THREE.PerspectiveCamera( 75,
            window.innerWidth / window.innerHeight, 0.1, 1000000 );
        camera.up.set(0,0,1);
        var light = new THREE.AmbientLight(0xffffff);
        scene.add(light);
        // 渲染器定义
        var renderer = new THREE.WebGLRenderer({logarithmicDepthBuffer: true,
            antialias:true});
        renderer.setSize( window.innerWidth, window.innerHeight );
        renderer.setClearColor(0xffffff);
        renderer.localClippingEnabled = true;
        var model = document.getElementById( 'model' );
        model.appendChild( renderer.domElement );
        // 相机控制定义
        var controls = new THREE.OrbitControls(camera, renderer.domElement);
        // OBJ 模型加载
        var objLoader = new THREE.OBJLoader();
        var mtlLoader = new THREE.MTLLoader();
        mtlLoader.load(
          'model/rac_basic_sample_project.mtl',
          function(materials)
          {
              objLoader.setMaterials(materials);
              LoadObj( 'model/rac_basic_sample_project.obj', 0);
          },
          function(xhr)
```

```
      {
            console.log((xhr.loaded / xhr.total * 100) + "% loaded" );
      },
   function(error)
   {
      console.log(error);
   });

function LoadObj(url, x)
{
   objLoader.load(
         url,
         function(object)
         {
            scene.add(object);
            // 包围体计算
            var box = new THREE.Box3();
            box.expandByObject(object);
            // 相机设置
            camera.position.set(box.max.x, box.max.y, box.max.z);
            camera.lookAt(box.getCenter());
            controls.target = box.getCenter();
         },
         function(xhr)
         {
            console.log((xhr.loaded / xhr.total * 100) + "% loaded" );
         },
         function(error)
         {
            console.log(error);
         });
}

function animate() {
   requestAnimationFrame( animate );
   controls.update();
   renderer.render( scene, camera );
}
```

```
        animate();

      </script>
    </body>
</html>
```

在实际应用场景中，根据 BIM 模型的规模特点，还需要进行 BIM 模型轻量化。而针对 BIM 模型的操作功能开发，将在 6.4 节中详细介绍。

6.4　BIM 模型浏览功能开发

在浏览 BIM 模型过程中，Navisworks 软件提供了操作人员剖切，保存视点，切换视点和点选物体等功能，使用起来非常方便。在使用网页端浏览 BIM 模型时，操作人员对于模型剖切，保存和切换视点以及点选物体等功能也有相应需求，下面本节将介绍如何实现这些功能。

6.4.1　模型剖切

在 three.js 中，官方实现了针对场景的剖切功能，它的例子名称为 clipping，参考链接如下：https://threejs.org/examples/?q=clip#webgl_clipping，演示的效果如图 6-14 所示。

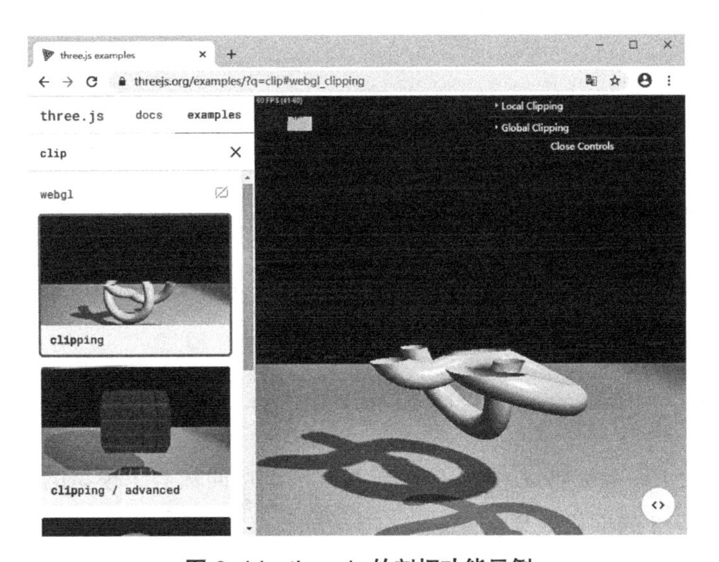

图 6-14　three.js 的剖切功能示例

下面将分析 three.js 中的模型剖切示例，介绍如何实现 BIM 模型的剖切功能。在 three.js 中模型剖切分为局部剖切和全局剖切，实现代码如下：

代码 6-10：模型剖切

```
// 渲染器设置剖切功能
renderer.localClippingEnabled = true;
// 局部剖切
function LocalClip(scene)
{
   // 设置剖切面
   var clip_plane = new THREE.Plane(new THREE.Vector3(0, 0, -1), 2500);
   // 检索网格物体
   scene.traverse(function(object3D){
      if (object3D.type == "Mesh")
      {
         // 在模型材质参数中添加剖切面
         if (object3D.material.length > 1)
         {
            object3D.material.forEach(element => {
               element.clippingPlanes = [clip_plane];
            });
         }
         else
            object3D.material.clippingPlanes = [clip_plane];
      }
   });
}
// 全局剖切
function GlobalClip(renderer)
{
   var clip_plane = new THREE.Plane(new THREE.Vector3(0, 0, -1), 2500);
   renderer.clippingPlanes = [clip_plane];
}
```

代码中使用了距离 z 轴原点 2500 单位长度的剖切面裁剪了模型的上半部分，它们均可以实现图 6-15 的剖切效果。

局部剖切和全局剖切的不同之处在于：局部剖切通过设置**网格中材质参数内**的 clippingPlanes 成员的平面数组实现，而全局剖切通过设置**渲染器中**的 clippingPlanes 成员的平面数组实现，局部剖切实现效果如图 6-16 所示。

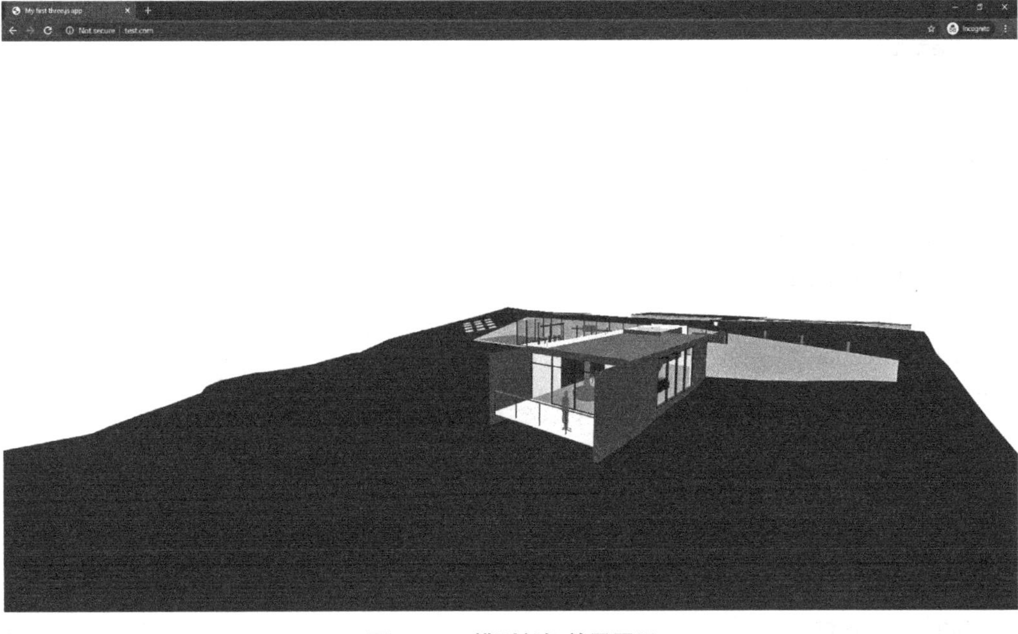

图 6–15　模型剖切效果展示

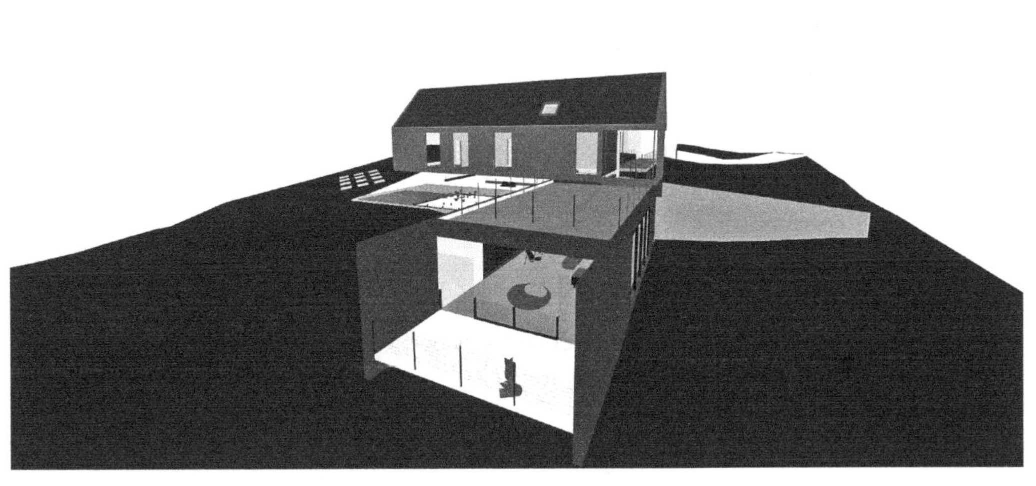

图 6–16　模型局部剖切效果展示

最后，局部剖切的设置与场景物体相关，请在物体加载结束后设置，而全局剖切的设置只与渲染器有关，可在渲染器初始化后进行设置，实现代码如下：

代码 6-11：模型全局剖切

```
// 渲染器定义
var renderer = new THREE.WebGLRenderer();
renderer.setSize(window.innerWidth, window.innerHeight);
renderer.setClearColor(0xffffff);
document.body.appendChild(renderer.domElement);
// 渲染器设置剖切功能
renderer.localClippingEnabled = true;
// 全局剖切
GlobalClip(renderer);
...
// 加载 obj 模型数据
function LoadObj()
{
   objLoader.load(
   'model/rac_basic_sample_project.obj',
   function(object)
   {
      // 局部剖切
      LocalClip(object);
      scene.add(object);
      // 包围体计算
      var box = new THREE.Box3();
      box.expandByObject(object);
      // 相机默认位置设置
      camera.position.set(box.max.x, box.max.y, box.max.z);
      camera.lookAt(box.getCenter());
      controls.target = box.getCenter();
   },
   function(xhr)
   {
      console.log((xhr.loaded / xhr.total * 100) + "% loaded");
   },
   function(error)
   {
      console.log(error);
   });
}
```

6.4.2 模型保存和切换视点

保存视点和切换视点在 BIM 模型的应用中是一个常见的功能，本小节将介绍如何通过 three.js 保存模型视点信息和按照模型视点信息切换视点。

在实现模型的保存视点和切换视点之前，需要在 BIM 模型渲染上加上视点的保存、显示以及切换的按钮和显示窗，实现代码如下：

代码 6-12：添加视点按钮

```
<!DOCTYPE html>
<html>
<head>
<meta charset = "utf-8">
< title > My first three.js app</title>
    <div id = 'inputZone'>
    < button onclick= "saveViewPoint()"> 保存视点 </ button >
    < p id = "viewPoint"> 视点信息内容 </ p >

    < button onclick= "loadViewPoint()"> 切换视点 </ button >
    </ div >
    < style >
    body { margin: 0; }
canvas { display: block; }
#inputZone {position: fixed; left: 4em; top: 4em; z-index: 99; width: 30%;}
</style>
</head>
<body>
<div id = 'model'></ div >
< script src= "build/three.js"></script>
<script src = "OBJLoader.js"></ script >
< script src= "MTLLoader.js"></script>
<script src = "OrbitControls.js"></ script >
< script >
// JS 代码运行
</ script >
</ body >
</ html >
```

上述代码中的 inputZone 添加了两个按钮和一个 p 标签信息，其中一个按钮为保存视点、p 标签显示视点信息内容、另外一个按钮为切换视点。其中保存视点的按钮绑定的按钮触发事件为 saveViewPoint()，切换视点的按钮绑定的按键触发事件为 loadViewPoint()，页面效果如图 6-17 所示。

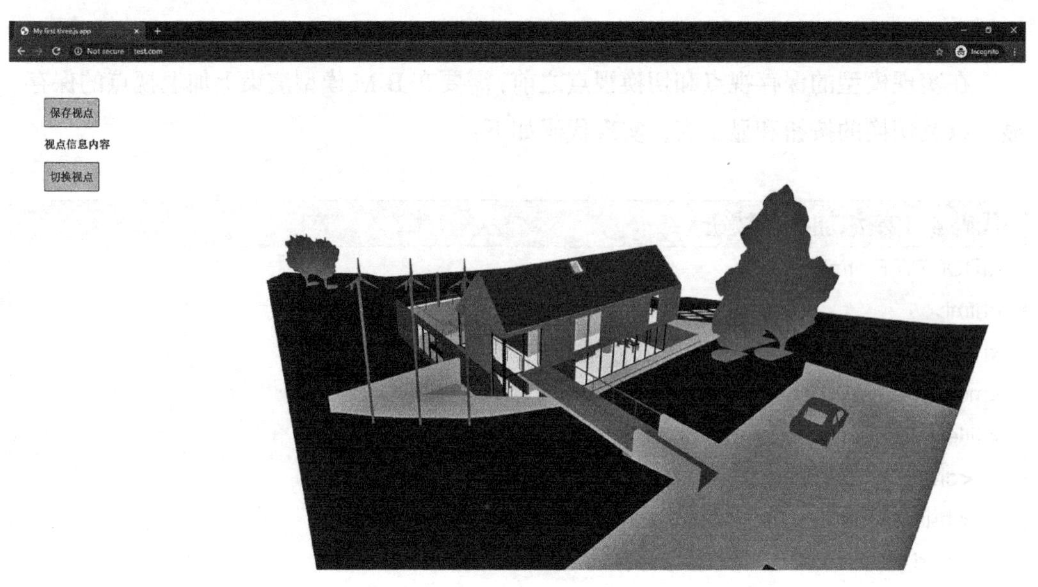

图 6-17　视点操作按钮和信息显示

模型的视点信息可以看作是场景相机的信息，场景相机的信息主要包括了相机的位置、相机的朝向等。保存模型视点信息即为保存场景相机的位置和朝向，其中使用 three.js 的 OrbitControls 进行场景相机视角控制时，场景相机的朝向为 OrbitControls 设置的焦点目标，下面是获取场景相机的视点信息的代码。

代码 6-13：获取视点信息

```
// 视点信息对象
var viewPoint = {
   isNull: true,
   cameraPos: new THREE.Vector3(),
   cameraTarget: new THREE.Vector3()};
// 保存视点触发事件
function saveViewPoint()
{
   viewPoint.isNull = false;
   viewPoint.cameraPos = camera.position.clone();
   viewPoint.cameraTarget = controls.target.clone();
   // 视点信息输出内容，其中数值取整数
   var cameraPos = " 相机位置 (" + camera.position.round().toArray() + "),";
   var cameraTarget = " 相机焦点 (" + controls.target.round().toArray() + ")";
   var viewPointInfo = cameraPos + cameraTarget;
   // 更新视点信息内容
   document.getElementById('viewPoint').innerText = viewPointInfo;
}
```

在 BIM 模型渲染案例中添加上述代码后，点击保存视点按钮可以得到如图 6-18 的视点信息。

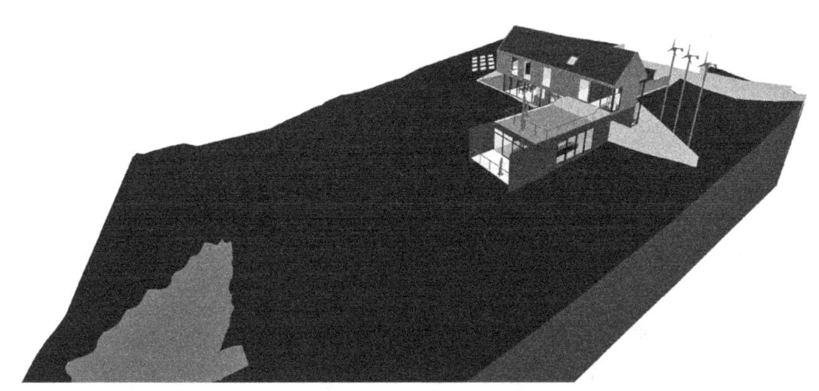

图 6–18　保存视点信息

在保存了视点信息后，下面将介绍如何切换视点，这部分的操作与保存视点对应，只需要将场景相机的位置和朝向赋值为保存的视点信息内容即可，具体实现如下述代码所示。

代码 6–14：切换视点触发事件

```
function loadViewPoint()
{
    if (!viewPoint.isNull)
    {
        camera.position.copy(viewPoint.cameraPos);
        controls.target.copy(viewPoint.cameraTarget);
        controls.update();
    }
}
```

在使用 three.js 的 OrbitControls 的控制下，切换视点信息中的相机朝向设置一样通过设置 OrbitControls 的焦点目标即可实现。注意如果采用别的控制方式，那么保存和设置场景相机的朝向可以通过下述代码实现。

代码 6-15：保存和设置相机朝向（非 OrbitControls 方式）

```
// 视点信息对象
var viewPoint = {
   isNull: true,
   cameraPos: new THREE.Vector3(),
   cameraTarget: new THREE.Vector3()};
// 保存视点触发事件
function saveViewPoint()
{
   viewPoint.isNull = false;
   viewPoint.cameraPos = camera.position.clone();
   // 复制场景相机朝向
   camera.getWorldDirection(viewPoint.cameraTarget);
   // 视点信息输出内容，其中数值取整数
   var cameraPos = " 相机位置 (" + camera.position.round().toArray() + "),";
   var cameraTarget = " 相机焦点 (" + viewPoint.cameraTarget.round().toArray() + ")";
   var viewPointInfo = cameraPos + cameraTarget;
   document.getElementById('viewPoint').innerText = viewPointInfo;
}
// 切换视点触发事件
function loadViewPoint()
{
   if (!viewPoint.isNull)
   {
     camera.position.copy(viewPoint.cameraPos);
     // 设置场景相机朝向
     camera.lookAt(viewPoint.cameraTarget);
     controls.update();
   }
}
```

6.4.3 模型点选物体

在介绍如何实现模型点选物体功能前，需要先介绍在三维图形开发中经常使用到的对象 Ray，它代表的是从任一点出发，按照给定方向发射的射线，它经常被用于物体的选中、碰撞等方面的计算。

three.js 在 Ray 对象的基础上，封装了 Raycaster 对象，该对象用于鼠标实现点选物体功能，以下介绍屏幕坐标系和三维图形学中的相机坐标系的转换关系，这两个坐标系如图 6-19 所示。

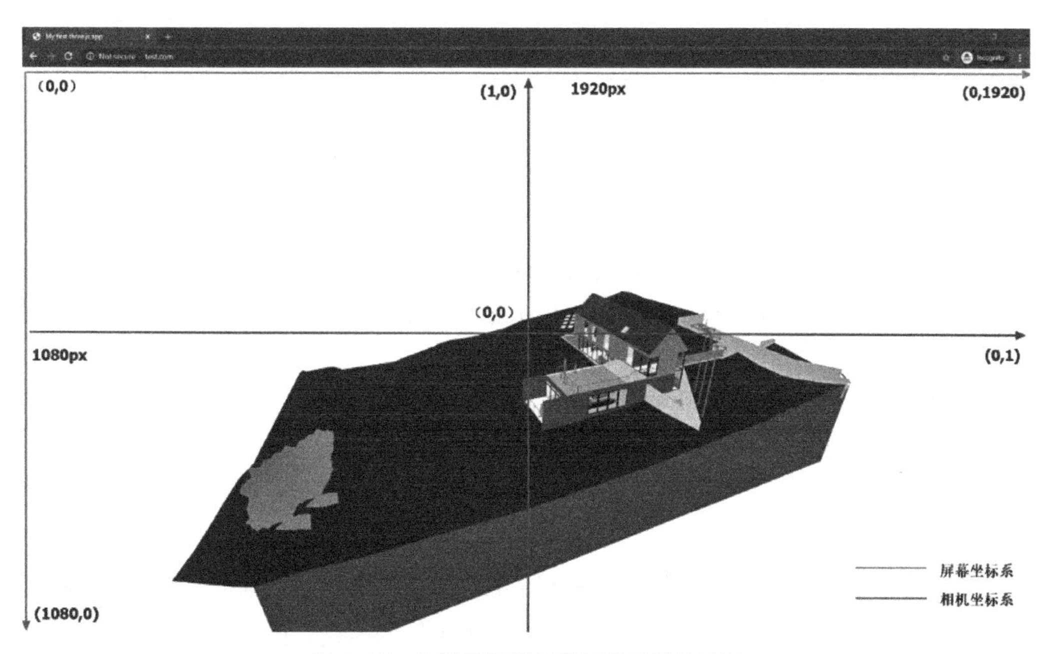

图 6-19　屏幕坐标系与相机坐标系的区别

可见，屏幕坐标系的坐标原点位于屏幕左上方，相机坐标系的坐标原点位于屏幕正中间的位置，在屏幕触发点击事件时，所得到的鼠标位置是屏幕坐标系中的鼠标位置，要实现点选物体功能，需要将其转换为相机坐标系中的鼠标位置，转换代码如下所示。

代码 6-16：鼠标位置转换为相机坐标系

```
// 点击事件处理函数
function onClick(event)
{
  var mouse = new THREE.Vector2();
  // 坐标系转换
  mouse.x = (event.clientX / window.innerWidth) *2 – 1;
  mouse.y = –(event.clientY / window.innerHeight) *2 + 1;
}
// 窗口绑定点击事件
window.addEventListener('click', onClick, false);
```

在屏幕坐标系至相机坐标系的转换后，可以对 three.js 中的 raycaster 对象实现初始化，其中 setFromCamera 的参数 mouse 是上一步计算得到的相机坐标系上的坐标值，camera 是场景的相机对象，实现代码如下：

代码 6-17：初始化 raycaster 对象

```
function onClick(event)
{
    var mouse = new THREE.Vector2();
    // 坐标系转换
    mouse.x = (event.clientX / window.innerWidth) *2 – 1;
    mouse.y = –(event.clientY / window.innerHeight) *2 + 1;
    // raycaster 对象初始化
    var raycaster = new THREE.Raycaster();
    raycaster.setFromCamera(mouse, camera);
}
```

使用 raycaster 对象实现网格对象检索的方式如图 6-20 所示。根据相机位置和相机坐标系中的鼠标位置 (x,y)，可以得到一个贯穿视锥体的射线，该射线通过相机的 near 平面（近平面）得到坐标点 (x1,y1,znear)，经过相机的 far 平面（远平面）得到坐标点 (x2,y2,zfar)，raycaster 对象会遍历这两个坐标点之间穿过的所有场景物体，并输出一个数组。

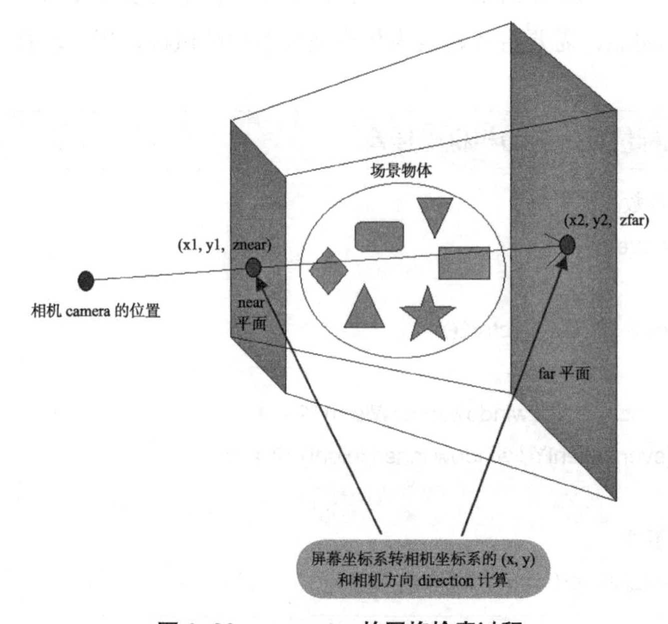

图 6–20 raycaster 的网格检索过程

实现代码如下：

```
// 检索场景 scene 内的物体 ,true 表示递归遍历
var intersects = raycaster.intersectObjects(scene.children, true);
console.log(intersects);
```

通过鼠标点击进行事件触发，当鼠标点击位置存在物体时，可以通过 console.log 命令在控制台打印 intersects 对象的内容，如图 6-21 所示。一般浏览器通过 F12 按键可以打开控制台，善于使用 console.log 的控制台打印指令可以有效提高代码的调试能力。

```
▼(8) [{…}, {…}, {…}, {…}, {…}, {…}, {…}, {…}]
 ▶0: {distance: 29855.90277330163, point: Vector3, object: Mesh, face: Face3, faceIndex: 55}
 ▶1: {distance: 30317.618724759235, point: Vector3, object: Mesh, face: Face3, faceIndex: 45}
 ▶2: {distance: 31902.486571731886, point: Vector3, object: Mesh, face: Face3, faceIndex: 1}
 ▶3: {distance: 32428.89878115264, point: Vector3, object: Mesh, face: Face3, faceIndex: 6}
 ▶4: {distance: 33589.976580557974, point: Vector3, object: Mesh, face: Face3, faceIndex: 0}
 ▶5: {distance: 34060.34240673475, point: Vector3, object: Mesh, face: Face3, faceIndex: 4}
 ▶6: {distance: 35196.467068960425, point: Vector3, object: Mesh, face: Face3, faceIndex: 11}
 ▶7: {distance: 37782.27337406953, point: Vector3, object: Mesh, face: Face3, faceIndex: 1}
  length: 8
 ▶__proto__: Array(0)
```

图 6-21　raycaster 对象检索场景物体得到的数组对象

raycaster 对象检索场景物体返回的数组中包括了距离 distance，交点 point，物体 object 等信息，在本小节实现的点选物体功能中，重点是获取物体 object 的内容，随后可以通过改变物体材质颜色等实现物体的点选效果，最终效果如图 6-22 所示。

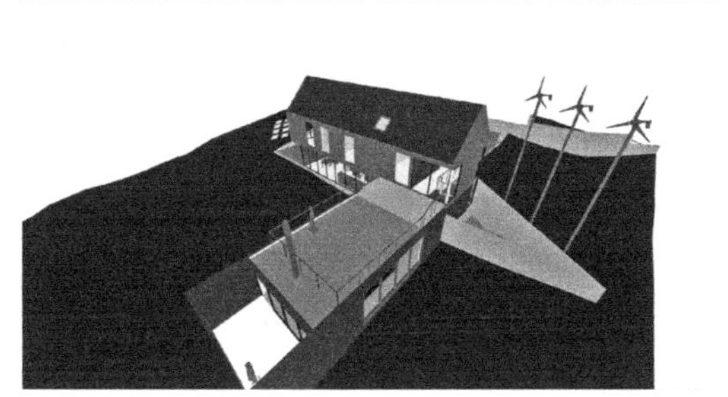

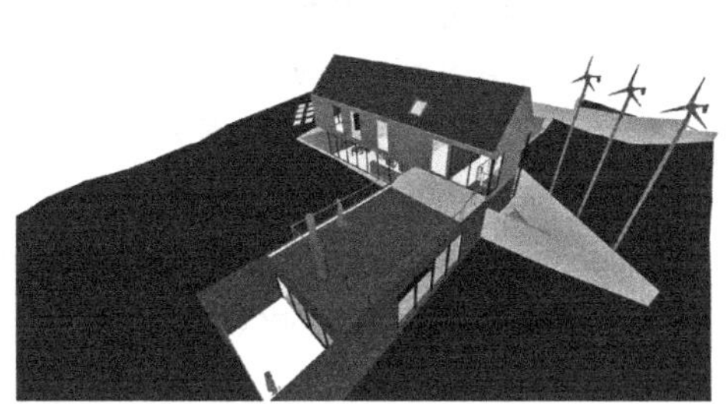

图 6-22　模型内点选物体功能实现

模型点选物体功能的完整代码如下：

代码 6-18：模型点选物体功能完整代码

```
// 点选物体
// 暂存物体对象和材质对象
var tempObject, tempMaterial;
// 点击事件处理函数
```

```
function onClick(event)
{
   event.preventDefault();
   // 恢复上次选中的物体的材质
   if (tempObject != undefined && tempMaterial != undefined)
   {
     tempObject.material = tempMaterial;
   }
   // 坐标系转换
   var mouse = new THREE.Vector2();
   mouse.x = (event.clientX / window.innerWidth) *2 - 1;
   mouse.y = -(event.clientY / window.innerHeight) *2 + 1;
   //raycaster 对象初始化
   var raycaster = new THREE.Raycaster();
   raycaster.setFromCamera(mouse, camera);
   // 检索场景 scene 内的物体 ,true 表示递归遍历
   var intersects = raycaster.intersectObjects(scene.children, true);
   console.log(intersects);
   if (intersects.length > 0)
   {
     // 选择第一个相交的物体
     tempObject = intersects[0].object;
     // 更改物体材质颜色为红色
     if (intersects[0].object.material.length > 0){
         tempMaterial = new Array();
         // 对于物体内存在多个材质对象的处理
         for (var i = 0; i < intersects[0].object.material.length; ++i){
            var material = intersects[0].object.material[i].clone();
            if (tempMaterial.find(x => x.name == material.name) == undefined)
            {
               tempMaterial.push(material);
            }
            else
            {
               tempMaterial.push(tempMaterial.find(x =>
                 x.name == material.name));
            }
            intersects[0].object.material[i].color.set(0xff0000);
         }
     }
```

```
        Else
        {
            // 物体内单个材质对象的处理
            tempMaterial = intersects[0].object.material.clone();
            intersects[0].object.material.color.set(0xff0000);
        }
    }
    else
    {
        //raycaster 没有检索到任何物体的情况
        tempObject = undefined, tempMaterial = undefined;
    }
}
// 窗口绑定点击事件
window.addEventListener('click', onClick, false);
```

附录　本书代码列表

代码 1-1：管线穿墙套管主程序 ………… 8
代码 1-2：获取墙侧面 ………… 10
代码 1-3：获取与墙相交管线 ………… 12
代码 1-4：获取线面交点 ………… 13
代码 1-5：放置套管族实例 ………… 14
代码 1-6：桩基础建模主程序 ………… 18
代码 1-7：获得底图分解后的特定图层圆弧和直线 ………… 20
代码 1-8：查找并记录桩及其对应的标注线 ………… 21
代码 1-9：查找并记录桩及其对应的标注文本 ………… 23
代码 1-10：放置桩族及设置参数 ………… 25
代码 2-1：HelloWorld 代码 ………… 45
代码 2-2：Addin 文件制作 ………… 47
代码 2-3：按楼层选择墙之一 ………… 53
代码 2-4：按楼层选择墙之二 ………… 54
代码 2-5：按楼层选择门窗 ………… 55
代码 2-6：选择面计算面积 ………… 59
代码 2-7：梁变高 ………… 61
代码 2-8：选择过滤器（以梁为例）………… 62
代码 2-9：选择框 ………… 65
代码 2-10：兼容先选择或后选择的写法 ………… 66
代码 2-11：选择楼板统计面积 ………… 69
代码 2-12：提取 Element 的所有 Solid ………… 71
代码 2-13：计算楼梯体积 ………… 74
代码 2-14：设类型参数之一 ………… 77
代码 2-15：设类型参数之二 ………… 78
代码 2-16：柱断墙主程序 ………… 82
代码 2-17：求与 element 相交的结构柱集合 ………… 86
代码 2-18：求面与线的交点 ………… 87

代码 2-19：获得元素的所有面 …… 87
代码 2-20：按名字选择墙类型 …… 91
代码 2-21：创建普通墙 …… 93
代码 2-22：创建异形墙 …… 94
代码 2-23：创建常规楼板 …… 96
代码 2-24：创建斜楼板 …… 98
代码 2-25：根据族名称与类型名称查找族类型 …… 99
代码 2-26：创建垂直结构柱 …… 102
代码 2-27：创建斜柱（节选）…… 103
代码 2-28：创建梁 …… 104
代码 2-29：更改起终点标高偏移参数 …… 105
代码 2-30：放置基于面的消火栓 …… 107
代码 2-31：查找用户点选的墙面 …… 108
代码 2-32：创建房间体量 …… 109
代码 2-33：获取房间边界 …… 111
代码 2-34：生成 DirectShape 并设为体量 …… 112
代码 2-35：设置 Solid 的材质 …… 112
代码 2-36：创建并绑定共享参数 …… 115
代码 2-37：创建默认类型的平面视图 …… 119
代码 2-38：查找特定的平面视图类型 …… 120
代码 2-39：框选创建三维视图 …… 121
代码 2-40：拾取墙体创建平行剖面 …… 123
代码 2-41：隔离所选对象类别 …… 125
代码 2-42：远距淡显 …… 129
代码 2-43：超 5m 墙设红色 …… 134
代码 2-44：轴网尺寸标注 …… 138
代码 2-45：S 筋大样 …… 140
代码 2-46：文字示例 …… 145
代码 2-47：标记示例 …… 148
代码 2-48：尺寸避让 …… 151
代码 2-49：将尺寸文字及其包围框记录为结构体 …… 153
代码 2-50：检测文字的包围框是否相交 …… 155
代码 2-51：获取构件位于指定点处的连接件 …… 158
代码 2-52：选择风管生成弯头 …… 160

代码 2-53：创建风管 …… 163
代码 2-54：创建软风管 …… 165
代码 2-55：管线打断 …… 167
代码 2-56：获取与管线相连的管件连接件 …… 170
代码 2-57：复制管线至新定位线 …… 170
代码 2-58：管道翻弯避让 …… 172
代码 2-59：子程序 - 获得风管和管道定位线的平面交点 …… 175
代码 2-60：子程序 - 翻弯后新管道控制点 …… 176
代码 2-61：子程序 - 连接新生成管道 …… 177
代码 2-62：万能窗 …… 182
代码 2-63：创建梁箍筋 …… 193
代码 2-64：结构柱钢筋 …… 196
代码 2-65：创建箍筋 …… 199
代码 2-66：创建角筋 …… 201
代码 2-67：创建中部筋 …… 203
代码 2-68：确定取消按钮 …… 207
代码 2-69：有窗体的梁变高 …… 207
代码 2-70：导出 csv 数据 …… 211
代码 2-71：读取 csv 数据生成桩基础 …… 212
代码 2-72：模型动态更新案例：梁板剪切关系监控 …… 215
代码 2-73：Ribbon 开发示例 …… 222
代码 2-74：命令功能代码示意 …… 226
代码 2-75：Ribbon 的 addin 文件制作 …… 227
代码 2-76：定义错误处理的类 …… 235
代码 2-77：在主程序中进行事务错误处理 …… 236
代码 3-1：Dynamo 节点：房间体量 …… 245
代码 3-2：Dynamo 节点：计算数组的中位数 …… 248
代码 3-3：Dynamo 节点：返回多结果示例 …… 250
代码 3-4：Dynamo 节点：使用 Dynamo 内置函数示例 …… 251
代码 3-5：Dynamo 节点：编写节点文档与提示 …… 252
代码 3-6：Dynamo 节点：生成房间体量 …… 254
代码 4-1：添加 Plugin 和 AddInPlugin 特性 …… 259
代码 4-2：bundle 部署的 PackageContents.xml …… 261
代码 4-3：自定义面板的 CustomRibbon.xaml …… 262

代码 4-4：自定义面板按钮定义代码 ······ 263
代码 4-5：搜索模型元素并设色 ······ 265
代码 4-6：统计玻璃面积 ······ 267
代码 4-7：视点变水平 ······ 270
代码 5-1：射线拾取点进行瞬移 ······ 282
代码 5-2：隐藏家具 ······ 283
代码 5-3：空间距离测量 ······ 285
代码 5-4：调节墙面颜色 ······ 298
代码 5-5：切换材质贴图 ······ 300
代码 6-1：引用 three.js 引擎 ······ 309
代码 6-2：场景、相机、光源定义 ······ 310
代码 6-3：引入 OBJLoader.js 和 MTLLoader.js ······ 310
代码 6-4：依次加载材质数据及几何数据 ······ 311
代码 6-5：设置相机位置并渲染场景 ······ 312
代码 6-6：调整相机位置 ······ 314
代码 6-7：引用 OrbitControls ······ 315
代码 6-8：增加相机控制 ······ 316
代码 6-9：BIM 模型云端渲染完整代码 ······ 316
代码 6-10：模型剖切 ······ 320
代码 6-11：模型全局剖切 ······ 322
代码 6-12：添加视点按钮 ······ 323
代码 6-13：获取视点信息 ······ 324
代码 6-14：切换视点触发事件 ······ 325
代码 6-15：保存和设置相机朝向（非 OrbitControls 方式）······ 326
代码 6-16：鼠标位置转换为相机坐标系 ······ 327
代码 6-17：初始化 raycaster 对象 ······ 328
代码 6-18：模型点选物体功能完整代码 ······ 329

参考文献

[1] Revit API Developers Guide（Autodesk Revit 官方帮助文档）

[2] Revit API.chm（Autodesk Revit 官方 SDK 帮助文档）

[3] Autodesk Navisworks NET API.chm（Autodesk Navisworks 官方 SDK 帮助文档）

[4] Autodesk Asia Pte Ltd. AUTODESK REVIT 二次开发基础教程 . 上海：同济大学出版社，2015.

[5] 宦国胜 . API 开发指南——Autodesk Revit. 北京：中国水利水电出版社，2016.